The Blue Book on the Development of
Cyberspace Security Industry in China (2016-2017)

2016-2017年
中国网络安全发展
蓝皮书

中国电子信息产业发展研究院　编著

主　编／樊会文

副主编／刘　权

人民出版社

责任编辑：邵永忠　刘志江

封面设计：黄桂月

责任校对：吕　飞

图书在版编目（CIP）数据

2016 - 2017 年中国网络安全发展蓝皮书／中国电子信息产业发展研究院 编著；樊会文 主编 . —北京：人民出版社，2017. 8

ISBN 978 - 7 - 01 - 018034 - 2

Ⅰ. ①2… Ⅱ. ①中… ②樊… Ⅲ. ①计算机网络—安全技术—白皮书—中国—2016 - 2017 Ⅳ. ①TP393. 08

中国版本图书馆 CIP 数据核字（2017）第 193975 号

2016 - 2017 年中国网络安全发展蓝皮书

2016 - 2017 NIAN ZHONGGUO WANGLUO ANQUAN FAZHAN LANPISHU

中国电子信息产业发展研究院 编著

樊会文 主编

人 民 出 版 社 出版发行

（100706 北京市东城区隆福寺街 99 号）

三河市钰丰印装有限公司印刷　新华书店经销

2017 年 8 月第 1 版　2017 年 8 月北京第 1 次印刷

开本：710 毫米 ×1000 毫米 1/16　印张：19. 5

字数：320 千字

ISBN 978 - 7 - 01 - 018034 - 2　定价：100. 00 元

邮购地址　100706　北京市东城区隆福寺街 99 号

人民东方图书销售中心　电话（010）65250042　65289539

前　言

　　随着网络技术的快速发展和信息化应用的不断深入，网络空间已成为人们日常生活不可或缺的组成部分和经济社会正常运行的重要支撑。据中国互联网络信息中心（CNNIC）统计，截至 2016 年 12 月，我国网民规模达到 7.31 亿，手机网民规模达到 6.95 亿，手机网上支付规模达 4.69 亿，在线政务服务用户规模达 2.39 亿。2016 年，我国企业的计算机、互联网使用及宽带接入已全面普及，分别达 99.0%、95.6% 和 93.7%；境内外上市互联网企业数量达 91 家，总市值 5.4 万亿元人民币；全国信息消费整体规模达到 3.9 万亿元人民币，电子商务交易规模突破 20 万亿元人民币，我国社会经济对网络空间的依赖程度进一步增强。然而，在繁荣的网络经济和信息化应用带来的便利背后，却隐藏着严重的网络安全隐患。

　　当前，我国面临的网络安全挑战十分严峻。关键信息基础设施面临的网络安全风险不断攀升，物联网智能终端引发的网络安全事件逐步升级，网络战威胁风险显著增加。与此同时，我国网络安全保障体系还存在着政策法规不健全，标准规范不完善，信息技术产品受制于人，关键设备依赖进口，基础信息网络安全隐患难消除等问题，难以有效应对网络空间安全挑战。

　　知己知彼方能百战不殆。遵循习近平总书记网络安全和信息化系列重要讲话精神，明晰网络安全发展现状，理清网络安全风险，把握网络安全核心问题，总结经验教训，建设自主可控的网络安全保障体系，已经成为我国网络安全发展的当务之急。基于对当前国内外网络安全严峻形势的考量，赛迪智库网络空间研究所开展了全方位、多角度的研究，最终形成了本书，其中涵盖了综合篇、专题篇、政策法规篇、产业篇、企业篇、热点篇、展望篇 7 个部分。

　　本书全面、系统、客观地梳理了 2016 年全球网络安全政策法规、技术产业、国际合作等发展状况，概述了我国在网络安全政策环境、基础工作、标准体系、技术能力、产业发展、国际合作等方面取得的成果，从政策、产业、行业等角度进行了深入研究，重点剖析了云计算、大数据、物联网、移动互联网、智慧城市、工业控制系统等新技术、新产品、新应用的网络安全发展态势，梳理了年度热点网络安全事件，并对 2017 年我国网络安全形势和发展趋势进行预测，提出了加强我国网络安全能力建设的对策建议。本书内容全面、观点独到，为业内人士研究网络安全提供借鉴，具有较高参考价值。

中国电子认证服务产业联盟常务副理事长

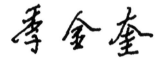

目　　录

综 合 篇

1

政策法规篇

产 业 篇

企　业　篇

综合篇

第一章 2016年全球网络安全发展状况

当前，网络空间已经成为继领土、领海、领空和太空之外的第五空间，成为国家主权延伸的新疆域，网络空间安全的重要性日益得到世界各国的高度重视。2016年，全球网络安全发展状况表现为以下几个方面：美、英等发达国家陆续出台新版国家网络安全战略，维护其在网络空间中的优势地位；乌克兰、新加坡等中小国家也积极推出网络安全相关战略，加强网络安全能力建设，全球网安全政策调整步伐显著加快；美、欧等国家和地区纷纷评估现有立法不足，加快立法调整，密集出台了一批网络安全相关法律法规；美、德、英、澳等国家先后设立国家级网络安全保障机构，加速推进网络安全保障能力建设，强化网络空间安全威胁抵御能力；在网络安全市场需求的持续推动下，全球网络安全产业规模不断发展壮大，国内外大型IT公司、网络厂商及安全企业纷纷通过融资并购、国际合作等方式做大做强，以期抢占更大市场；作为国家战略资产，关键信息基础设施成为各国重点保护对象，出台政策、标准以及开展网络演习和安全检查，成为各国强化关键信息基础设施安全保障的重要手段；各国持续加强网络安全领域的战略合作，以更好应对复杂多变的网络安全形势。

第一节 政策调整步伐显著加快

当前，网络空间已经成为继领土、领海、领空和太空之外的第五空间，成为国家主权延伸的新疆域，网络空间安全的重要性日益得到世界各国的高度重视。2016年，美、英等发达国家陆续出台新版国家网络安全战略，维护其在网络空间中的优势地位；乌克兰、新加坡等中小国家也积极推出网络安全相关战略，加强网络安全能力建设。1月，美国白宫提交了《网络威慑战略》，充分剖析了潜在对手的网络攻击手段，提出了"拒止威慑""以强加成本的方式实现威慑""支持网络威慑的活动"等网络威慑战略的组成要素，政府将根据新威胁和地缘政治的发展调整优先事项。2月9日，美国发布《网络安全国家行动计划》，要求设立国家网络安全促进委员会，并从加强联邦政府网络安全、提升个人网络安全防护能力、增强关键基础设施安全性和恢复能力、促进安全技术发展等方面提出整体提升国家网络安全水平的相关举措。4月21日，《澳大利亚网络安全战略》发布，计划4年内花费近2.3亿澳元加强国家重要基础设施的安全防护，包括建立网络威胁中心、网络安全增长中心、情报分享中心等。4月，乌克兰出台新版《网络安全战略》，提出研制乌克兰网络安全新标准，加快推进网络安全研发活动，扩大国际网络安全合作，以减少针对乌克兰能源设备的黑客攻击。6月14日，北大西洋公约组织正式将"网络"确定为北约成员国的战场，一旦北约成员国中任何一国遭受攻击，所有成员国都应援助受攻击国家。10月10日，新加坡正式公布国家网络安全策略，为新加坡加强网络安全建设做出规划，强调建立强健的基础设施网络、创造更加安全的网络空间、发展具有活力的网络安全生态系统以及加强国际合作。11月1日，英国通过《国家网络安全战略（2016—2021）》，重新勾勒英国未来网络发展路线图，将积极防御、网络威慑和网络发展作为发展要点，提出在2016—2021年期间投资约19亿英镑（约合23亿美元）用于加强网络安全和能力，意在打造一个繁荣、可靠、安全和韧性的网络空间，确保网络空间优势地位。11月21日，美国国防部发布"漏洞披露政策"，允许自由安全研究人员合法披露国防部公众系统的相关漏洞，旨在允许黑客在不触犯法律的前提下访问并探测政府信息系统。12月5日，俄罗斯颁布新版《俄罗斯联邦信息安全学说》，明确了俄罗斯信息安全保障的战略目标和发展方向，对于保障俄罗斯信息领域的国家安全、防止和遏制与信息科技相关的军事冲突起到积极作用。

第二节　法律法规密集出台

主要国家和地区纷纷评估现有立法不足，加快立法调整，密集出台了一批网络安全相关法律法规。2016年1月1日，俄罗斯《互联网隐私法案》生效。该法案引入"被遗忘权"，赋予俄罗斯公民请求搜索引擎删除含有不准确、不相关、对个人后续事件和行为无意义和违反俄罗斯法律的相关信息的链接。4月，欧盟通过通用数据保护规则（GDPR），要求公司确保在默认状态下自己的产品和服务尽可能少地获取和处理个人信息，并通过赋予公民"数据可携带性""被遗忘权"等方式扩大了欧盟公民对个人数据的控制权。7月6日，欧洲议会全体会议经表决一致通过了《网络与信息安全指令》（NISD），该指令是第一部欧盟范围内的网络安全规则，旨在实现网络和信息系统安全更有力和更普遍的保障，有助于欧盟成员国获得并提升保障网络安全所必要的能力，推动成员国间的网络安全合作。8月1日，欧美隐私盾协议全面实施，通过对美国公司施加更严厉的约束以保护欧洲公民的个人数据，进一步强化了欧盟的数据主权。11月7日，我国《网络安全法》正式通过，不仅明确了我国网络空间主权原则，还从网络安全支持与促进、网络运行安全、关键信息基础设施安全、网络信息安全、监测与预警等方面，确立了我国网络安全建设的基本制度。11月30日，英国议会通过《2016调查权法》，该法律要求网络公司和电信公司收集客户通信数据，并存储12个月的网络浏览历史记录，给警察、安全部门和政府提供了空前的数据访问权力。12月23日，奥巴马签署《国防授权法案》，将网络司令部提升为完备的作战司令部。

第三节　保障能力建设明显加快

西方主要国家纷纷设立各类网络安全保障机构，加速推进网络安全保障能力建设，以有效抵御网络空间安全威胁，提升网络空间安全保障能力。2016年2月，美国成立"国家网络空间安全强化委员会"，从政府之外引进顶尖的战略、商业和技术专家，在如何保护个人隐私和公共安全的解决方案和最佳实践方面，提出关键性的建议，以帮助国家在未来十年内强化公共与私营部门层面的网络安全水平。8月，德国政府成立新网络安全部——安全领域信息中央办公室（ZITiS），以协助德国安全机构，加强对网络犯罪、网络恐怖主义的打击力度。同月，澳大利亚政府成立了一个网络情报监测部门，以打击恐怖主义、洗钱和网络金融诈骗，澳大利亚还计划成立网络安全增长中心、网络威胁中心，统筹协调国家网络安全创新，推进网络安全信息共享。10 月，英国启动网络安全中心（NCSC），作为英国情报机构政府通信总部（GCHQ）一部分，NCSC 的主要目标是降低英国的网络安全风险，应对网络事件并减少损失，了解网络安全环境、共享信息并解决系统漏洞，同时增强英国网络安全能力，为英国重大网络安全问题提供指导。在 11 月发布的新版国家网络安全战略中，英国提出还要成立两个新的网络创新中心，以推动先进网络产品和网络安全公司的发展。

第四节　产业保持平稳增长

随着网络信息技术高速发展，并向经济和社会各领域加速渗透，网络安全问题也日益突显，安全事件频频发生，全球网络安全市场需求十分旺盛，产业规模不断发展壮大。据 IDC 2016 年 8 月发布的预测报告显示，2016 年全球信息安全产品和服务的开支将达到 816 亿美元，相比 2015 年增长 7.9%。Markets and Markets 的报告指出，到 2019 年，全球网络安全市场预计增长至 1557.4 亿美元，复合年增长率（CAGR）将达到 9.8%，增速平稳。

在网络安全的全球浪潮下，国内外大型 IT 公司、网络厂商及安全企业纷纷通过融资并购、国际合作等方式做大做强，以期抢占更大的市场。在融资并购方面，赛门铁克斥资 46.5 亿美元并购 Web 安全提供商 Blue Coat、23 亿美元收购身份防盗软件商 Lifelock，以强化网络防御技术，拓展身份保护业务，为市场提供更好的总体安全和威胁检测。思科 2.93 亿美元收购云安全公司 Cloudlock，进一步增强思科的安全产品组合，为企业提供从云到网络再到终端的全面保护。IBM 收购事件响应解决方案提供商 Resilient Systems，旨在提升 IBM 的安全运营和事件响应能力，以期占据更大的事件响应市场份额。在国际合作方面，浪潮与思科合资公司获批，合资公司投资总额 2.8 亿美元，注册资本 1 亿美元，从事信息技术和通信领域的技术开发、咨询服务及计算机软硬件的开发、销售，浪潮占有 51% 的股份。中国电科与微软成立神州网科，合资公司注册资本 4000 万美元，为中国政府和关键基础设施领域的国企用户提供符合"安全可控"要求的 Windows 10 操作系统，中国电科占股 51%。

第五节　关键信息基础设施保护力度明显加强

2016 年，世界范围内发生多起针对关键信息基础设施的攻击事件，美国、新加坡、德国等国更是先后遭遇由关键信息基础设施被攻击引发的全国性断网事件。关键信息基础设施是国家战略资产，全球各国采取多项措施，强化关键信息基础设施保护。一方面，各国出台了多项相关战略、政策和标准，明确关键信息基础设施保护依据。9 月，美国工业互联网联盟发布了《工业物联网安全框架》，旨在解决工业物联网（IIoT）及全球工业操作运行系统的相关安全问题。10 月，中国工业和信息化部印发了《工业控制系统信息安全防护指南》①，指出工业控制系统应用企业应从安全软件选择与管理、配置和补丁管理、边界安全防护、物理和环境安全防护、身份认证、远程访问安全、安全监测和应急预案演练、资产安全、数据安全、供应链管理、落实责任 11个方面做好工控安全防护工作。11 月，美国国土安全部（DHS）于美国断网事件 26 天后，发布了《保障物联网安全战略原则》，提出了在产品设计阶段结合安全、启用安全更新和漏洞管理、根据影响优先考虑安全措施、建立在可靠的安全最佳实践之上、提升透明度等原则，为物联网制造商生产安全的物联网设备提供了指导。同月，中国审议通过《网络安全法》，明确将关键信息基础设施作为重点保护对象，进一步明确了国家关键信息基础设施范畴，理清了关键信息基础设施安全保护中各相关实体的责任义务。12 月，美国与加拿大联合发布《美国—加拿大电网安全性与弹性联合发展战略》，旨在共同维护北美电网安全。另一方面，各国开展网络演习和安全检查，丰富关键信息基础设施安全保障手段。美国举行了"网络风暴 5""网络盾 2016""网络卫士"等网络安全演习，强调应对针对重要基础设施的潜在威胁；欧盟举行了"欧洲网络"演习，强化对联网基础设施遭入侵、国家断网等网络安全事件的协同应对能力；中国的中央网信办、公安部、工信部等行业主管部门也

---

① 《工信部发布工业控制系统信息安全防护指南》，见 http：//www.ii.gov.cn/hbgxt/xwzx/gnxw/514585/index.html。

通过开展针对关键信息基础设施的网络安全检查，有力推动了关键信息基础设施的安全保障工作。

第六节 国际合作持续深化

2016年，世界各国对网络安全的关注程度不断加大，为了应对复杂多变的网络安全形势，各国纷纷加强网络安全领域的战略合作。2月10日，北约和欧盟达成技术协议，以加强网络安全合作，共同应对网络威胁。3月6日，韩美两国就共同开发技术、进一步分享全球网络威胁信息、加强网络安全政策对接、携手打击网络恐怖主义等事项达成合作共识。12月14日，美国与加拿大联合发布《美国—加拿大电网安全性与弹性联合发展战略》，提出加强两国公共和私有部门合作，以优先方式防止和缓解电网的网络和物理风险，共同维护北美电网安全。20日，美国通过《美国—以色列高级研究伙伴关系法案》和《美国—以色列网络安全合作增强法案》，旨在加强美国与以色列之间在网络安全研究与开发领域的协作进程。此外，我国也积极开展与欧美国家的交流合作，如与英国举行首次高级别安全对话，与德国开展第四轮政府磋商，与美国进行第二、三次打击网络犯罪及相关事项高级别联合对话，与加拿大举行首次高级别国家安全与法治对话，与俄罗斯签署了《中华人民共和国主席和俄罗斯联邦总统关于协作推进信息网络空间发展的联合声明》等，在打击网络犯罪、共享威胁信息方面达成多项共识。

第二章　2016年我国网络安全发展状况

2016年，我国高度重视网络安全建设，多管齐下打造安全网络大环境。在政策环境优化方面，习近平总书记"4·19""10·9"系列重要讲话以及《国家网络空间安全战略》的发布实施，阐明了我国网络空间重大立场和主张，确立了我国网络安全发展的战略方针；《关于加强网络安全学科建设和人才培养的意见》《国家信息化发展战略纲要》等多项网络安全相关政策文件出台，进一步明确了网络安全发展路径；《中华人民共和国反恐怖主义法》《网络安全法》等法律相继通过或者施行，进一步完善了我国网络安全法律法规体系。在基础工作开展方面，公安部开展个人信息保护专项行动，成效显著；中央网信办、公安部、工信部等行业主管部门开展了关键信息基础设施网络安全检查，深入落实关键信息基础设施安全保障工作；中央网信办、工业和信息化部等部门制定电子商务安全政策、实施专项治理行动，以稳步推进电子商务安全保障工作。在标准制定方面，我国基础、技术、管理、应用等各类国家网络安全标准不断完善，国家密码算法相关标准取得重大进展；通信、密码等重要行业网络安全标准稳步发展。在技术研发方面，我国芯片等安全可控技术取得较大突破；威胁评估、新型身份认证等安全防护技术明显增强；网络安全团队的整体安全攻防技能得到提升。在产业发展方面，在政策环境与市场需求的共同作用下，我国网络安全行业迎来高速增长机遇，产业规模保持高速增长，产业资源整合进程加速，自主产品应用领域不断拓展。在国际合作方面，我国不断加强与美、俄、德、英等国家的双边合作，并取得显著成果；积极参与国际互联网治理事务，推动互联网治理体系构建与完善；积极参与网络空间国际规则制定，注入更多中国元素，并取得诸多积极成果。

第一节 政策环境显著优化

一、顶层设计得以确立

自 2014 年中央网络安全和信息化领导小组宣告成立以来，我国不断加强对网络安全的重视程度，习近平总书记提出的"没有网络安全就没有国家安全"更是将网络安全上升至国家战略高度。但是，顶层设计不明确的问题一直制约着我国的网络安全发展。2016 年，国家高度重视网络安全顶层设计，习近平总书记"4·19""10·9"系列重要讲话以及《国家网络空间安全战略》的发布实施，阐明了我国网络空间重大立场和主张，确立了我国网络安全发展的战略方针，提出了保护关键信息基础设施、夯实网络安全基础、提升网络空间防护能力等网络安全发展的战略任务，为新时期我国网络安全工作指明了方向。网络安全顶层设计的确立，对于指导我国网络安全工作，维护国家在网络空间的主权、安全、发展利益意义重大。

二、政策文件出台明显加快

2016 年，国家先后出台多项网络安全相关政策文件加大对网络安全的重视程度。5 月 13 日，国务院印发《关于深化制造业与互联网融合发展的指导意见》（国发〔2016〕28 号）（以下简称《指导意见》），指出要"制定完善工业信息安全管理等政策法规，健全工业信息安全标准体系，建立工业控制系统安全风险信息采集汇总和分析通报机制"，"建设国家工业信息安全保障中心"，进而提高工业信息系统安全水平。6 月 6 日，中央网络安全和信息化领导小组办公室、国家发展和改革委员会、教育部、科学技术部、工业和信息化部与人力资源和社会保障部六部门联合发布了《关于加强网络安全学科建设和人才培养的意见》（中网办发文〔2016〕4 号），提出了加快网络安全学科专业和院系建设、创新网络安全人才培养机制、加强网络安全教材建设、强化网络安全师资队伍建设等 8 条意见。7 月 27 日，中共中央办公厅、国务院办公厅印发了《国家信息化发展战略纲要》（以下简称《战略纲要》），明确提出要"树立正确的网络安全观，坚持积极防御、有效应对，增强网络安全防御能力和威慑能力"，"维护网络主权和国家安全"，"确保关键信息基础设施安全"，"强化网络安全基础性工作"。8 月 12 日，中央网络安全和信息化领导小组办公室、国家质量监督检验检疫总局、国家标准化管理委员会三部委联合印发《关于加强国家网络安全标准化工作的若干意见》（中网办发文〔2016〕5 号）（以下简称《若干意见》），对加强网络安全标准化工作进行了总体部署，提出加强标准体系建设、提升标准质量和基础能力、加强国际标准化工作、抓好标准化人才队伍建设等具体工作。12 月 15 日，国务院印发了《"十三五"国家信息化规划》，强调要"健全网络安全保障体系"，"强化网络安全顶层设计、构建关键信息基础设施安全保障体系、全天候全方位感知网络安全态势、强化网络安全科技创新能力"，并提出了开展网络安全监测预警和应急处置工程和网络安全保障能力建设工程。

三、法律体系进一步完善

2016 年，我国多部网络安全相关法律通过或者施行，进一步完善了我国网络安全法律法规体系。1 月 1 日，《中华人民共和国反恐怖主义法》正式施行，其中明确规定了如何在网络空间防范恐怖主义相关内容的传输，以及网络服务供应商在反恐中承担的义务，凸显了网络安全与国家安全的内在密切联系①。2016 年 11 月 7 日，第十二届全国人民代表大会常务委员会第二十四次会议通过《网络安全法》。作为我国网络安全领域的基本法，《网络安全法》明确了我国网络空间主权原则，并从网络安全支持与促进、网络运行安全、关键信息基础设施安全、网络信息安全、监测与预警等方面，确立了我国网络安全建设的基本制度。《网络安全法》是我国网络安全法律法规体系的重要组成，对于保障我国网络安全具有重大意义。

---

① 《反恐法凸显网络安全与国家安全密切相关》，见 http://theory.gmw.cn/2016 - 01/04/content_18357046.htm。

第二节　基础工作扎实推进

一、个人信息保护专项行动成效显著

2016年，公安部开展了网络治理专项行动，重点打击侵犯个人信息的网络犯罪行为。4月，公安部部署全国公安机关开展打击整治网络侵犯公民个人信息犯罪专项行动，5个月间查破刑事案件1200余起，抓获犯罪嫌疑人3300余人，包括银行、电信、快递、教育、电商网站等行业内部人员270余人，网络黑客人员90余人，涉及相关信息超过290亿条，清理违法有害信息42万余条，关停非法网站、栏目约900个。为进一步加强对公民个人信息的保护，公安部决定将打击整治网络侵犯公民个人信息专项行动延长至2017年12月底，持续打击针对公民个人信息的窃取、贩卖、非法利用等违法犯罪活动，切实保护公民合法权益不受侵犯。广东省2016年共发起12次"安网2016"网络安全专项治理行动，重点打击涉及公民个人信息安全的犯罪行为，全年查破各类网络犯罪案件4000余起，抓获犯罪嫌疑人15000余人，打掉犯罪团伙近900个，涉及公民个人信息6.2亿余条。此外，中央网信办正在制定个人信息收集规范标准，对个人信息收集、存储、处理、使用和转让等各环节作出明确规定，以更好地保护个人信息。

二、关键信息基础设施安全保障工作深入落实

为深入贯彻习近平总书记网络安全系列重要讲话精神，围绕《网络安全法》的重要工作部署，2016年，中央网信办、公安部、工信部等行业主管部门相继开展了针对关键信息基础设施的网络安全检查，有力推动了关键信息基础设施的安全保障工作。7月至12月间，中央网信办牵头组织开展了首次全国范围的关键信息基础设施网络安全检查工作，检查范围涵盖了能源、交通、通信、公用事业等重要行业的信息系统或工业控制系

统。此次检查通过分析评估关键信息基础设施的网络安全风险，不仅有助于形成"以查促管、以查促防、以查促改、以查促建"的网络安全监管机制，也为准确掌握我国关键信息基础设施的安全状况、构建关键信息基础设施安全保障体系提供基础性数据和参考。6月至10月间，公安部组织专业队伍对全国范围内电力、通信、铁路、航空、航天、交通、石油、石化等18个重点领域工控系统进行全面检查，通过采取单位自查、远程技术检测和现场安全检查等方式，较为全面地掌握了行业工控安全状况。11月至12月间，工业和信息化部在全国范围内开展了针对石化、装备制造、有色、钢铁等领域的工控安全检查，通过采取企业自查、专业队伍抽查、攻防渗透技术测试等方式，发现并整改了企业在安全管理和防护方面存在的问题。

三、电子商务安全保障工作稳步开展

2016年，我国政府积极开展电子商务安全政策制定、实施专项治理行动，以稳步推进电子商务安全保障工作。一是国家相继起草或出台相关政策文件，为落实电子商务安全保障工作提供支撑。12月19日，十二届全国人大常委会第二十五次会议初次审议了全国人大财经委提请的《中华人民共和国电子商务法（草案）》（以下简称《电子商务法》（草案）），作为我国第一部电商领域的综合性法律，《电子商务法》（草案）明确提出要加强电子商务安全。在电子商务活动中，互联网经营者应当保障电子商务安全，保护电子商务消费者个人信息安全以及其他合法权益。12月24日，商务部、中央网信办和国家发改委联合印发《电子商务"十三五"发展规划》，提出要"建立健全电子商务法规制度，完善标准体系建设""营造良好的电子商务消费环境，维护公平竞争市场秩序""健全网络安全保障机制，加大网络违法犯罪打击力度"，并通过重点开展电子商务规制创新、市场治理、网络交易安全保障、绿色电子商务四个专项行动，"加快创建电子商务新秩序，促进电子商务规范安全发展"。12月30日，国家发改委等九部门发布《关于全面加强电子商务领域诚信建设的指导意见》，强调建立健全电子商务领域诚信体系，全面推动电子商务信用信息共建共享，大力实施电子商

务信用监管，广泛开展电子商务信用联合奖惩，以营造良好的市场信用环境，促进电子商务健康快速发展。二是国家政府部门开展多个专项治理行动，加强电子商务的安全保障。如，5月4日，国家工商总局出台《2016网络市场监管专项行动方案》，并于5月至11月间，在全系统深入开展2016网络市场监管专项行动，强化重点商品领域的监测监管、落实网店实名制、加强网络交易商品质量监管、打击网络商标侵权等违法行为、治理互联网虚假违法广告。行动期间，内蒙古、江苏、安徽、湖北等地分别开展网购商品抽检，上海、江苏、安徽、湖北、江西、湖南、海南、重庆等地陆续开展在线监测，有力地整治了电子商务市场环境。7月12日，国家版权局、国家互联网信息办公室、工业和信息化部、公安部联合发布《关于开展打击网络侵权盗版"剑网2016"专项行动的通知》，启动"剑网2016"专项行动，重点查处通过智能移动终端第三方应用程序（APP）、电子商务平台、网络广告联盟、私人影院（小影吧）等平台进行的侵权盗版行为，维护网络版权正常秩序。在开展行动的5个月间，各地共查处行政案件500余件，行政罚款460余万元，其中移送司法机关的案件有33件，涉案金额达2亿元，关闭网站近300家。三是电子商务安全领域的政企合作治理模式逐步形成。继2015年7月，工商总局与360合作搭建首个电商监管平台——全国第三方网络商品交易平台监管系统后，政企合作加强电子商务监管的脚步进一步加快。1月12日，百度与国家工商行政管理总局、北京市工商行政管理局就"全国电子商务网站监管服务系统"研究项目达成战略合作协议，通过建立"全国电子商务网站监管服务系统"以及"全国电子商务网站主体监管服务子系统""全国电子商务网站客体（商品、服务）监管服务子系统""全国电子商务网站行为（违法经营线索）监管服务子系统"，打造出工商网络监管的利剑，净化网络环境，推动网络诚信建设。

第三节 标准体系进一步完善

一、国家标准发展迅速

（一）国家标准数量显著上升

早在 1995 年，全国信息安全标准化技术委员会发布了第一个信息安全国家标准《GB 15851—1995 信息技术 安全技术 带消息恢复的数字签名方案》，截至 2004 年底，十年期间累计形成 7 个信息安全国家标准。从 2005 年开始，我国信息安全标准建设进入快速发展的新时期，仅 2005 年全国信息安全标准化技术委员会就发布了 14 个国家标准，此后每年都有新的国家标准发布，截至 2014 年底，这十年期间累计形成 141 个信息安全国家标准。2016 年全国信息安全标准化技术委员会新发布 30 个信息安全国家标准，是有史以来最多的一年。截至 2016 年底，全国信息安全标准化技术委员会发布的信息安全国家标准数量达 195 个，整体呈现上升趋势（如表 2－1、图 2－1 所示）。

表 2－1　全国信息安全标准化技术委员会历年发布的国标数量情况（1995—2016 年）

年份	新增国标数量	累计国标数量
1995	1	1
1999	3	4
2000	1	5
2002	2	7
2005	14	21
2006	13	34
2007	13	47
2008	18	65
2009	3	68
2010	18	86
2011	1	87
2012	23	110
2013	29	139

续表

年份	新增国标数量	累计国标数量
2014	2	141
2015	24	165
2016	30	195

资料来源：赛迪智库，2017 年 2 月。

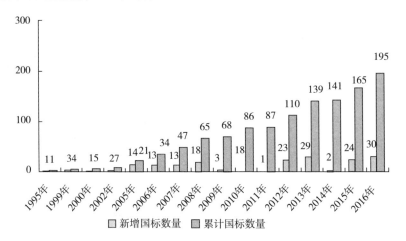

图 2－1　全国信息安全标准化技术委员会历年发布的国标数量情况（1995—2016 年）

数据来源：赛迪智库，2017 年 2 月。

（二）各类国家标准不断完善

从第一个信息安全标准的正式发布至今，我国信息安全国家标准已经历20 余年的发展，信息安全国家标准体系基本建立，各类国家标准不断丰富。目前我国信息安全国家标准分为四大类，包括基础标准、技术标准、管理标准、应用标准。我国信息安全国家标准建设现状详情如表 2－2 所示。

表 2－2　我国信息安全国家标准建设现状

年份（数量）	基础标准（数量）	技术标准（数量）	管理标准（数量）	应用标准（数量）
1995 年（1）		GB 15851—1995 （1）		
1999 年（3）		GB/T 17902.1—1999 GB/T 17901.1—1999 （2）	GB 17859—1999 （1）	

年份（数量）	基础标准（数量）	技术标准（数量）	管理标准（数量）	应用标准（数量）
2000 年（1）		GB/T 18238.1—2000 （1）		
2002 年（2）		GB/T 18238.2—2002 GB/T 18238.3—2002 （2）		
2005 年（14）	GB/T 16264.8—2005 （1）	GB/T 15843.5—2005 GB/T 17902.2—2005 GB/T 17902.3—2005 GB/T 19713—2005 GB/T 19714—2005 （5）	GB/T 19715.1—2005 GB/T 19715.2—2005 GB/Z 19717—2005 GB/T 19771—2005 （4）	GB/T 20008—2005 GB/T 20009—2005 GB/T 20010—2005 GB/T 20011—2005 （4）
2006 年（13）		GB/T 20270—2006 GB/T 20271—2006 GB/T 20272—2006 GB/T 20273—2006 GB/T 20276—2006 （5）	GB/T 20269—2006 GB/T 20518—2006 GB/T 20282—2006 GB/T 20519—2006 GB/T 20520—2006 （5）	GB/T 20274.1—2006 GB/T 20280—2006 GB/Z 20283—2006 （3）
2007 年（13）		GB/T 21052—2007 GB/T 21053—2007 GB/T 21054—2007 （3）	GB/T 20984—2007 GB/Z 20985—2007 GB/Z 20986—2007 GB/T 20988—2007 （4）	GB/T 18018—2007 GB/T 20979—2007 GB/T 21028—2007 GB/T 21050—2007 GB/T 20983—2007 GB/T 20987—2007 （6）
2008 年（18）		GB/T 15843.1—2008 GB/T 15843.2—2008 GB/T 15843.3—2008 GB/T 15843.4—2008 GB/T 15852.1—2008 GB/T 17903.1—2008 GB/T 17903.2—2008 GB/T 17903.3—2008 GB/T 17964—2008 （9）	GB/T 22080—2008 GB/T 22081—2008 GB/T 22239—2008 GB/T 22240—2008 （4）	GB/T 17710—2008 GB/T 20274.2—2008 GB/T 20274.3—2008 GB/T 20274.4—2008 GB/T 22186—2008 （5）

续表

年份（数量）	基础标准（数量）	技术标准（数量）	管理标准（数量）	应用标准（数量）
2009 年（3）			GB/Z 24294—2009 GB/T 24363—2009 GB/Z 24364—2009 （3）	
2010 年（18）	GB/T 25069—2010 （1）	GB/T 25055—2010 GB/T 25057—2010 GB/T 25059—2010 GB/T 25060—2010 GB/T 25061—2010 GB/T 25062—2010 GB/T 25064—2010 GB/T 25065—2010 （8）	GB/T 25067—2010 GB/T 25068.3—2010 GB/T 25068.4—2010 GB/T 25068.5—2010 GB/T 25058—2010 GB/T 25070—2010 GB/T 25056—2010 （7）	GB/T 25063—2010 GB/T 25066—2010 （2）
2011 年（1）		GB/T 26855—2011 （1）		
2012 年（23）	GB/T 25068.2—2012 GB/T 29246—2012 （2）	GB/T 15852.2—2012 GB/T 29242—2012 GB/T 29243—2012 （3）	GB/T 25068.1—2012 GB/T 28447—2012 GB/T 28450—2012 GB/T 28453—2012 GB/T 28454—2012 GB/T 28455—2012 GB/Z 28828—2012 GB/T 29245—2012 （8）	GB/T 28448—2012 GB/T 28449—2012 GB/T 28458—2012 GB/T 28451—2012 GB/T 28456—2012 GB/T 28457—2012 GB/T 29240—2012 GB/T 29244—2012 GB/T 28452—2012 GB/T 29241—2012 （10）
2013 年（29）	GB/T 29828—2013 GB/Z 29830.1—2013 GB/Z 29830.2—2013 GB/Z 29830.3—2013 （4）	GB/T 29767—2013 GB/T 29829—2013 GB/T 30274—2013 GB/T 30275—2013 GB/T 30277—2013 GB/T 30280—2013 GB/T 30281—2013 （7）	GB/T 29827—2013 GB/T 30283—2013 GB/T 30285—2013 GB/T 30276—2013 GB/T 30278—2013 （5）	GB/T 20275—2013 GB/T 20278—2013 GB/T 20945—2013 GB/T 29765—2013 GB/T 29766—2013 GB/T 30270—2013 GB/T 30271—2013 GB/T 30272—2013 GB/T 30273—2013 GB/T 30279—2013 GB/T 30282—2013 GB/T 30284—2013 GB/Z 30286—2013 （13）

续表

年份（数量）	基础标准（数量）	技术标准（数量）	管理标准（数量）	应用标准（数量）
2014 年（2）				GB/T 31167—2014 GB/T 31168—2014 （2）
2015 年（24）	GB/T 18336.1—2015 GB/T 18336.2—2015 GB/T 18336.3—2015 GB/T 31495.1—2015 GB/T 31495.2—2015 GB/T 31495.3—2015 （6）	GB/T 31504—2015 GB/T 31508—2015 GB/T 32213—2015 GB/T 31501—2015 GB/T 31503—2015 （5）	GB/T 31497—2015 GB/T 31506—2015 GB/T 31722—2015 GB/T 31496—2015 （4）	GB/T 20277—2015 GB/T 20279—2015 GB/T 20281—2015 GB/T 31499—2015 GB/T 31500—2015 GB/T 31502—2015 GB/T 31505—2015 GB/T 31507—2015 GB/T 31509—2015 （9）
2016 年（30）	GB/T 15843.3—2016 GB/T 32905—2016 GB/T 32907—2016 GB/T 32915—2016 GB/T 32918.1—2016 GB/T 32918.2—2016 GB/T 32918.3—2016 GB/T 32918.4—2016 GB/T 33133.1—2016 （9）	GB/T 22080—2016 GB/T 22081—2016 GB/T 25067—2016 GB/T 32914—2016 GB/Z 32916—2016 GB/T 32920—2016 GB/T 32921—2016 GB/T 32923—2016 GB/T 32924—2016 GB/T 32925—2016 GB/T 32926—2016 GB/T 33132—2016 GB/T 33134—2016 （13）		GB/T 20276—2016 GB/T 22186—2016 GB/T 33131—2016 GB/T 32919—2016 GB/Z 32906—2016 GB/T 32917—2016 GB/T 32927—2016 GB/T 32922—2016 （8）

资料来源：赛迪智库，2017 年 2 月。

（三）国家密码标准迅速发展

国家密码的发展对我国信息安全标准体系的建设起着支柱作用。目前国家密码算法已经广泛应用于社保卡、银行卡等重要领域，随着国家密码重要性的不断提高，国家加紧对国产密码开展研制工作，2016 年国家密码算法相关标准取得重大进展。2016 年新发布的信息安全国标共 30 个，仅密码算法就发布了 7 个，即 GB/T 32918.1—4—2016《信息安全技术 SM2 椭圆曲线公钥密码算法》第 1 部分：总则、第 2 部分：数字签名算法、第 3 部分：密钥交换协议、第 4 部分：公钥加密算法，GB/T 32905—2016《信息安全技术 SM3 密码杂凑算法》，GB/T 32907—2016《信息安全技术 SM4 分组密码算法》，GB/T 33133.1—2016《信息安全技术祖冲之序列密码算法》第 1 部分：算法描述。SM 类算法是国密算法的重要内容，此次包含了对 SM2、SM3、SM4 等密码算法的安全技术标准，其中 SM2 是椭圆曲线公钥密码算法，SM3 是密码杂凑算法，SM4 是分组密码算法。

二、重点行业标准视情推进

（一）通信行业信息安全标准逐年推进

这些年随着通信网络的发展，通信安全问题也较为明显，国家工业和信息化部为适应通信业发展需求，促进行业健康发展，不断完善通信行业信息安全标准，因此在我国通信行业已形成相对较多的信息安全行业标准，与信息安全直接相关的标准高达 43 个，如表 2 - 3 所示。2016 年发布 3 个通信行业信息安全标准，YD/T 3164—2016《互联网资源协作服务信息安全管理系统技术要求》、YD/T 3165—2016《内容分发网络服务信息安全管理系统技术要求》、YD/T 3169—2016《互联网新技术新业务信息安全评估指南》。

表 2 - 3　通信行业信息安全标准

年份（数量）	标准编号
2001 年（1）	YD/T 1163—2001
2005 年（1）	YDN 126—2005
2006 年（3）	YD/T 1534—2006，YD/T 1536.1—2006，YD/T 1486—2006
2007 年（8）	YDN 126—2007，YD/T 1699—2007，YD/T 1700—2007，YD/T 1621—2007，YD/T 1701—2007，YD/T 1613—2007，YD/T 1614—2007，YD/T 1615—2007
2008 年（4）	YD/T 1826—2008，YD/T 1827—2008，YD/T 1799—2008，YD/T 1800—2008
2009 年（2）	YDN 126—2009，YD/T 5177—2009
2010 年（1）	YD/T 2095—2010
2011 年（7）	YD/T 2252—2011，YD/T 2255—2011，YD/T 2248—2011，YD/T 2387—2011，YD/T 2391—2011，YD/T 2392—2011，YD/T 2251—2011
2012 年（3）	YD/T 2248—2012，YD/T 2405—2012，YD/T 2406—2012

续表

年份（数量）	标准编号
2013 年（4）	YD/T 2670—2013，YD/T 2671—2013，YD/T 2672—2013，YD/T 2674—2013
2014 年（2）	YD/T 2697—2014，YD/T 2707—2014
2015 年（4）	YD/T 2248—2015，YD/T 2405—2015，YD/T 2874—2015，YD/T 2853—2015
2016 年（3）	YD/T 3164—2016，YD/T 3165—2016，YD/T 3169—2016

资料来源：赛迪智库，2017 年 2 月。

（二）密码行业信息安全标准稳步发展

近年来随着国家密码算法的重要性的加强，国家对密码的重视程度不断提升，国家密码管理局近几年不断发布密码技术新标准，仅 2012—2016 年间，推出相关标准高达 49 个，如表 2 - 4 所示。2016 年推出 2 个密码行业信息安全标准 GM/T0044—2016《SM9 标识密码算法》、GM/T0045—2016《金融数据密码机技术规范》。

表 2 - 4 密码行业信息安全标准

年份（数量）	标准编号
2012 年（20）	GM/T 0001—2012，GM/T 0002—2012，GM/T 0003—2012，GM/T 0004—2012，GM/T 0005—2012，GM/T 0006—2012，GM/T 0008—2012，GM/T 0009—2012，GM/T 0010—2012，GM/T 0011—2012，GM/T 0012—2012，GM/T 0013—2012，GM/T 0014—2012，GM/T 0015—2012，GM/T 0016—2012，GM/T 0017—2012，GM/T 0018—2012，GM/T 0019—2012，GM/T 0020—2012，GM/T 0021—2012
2013 年（1）	GM/Z0001—2013
2014 年（21）	GM/T0022—2014，GM/T0023—2014，GM/T0024—2014，GM/T0025—2014，GM/T0026—2014，GM/T0027—2014，GM/T0028—2014，GM/T0029—2014，GM/T0030—2014，GM/T0031—2014，GM/T0032—2014，GM/T0033—2014，GM/T0034—2014，GM/T0035.1—2014，GM/T0035.2—2014，GM/T0035.3—2014，GM/T0035.4—2014，GM/T0035.5—2014，GM/T0036—2014，GM/T0037 - 2014，GM/T0038—2014
2015 年（5）	GM/T0039—2015，GM/T0040—2015，GM/T0041—2015，GM/T0042—2015，GM/T0043—2015
2016 年（2）	GM/T0044—2016，GM/T0045—2016

资料来源：赛迪智库，2017 年 2 月。

（三）保密行业信息安全标准发展较缓

自从 1994 年开始，国家保密行业信息安全标准工作扎实推进，国家保密局形成一批相关的信息安全标准，如表 2－5 所示。2016 年没有公布新保密行业信息安全标准。

表 2－5　保密行业信息安全标准

年份（数量）	标准编号
1994 年（1）	BMB1－1994
1998 年（1）	BMB2－1998
1999 年（1）	BMB3－1999
2000 年（2）	BMB4—2000 BMB5—2000
2001 年（3）	BMB6—2001，BMB7—2001，BMB7.1—2001
2004 年（7）	BMB8—2004，BMB10—2004，BMB11—2004，BMB12—2004，BMB14—2004，BMB15—2004，BMB16—2004
2006 年（3）	BMB17—2006，BMB18—2006，BMB19—2006
1999 年（2）	GGBB1－1999，GGBB2－1999
2000 年（1）	BMZ1—2000
2001 年（2）	BMZ2—2001，BMZ3—2001
2007 年（5）	BMB9.1—2007，BMB9.2—2007，BMB20—2007，BMB21—2007，BMB22—2007
2008 年（1）	BMB23—2008
2011 年（1）	BMB15—2011
2012 年（2）	BMB26—2012，BMB27—2012

资料来源：赛迪智库，2017 年 2 月。

（四）等级保护行业标准逐步形成

目前，等级保护标准已经成为我国网络安全的重要保障。国家在积极制定等级保护标准的同时，以公安部门为核心，包括中国人民银行、交通运输部、工信部、国家邮政局、国家烟草专卖局、海关等部门已形成了等级保护技术的相关行业标准。公安部目前已形成 11 个相关的等级保护标准，如表2－6所示。随着国家信息安全标准的不断健全，等保标准地位的提高，近年很多等保标准在国家标准层面发布。2016 年公安部暂未发布相关行业标准。

表 2 - 6 保密行业信息安全标准

序号	标准编号	标准名称
1	GA/T388—2002	计算机信息系统安全等级保护操作系统技术要求
2	GA/T389—2002	计算机信息系统安全等级保护数据库管理系统技术要求
3	GA/T390—2002	计算机信息系统安全等级保护通用技术要求
4	GA/T391—2002	计算机信息系统安全等级保护管理要求
5	GA/T483—2004	计算机信息系统安全等级保护工程管理要求
6	GA/T708—2007	信息安全技术信息系统安全等级保护体系框架
7	GA/T709—2007	信息安全技术信息系统安全等级保护基本模型
8	GA/T710—2007	信息安全技术信息系统安全等级保护基本配置
9	GA/T711—2007	信息安全技术应用软件系统安全等级保护通用技术指南
10	GA/T712—2007	信息安全技术应用软件系统安全等级保护通用测试指南
11	GA/T1141—2014	信息安全技术主机安全等级保护配置要求

资料来源：赛迪智库，2017 年 2 月。

三、团体标准发展空间广阔

我国开始鼓励对团体标准的建设，特别是在信息安全领域团体标准的发展。《国家标准化体系建设发展规划（2016—2020 年）》（国办发〔2015〕89号）提出，"培育发展团体标准，鼓励具备相应能力的学会、协会、商会、联合会等社会组织和产业技术联盟协调相关市场主体共同制定满足市场和创新需要的标准，供市场自愿选用，增加标准的有效供给"①。2016 年 8 月，中央网络安全和信息化领导小组办公室、国家质量监督检验检疫总局和国家标准化管理委员会联合发布《关于加强国家网络安全标准化工作的若干意见》（中网办发文〔2016〕5 号）提到，引导社会公益性基金支持网络安全标准化活动。目前，我国在信息技术领域的团体标准建设方面已取得了新突破，例如中关村积极探索建立新的团体标准组织形式，2016 年 12 月，科技创新标准化组织"中关村标准化协会"在京成立。可见，我国信息安全团体标准拥有广阔的发展前景，可以借助此类平台，充分发挥社会各界的力量，促进我国信息安全团体标准的健康发展。

---

① 《国家标准化体系建设发展规划（2016—2020 年）》（国办发〔2015〕89 号）。

第四节 技术能力全面提升

一、安全可控技术取得突破

2016年，我国在芯片等安全可控技术方面取得较大突破。4月，瑞芯微Rockchip发布了具备高性能、高扩展应用特点的全能型旗舰级芯片——RK3399，该芯片的硬件规格在行业处领先地位。8月，飞腾公布其最新产品飞腾2000，其产品性能追平了Intel的E5服务器芯片。同月，我国发射全球首颗量子科学实验卫星"墨子号"，借助卫星平台，开展星地高速量子密钥分发实验和广域量子密钥网络实验，强化空间量子通信实用化研究。10月，龙芯中科宣布3A3000四核处理器芯片完成流片并通过系统测试，综合计算性能方面，在1.5GHz主频下，GCC编译的SPEC CPU 2006定点和浮点单核分值分别超过11分和10分；访存性能方面，Steam分值超过13GBps。龙芯3A3000的流片成功，标志着我国自主研发的高性能微处理器芯片，可以超越目前引进的同类芯片性能。同月，华为发布最新一代SoC：麒麟960，并再次在跑分上超越了高通。

二、安全防护技术明显增强

2016年，我国网络安全相关厂商不断提升自身产品性能，以满足来自各行业的网络安全需求。2月，在著名国际独立安全研究和评测机构NSS labs公布的2015年度下一代防火墙的测试评结果中，中国厂商山石网科以99%的综合威胁检查率和排名第一的总体拥有成本，获得"推荐级"[1]。4月29日，匡恩网络推出首款便携式工控安全威胁评估平台。5月30日，绿盟科技发布了全新绿盟工控入侵检测系统IDS-ICS，并获全国首个工控入侵检测产品资质。

---

[1] 工业和信息化部赛迪研究院网络安全走势判断课题组：《2016年下半年中国走势分析与判断》，《中国信息化周报》2016年8月29日。

11 月，我国"网络空间拟态防御理论及核心方法"通过验证，是我国在网络防御领域的重大理论和方法创新。此外，多因素认证、生物识别、设备指纹等新型身份认证技术正在快速发展，以解决传统的口令、密码认证的弊端。利用大数据技术进行行为分析、态势感知、追踪溯源正逐渐成为解决针对性攻击的重要手段；深度学习、人工智能、区块链、量子计算等前沿技术正在兴起，与网络安全的结合应用正在研究开展。

三、安全攻防技能显著提升

2016 年，国内外举办的网络安全竞赛数量和质量不断提高，国内网络安全团队的整体能力得到进一步提升。3 月，在加拿大温哥华举行的 Pwn2Own 2016 世界黑客大赛上，腾讯安全 Sniper 战队攻破苹果 safari 浏览器并获得 ROOT 权限，攻破微软 Edge 浏览器并获得 SYSTEM 权限，首度获得世界总冠军；360Vulcan 战队攻破谷歌 Chrome 浏览器，名列第三。5 月，国家互联网应急中心在四川省成都市举办了 2016 中国网络安全技术对抗赛，全面考验并推动提升了参赛队伍的渗透测试、漏洞分析、挖掘利用、漏洞修复、安全防护等网络攻防实战能力。6 月，360 旗下的伏尔甘团队和韩国 PoCSECURITY 共同主办了首届世界黑客大师赛（WCTF），中国台湾地区代表队 HITCON 名列第三。此次比赛引入了"赛题分享会"机制，每个参赛战队会对赛题进行解题分享，裁判、其他战队和参会观众可对解题过程提出问题或质疑、交流不同的解题方式，对于整体提升我国网络安全攻防技能起到积极作用。10 月，上海举办了国际黑客大赛 GeekPwn2016，吸引了包括传奇黑客 Geohot、Open AI 权威科学家 Ian Goodfellow 在内的 58 名来自中、美、俄、新加坡等国际顶级黑客，搭建起中国最大规模、最高规格的国际白帽黑客切磋交流平台，有效提升了我国网络安全团队的攻防技能。

第五节 产业实力明显增强

一、产业规模保持高速增长

随着习近平总书记"4·19""10·9"系列网络安全重要讲话的发表以及《网络安全法》《国家网络空间安全战略》等一系列网络安全相关政策文件的出台，我国网络安全环境将得到显著改善，在政策环境与市场需求的共同作用下，网络安全行业迎来高速增长机遇，产业发展潜力巨大。当前，我国网络安全需求快速增加，特别是在网络攻防、网络内容、基础安全等方面要求不断加强，相关细分领域的产业规模保持较高增速。据统计，2016年我国网络安全产业规模达到1066.4亿元人民币，同比增长26.3%。业内预计，我国网络安全产业将在"十三五"期间迎来黄金发展期，产业复合增速将达到25%—30%。

二、产业资源整合进程加速

随着创投机构将目光移向安全领域、安全企业开展前瞻性产业布局，产业基金相继成立，网络安全企业合作不断加强，企业实力得到快速提升。一批企业上市形成行业示范，行业整体活力被激活，产业资源整合进程全面加速。

一是网络安全行业凝聚力不断增强。网络安全企业合作不断加强，如2016年4月20日，绿盟科技宣布与阿里云盾展开战略合作，在流量清洗领域优势互补，打造成最强的抗DDoS王牌。6月12日，启明星辰与腾讯安全达成云端安全战略的合作，布局高级威胁检测与防护。同时，中国网络安全产业联盟、中国网络空间安全协会、云安全服务联盟相继成立，这将进一步推动相关企业间的合作。

二是传统网络安全企业不断发力。随着网络安全受到的重视不断加大，市场需求不断扩张，传统网络安全企业逐步发力，如瑞星信息、北京CA、海天炜业等公司已在"新三板"挂牌，上海格尔、吉大正元、山石网科等传统安全企业也正在积极筹划上市。

三是网络安全行业的融资并购依然火热。大型互联网公司在网络安全领域频频出手，网络安全成为资本市场的焦点。如，2016 年 3 月，绿盟科技 850 万元参股阿波罗云，与阿波罗云在抗 DDoS 攻击、恶意流量清洗等技术领域展开深度合作。4 月，绿盟科技 600 万投资逸得大数据。同月，电子认证公司国民认证获得联想 3000 万元融资进一步拓展联想在电子签名领域和数字加密领域业务。6 月，启明星辰 6.37 亿收购赛博兴安，持续加强并扩大在网络传输加密、加密认证及数据安全、军队军工行业安全管控、不同安全域间网络互联等领域的影响力。8 月，南洋股份宣布将以 57 亿元收购天融信。12 月，航天发展以 15 亿元并购锐安科技，进入专业壁垒较高的网络信息安全领域。此外，国民认证、青藤云安全、椒图科技、安全狗、威努特、梆梆安全一系列新兴和初创企业受到资本市场的青睐，发展前景一片光明。

三、自主产品应用领域进一步拓展

在市场需求引导和自身努力下，国内企业的自主产品能力得到快速提升，应用领域不断拓展。1 月，国家超级计算天津中心宣布，计划研制新一代百亿亿次超级计算机，在自主芯片、自主操作系统、自主运行计算环境方面实现全自主。在 CES 2016 展会上，瑞芯微 Rockchip 推出 RK3288 芯片 VR 解决方案。2 月，西昌卫星发射中心发射的新一代北斗导航卫星的第五颗星使用了龙芯的芯片产品。5 月，武汉深之度推出深度桌面操作系统 V15 金山办公版和深度服务器操作系统 V15 版软件产品，有力推动了操作系统的国产化进程。6 月，我国研制的"神威·太湖之光"实现了所有核心部件全国产化，并成为运算速度最快的超级计算机。7 月，展讯的 4G 芯片平台 SC9830i 被三星的 Galaxy J2（2016）SM－J210F/DS 智能手机采用。9 月，展讯的 4G 芯片平台 SC9830i 被三星的 Z2 智能手机采用。11 月，在第 18 届中国国际工业博览会上，兆芯的 ZX－C 处理器获得了金奖。兆芯还宣布 2016 年开始量产 100 万套 ZX－C 四核 X86 处理器，实现 1/100 的进口产品替代，未来还会进军消费级市场。相关统计显示，华为海思芯片占据了全球视频监控市场 70% 的份额。

第六节   国际合作持续深化

一、网络安全双边合作成果显著

2016 年，我国不断加强与世界各国的交流合作，并取得显著成果。6 月 13 日，中英举行首次高级别安全对话，就打击恐怖主义、网络犯罪、有组织犯罪等合作达成重要共识；13 日，在第四轮中德政府磋商中，中德就加强打击网络犯罪的合作、在联合国框架下，推动制定各方普遍接受的网络空间负责任国家行为规范，不从事或在知情情况下支持利用网络侵犯知识产权、窃取贸易机密或商业机密等事项达成合作共识；14 日，经第二次中美打击网络犯罪及相关事项高级别联合对话，中美宣布将继续开展桌面推演、测试热线机制、加强在网络保护方面合作、开展信息共享和案件合作等；22 日，中国和乌兹别克斯坦发表联合声明，重申两国就维护信息安全保持密切沟通，开展网络空间监管、防止网络犯罪等合作；26 日，中俄签署了《中华人民共和国主席和俄罗斯联邦总统关于协作推进信息网络空间发展的联合声明》，强调尊重各国网络主权、加强信息网络空间领域的科技合作、预防和打击利用网络进行恐怖及犯罪活动，开展网络安全应急合作与网络安全威胁信息共享，加强跨境网络安全威胁治理等。9 月 12 日，中国和加拿大举行首次高级别国家安全与法治对话，并就打击恐怖主义、网络犯罪等领域的合作进行了深入交流，达成多项重要成果。11 月，中德两国同意建立中德高级别安全对话机制，在网络安全等领域加强交流合作，共同应对网络安全威胁和挑战；12 月 7 日，在第三次中美打击网络犯罪及相关事项高级别联合对话中，中美双方就联合打击针对和利用网络实施的犯罪、加强网络保护合作等事项达成一致。

二、国际互联网治理参与度显著提高

我国积极参与国际互联网治理事务，推动互联网治理体系构建与完善。6月，中俄签署了《中华人民共和国主席和俄罗斯联邦总统关于协作推进信息网络空间发展的联合声明》，提出各国均有权平等参与互联网治理，有权根据本国法律和制度实际，维护本国网络安全，并倡议建立多边、民主、透明的互联网治理体系，支持联合国在建立互联网国际治理机制方面发挥重要作用。9 月，G20 杭州峰会一致认为互联网治理应继续遵循信息社会世界峰会（WSIS）成果，强调政府、私营部门、民间社会、技术团体和国际组织等各方应根据其各自的角色和责任充分、积极参与互联网治理①。在第三届世界互联网大会上，习近平总书记提出，要坚持网络主权理念，推动全球互联网治理朝着更加公正合理的方向迈进，推动建立多边、民主、透明的国际互联网治理体系。

三、网络空间国际规则制定取得积极成果

2016 年，我国积极参与网络空间国际规则制定，发出更多中国声音，注入更多中国元素，并取得诸多积极成果。习近平总书记在联合国、二十国集团、金砖国家、亚太经合组织、上海合作组织等多个场合，积极推动构建信息化领域国际互信对话机制。12 月 16 日，习近平在第二届世界互联网大会开幕式上发表主旨演讲，呼吁国际社会应该在相互尊重、相互信任的基础上，加强对话合作，推动互联网全球治理体系变革，共同构建和平、安全、开放、合作的网络空间②。联合国信息安全政府专家组（UNGGE）确认，包括国家主权原则在内的《联合国宪章》等国际法准则适用于网络空间。上合组织元首理事会会议通过《塔什干宣言》，支持在联合国框架内制定网络空间负责任国家行为的普遍规范、原则和准则。第五届联合国信息安全政府专家组会议重点研究讨论了网络空间国家行为规范及国际法在信息通信技术领域的适用、信任措施等问题，并取得良好效果。G20、OECD、东盟、金砖国家等组织也积极开展合作，共同应对网络空间的威胁与挑战。

---

① 《2016 年世界互联网发展乌镇报告》，见 http：//www.cac.gov.cn/2016 – 11/18/c_1119941092. htm。

② 习近平：《在第二届世界互联网大会开幕式上的讲话》，见 http：//news. xinhuanet. com/world/2015 – 12/16/c_ 1117481089. htm。

第三章 2016 年我国网络安全发展主要特点

  2016 年我国网络安全发展呈现四个显著特点：一是国家网络安全布局全面形成。习总书记"4·19"和"10·9"系列讲话，成为新时期网络安全工作的指引；《国家网络空间安全战略》全面系统部署网络安全工作，明确了战略任务；《网络安全法》确立了基本制度，网络安全工作进入有法可依的新阶段。二是安全可控成为各方关注焦点。国家推进安全可控的政策逐步明晰，安全可控的内涵越来越明确；安全审查成为实现安全可控的抓手，党政机关云计算服务审查工作全面展开；安全可控标准体系初步形成，信息技术产品安全可控评价指标、云计算和大数据相关标准加快制定。三是网络空间治理力度显著加强。治理思路日渐明朗，治理任务进一步明确；政策法规密集出台，网络信息服务中的突出问题得以规范；"净网 2016"、防范打击通讯信息诈骗等专项行动着力出击，富有成效；个案调查深入彻底，"魏则西事件"等热点事件得到有效整治；网民、行业联盟等多主体协同治理局面逐渐形成。四是网络可信身份服务能力显著提升。第三方网络身份管理体系开放取得成效；网络可信身份服务模式丰富，多因素身份识别模式涌现；网络可信身份服务形成较好基础，应用广泛；国产认证技术产品基本成熟，可信身份技术自主可控能力显著提升。

第一节 国家网络安全布局全面形成

一、习近平总书记讲话为新时期网络安全工作指明了方向

  2016 年 4 月 19 日，习近平总书记在网络安全和信息化工作座谈会上强

调，要推动我国网信事业发展，让互联网更好造福人民；建设网络良好生态，发挥网络引导舆论、反映民意的作用；尽快在核心技术上取得突破；正确处理安全和发展的关系；增强互联网企业使命感、责任感，共同促进互联网持续健康发展；聚天下英才而用之，为网信事业发展提供有力人才支撑。2016年10月9日，在中共中央政治局第三十六次集体学习会议上，习近平总书记强调，要理直气壮维护我国网络空间主权，明确宣示我们的主张；要正确处理安全和发展、开放和自主、管理和服务的关系，不断提高对互联网规律的把握能力、对网络舆论的引导能力、对信息化发展的驾驭能力、对网络安全的保障能力，把网络强国建设不断推向前进。2016年11月16日，在第三届世界互联网大会上，习近平总书记讲话指出，互联网发展是无国界、无边界的，利用好、发展好、治理好互联网必须深化网络空间国际合作，携手构建网络空间命运共同体；中国愿同国际社会一道，坚持以人类共同福祉为根本，坚持网络主权理念，推动全球互联网治理朝着更加公正合理的方向迈进，推动网络空间实现平等尊重、创新发展、开放共享、安全有序的目标。

二、《国家网络空间安全战略》全面系统部署了网络安全工作

2016年12月27日，国家互联网办公室发布了《国家网络空间安全战略》（以下简称《战略》），阐明了中国关于网络空间发展和安全的重大立场和主张，明确了战略方针和主要任务，是指导国家网络安全工作的纲领性文件。《战略》分析了我国网络空间安全面临的重大机遇和挑战，明确提出了我国网络空间安全的目标，即：以总体国家安全观为指导，贯彻落实创新、协调、绿色、开放、共享的发展理念，增强风险意识和危机意识，统筹国内国际两个大局，统筹发展安全两件大事，积极防御、有效应对，推进网络空间和平、安全、开放、合作、有序，维护国家主权、安全、发展利益，实现建设网络强国的战略目标。《战略》提出了我国网络空间安全要以"尊重维护网络空间主权、和平利用网络空间、依法治理网络空间、统筹网络安全与发展"为原则，并明确要坚定捍卫网络空间主权、坚决维护国家安全、保护关键信息基础设施、加强网络文化建设、打击网络恐怖和违法犯罪、完善网络治理体系、夯实网络安全基础、提升网络空间防护能力、强化网络空间国际合作。

三、《网络安全法》使网络安全工作进入有法可依的新阶段

2016 年 11 月 17 日，十二届全国人大常委会第二十四次会议表决通过《中华人民共和国网络安全法》（以下简称《网络安全法》），这是我国网络安全法治建设中的重要里程碑。作为我国网络安全领域的基本法，该法明确了网络空间主权原则，并从网络运行安全、关键信息基础设施安全、网络信息安全、监测与预警等方面，确立了我国网络安全建设的基本制度。例如，为保障网络产品和服务安全，该法在总结实践经验的基础上，将网络关键设备和网络安全专用产品的安全认证和安全检测上升为法律制度，并建立了关键信息基础设施运营者采购网络产品、服务的安全审查制度；为保障关键信息基础设施安全，该法明确对关键信息基础设施实行重点保护；为保护公民合法利益，该法加强了对公民个人信息保护，建立了跨境数据安全评估制度；该法坚持加强网络安全保护，确立了网络身份管理制度即网络实名制，保障网络信息的可追溯；同时，法律要求建立网络安全监测预警和信息通报制度。《网络安全法》是我国网络安全法律法规体系的重要组成，对于保障我国网络安全具有重大意义。

第二节　安全可控成为各方关注焦点

一、国家推进安全可控的政策逐步明晰

国家宏观政策法规关于安全可控的描述不断增多，安全可控的内涵和要求不断清晰。一方面，国家政府针对安全可控的要求更加明确。我国于 2015 年 7 月 1 日正式实施的《中华人民共和国国家安全法》明确提出了"实现网络和信息核心技术、关键基础设施和重要领域信息系统及数据的安全可控"；我国于 2016 年 11 月发布的《中华人民共和国网络安全法》明确提出了"推广安全可信的网络产品和服务"；12 月发布的《国家网络空间安全战略》明确提出了"核心技术装备安全可控，网络和信息系统运行稳定可靠"以及

"重视软件安全，加快安全可信产品推广应用"。另一方面，安全可控的内涵已经明晰。2016 年 4 月 19 日，习总书记在网络安全和信息化工作座谈会上的讲话中明确提出"要搞清楚哪些是可以引进但必须安全可控的"；10 月 9 日，习总书记在讲话中再次强调要"抓紧突破网络发展的前沿技术和具有国际竞争力的关键核心技术，构建安全可控的信息技术体系"；在 11 月《网络安全法》新闻发布会上，国家互联网信息办公室网络安全协调局赵泽良局长明确了"自主可控、安全可控和安全可信的基本含义是一致的"，指出"安全可控至少包含 3 方面要求"，即产品或服务提供者不应利用提供产品或服务的便利条件非法获取用户重要数据，损害用户对自己数据的支配权，产品或服务提供者不应通过网络非法控制和操纵用户设备，损害用户对自己所拥有和使用设备的控制权，产品和服务提供者不应利用用户对产品和服务的依赖性牟取不当利益，搞垄断经营，包括停止提供合理的安全技术支持，迫使用户更新换代。

二、安全审查成为实现安全可控的抓手

网络安全审查制度逐步成型，成为实现安全可控的重要抓手。自 2014 年 5 月国家互联网信息办公室公开表示中国将推出网络安全审查制度以来，相关部门采取一系列政策措施，不断落实网络安全审查制度，推进网络安全审查工作。2014 年底，中央网信办出台《关于加强党政部门云计算服务网络安全管理的意见》，明确提出"中央网信办会同有关部门建立云计算服务安全审查机制，对为党政部门提供云计算服务的服务商，参照有关网络安全国家标准，组织第三方机构进行网络安全审查，重点审查云计算服务的安全性、可控性"；2015 年 6 月，全国信息安全标准化技术委员会秘书处在京召开云计算服务网络安全管理国家标准应用试点总结会，会上宣布对申请审查的华为、曙光、浪潮、阿里云等 4 家云服务商正式开展网络安全审查；2016 年 9 月 19 日，中央网信办在其官网公布了首批通过网络安全审查的党政部门云计算服务名单，分别为浪潮软件集团有限公司所建济南政务云平台、曙光云计算技术有限公司所建成都电子政务云平台（二期）和阿里云计算有限公司所建阿里云电子政务平台；11 月发布的《网络安全法》明确规定"关键信息基础设

施的运营者采购网络产品和服务，可能影响国家安全的，应当通过国家网信部门会同国务院有关部门组织的国家安全审查"；12月发布的《国家网络空间安全战略》明确提出了"建立实施网络安全审查制度，加强供应链安全管理，对党政机关、重点行业采购使用的重要信息技术产品和服务开展安全审查，提高产品和服务的安全性和可控性，防止产品服务提供者和其他组织利用信息技术优势实施不正当竞争或损害用户利益"。

三、安全可控标准体系初步形成

为配合国家推进安全可控相关政策的落地实施，安全可控配套系列标准制定工作稳步推进。一方面，信息技术产品安全可控评价指标系列标准出台在即。2015年6月《信息技术产品安全可控水平评价指标体系》在全国信息安全标准化委员会WG7工作组下正式立项，该系列标准主要针对中央处理器、操作系统、办公套件、数据库等10余种信息技术产品，经过编制组一年多的工作，系列标准中的中央处理器、操作系统和办公套件三项标准于11—12月正式对外公开征求意见，预计2017年将正式发布实施。另一方面，云计算、大数据等信息技术服务的安全标准体系逐步完善。全国信息安全标准化技术委员会成立了大数据安全标准特别工作组，大力推动《信息安全技术 云计算服务安全能力评估方法》《信息安全技术 大数据服务安全能力要求》等云计算和大数据等相关标准制定工作，并在2016年10月份会议上发布《大数据安全标准路线图》。

第三节　网络空间治理力度显著加强

一、治理思路日渐明朗

2016年，以习近平同志为核心的党中央高度重视网络空间治理工作，提出一系列治理理念，作出一系列重大决策部署，有力推动了网络空间治理工作进程，对于营造天朗气清的良好网络生态环境发挥了重要推动和指引作用。

一是明确基本治理理念。习近平总书记在 4 月 19 日网络安全和信息化工作座谈会的重要讲话深刻阐明了"网络生态事关人民利益""互联网不是法外之地"的基本理念，强调要本着对社会负责、对人民负责的态度依法加强网络空间治理，明确网站在网上信息管理方面的主体责任和政府行政管理部门的监管责任，提出主管部门、企业要建立密切协作协调的关系，避免过去经常出现的"一放就乱、一管就死"现象，走出一条"齐抓共管、良性互动"的新路。习近平总书记的讲话为网络信息管理提供了理论基础、责任分配和管理路径，为走出网络空间治理困境指明了方向，是网络空间治理工作的思想航标和基本遵循。

二是提出战略部署和行动指南。《国家网络空间安全战略》强调网络渗透、网络有害信息、网络恐怖和违法犯罪给政治、文化和社会安全带来的威胁和挑战，坚持依法、公开、透明管网治网原则，健全网络安全法律法规体系，完善网络安全相关制度，建立网络信任体系，鼓励社会组织参与网络治理等方面提出完善网络治理体系的战略任务。《"十三五"国家信息化规划》将"完善网络空间治理体系"作为主攻方向之一，部署了加强互联网基础资源管理、依法加强网络空间治理和创新网络社会治理三项工作和网络内容建设工程，为"十三五"期间网络安全治理工作提供了具体路线。

二、政策法规密集出台

2016 年，针对网络信息服务中出现突出问题，各项信息管理政策法规密集出台、逐一就位，规范各主体权利义务，明确责任分配，大力弥补了监管空白，为净化网络生态环境提供了行动指导和法律依据。

一方面，确立网站网上信息管理主体责任。8 月 17 日，国家互联网信息办公室提出从事互联网新闻信息服务的网站履行网上信息管理主体责任八项要求，明确管理制度规范建设、信息安全岗位人员配备、技术力量投入等方面的一系列要求，如发布信息内容、信息内容安全技术保障能力、网站总编辑负责制、安全评估制、建立健全跟帖评论管理制度、完善用户注册管理制度和强化内容管理队伍建设等八项要求。八项要求清晰明确，直指网站所存在的共性突出问题，具有很强的针对性，对于增强落实主体责任的思想自觉，全面加强网站基础建设和管理，提升网站管理的制度化、规范化水平，促进网站健康持续发展具有重要的指导价值，也是对"齐抓共管、良性互动"管理道路的最新探索和实践。

另一方面，各项信息服务管理规则快速出台。2016年，《互联网信息搜索服务管理规定》《移动互联网应用程序信息服务管理规定》《互联网直播服务管理规定》《公开募捐平台管理办法》《网址导航网站服务管理规定》《互联网新闻信息标题规范管理规定（暂行）》《网络食品安全违法行为查处办法》等多个针对信息服务管理的规范性文件密集出台，逐一解决网上信息服务存在的突出问题，明确提供信息服务网络平台的责任和义务，有效弥补监管空白，细化监管措施，落实监管职责，加强监管力度，互联网监管思路日渐明朗，正在快速形成健全的长效治理机制。

三、专项行动着力出击

2016年，"净网2016""护苗2016""秋风2016""剑网2016"、防范打击通信信息诈骗、网络直播平台等网络空间治理的各项专项行动陆续启动、持续亮剑，多管齐下、重拳出击，着力清理、打击、整治淫秽色情信息、非法有害少儿信息、网络谣言、网络诈骗、网络暴力、网络侵权盗版等突出问题，各部门合力出击，专项行动取得了显著成效，起到了明显震慑和警示作用，还清朗网络空间。

一是全力清理网络非法有害信息。针对网络淫秽色情信息肆意传播现象，全国"扫黄打非"办公室组织开展"净网2016"行动，先后对云盘、网络直播平台、微领域、不雅视频事件、新闻客户端等重点领域进行集中整治。全国共处置网络淫秽色情信息140余万条，收缴淫秽色情出版物32万余件，重点查处"净网"大案60多起，依法关闭乐盘网等问题严重的云盘服务企业，并依法追究相关负责人刑事责任，对25家知名互联网企业采取行政处罚措施，有效遏制了网络传播淫秽色情信息现象；针对非法有害少儿出版物及信息问题，全国"扫黄打非"办公室开展"护苗2016"专项行动，严厉打击制售传播非法有害少儿信息活动，处置有害信息458万余条，查办了一批有影响的大案要案，有效清理了影响未成年健康成长的网上有害信息；针对乱改标题、歪曲新闻原意等"标题党"行为，国家网信办联合相关部门开展专项整治行动，依法处罚了新浪、搜狐、网易、凤凰、焦点等存在突出问题的 5 家网站，并对互联网新闻信息标题制作制定了专门规范，有效净化网络舆论环境。

二是集中整治问题严重的网络平台和网站。2 月至 7 月，全国扫黄打非办、文化部、公安部分别针对涉"黄"涉"低俗"、含有宣扬暴力、色情和危害社会公德内容的网络表演活动、网络直播平台的安全管理漏洞等问题对网络直播平台开展专项整治活动，查办了一批网络直播平台违法违规案件，依法查处 23 家网络文化经营单位共 26 个网络表演平台，依法关停传播违法信息的账号、频道，及时清理淫秽色情及低俗、不良信息，效果良好，舆论反映强烈；5 月，针对网址导航网站在网站推荐和内容管理等方面存在的问题，国家网信办在全国开展网址导航网站专项治理，将通过转载、聚合等形式从事互联网新闻信息服务的网址导航网站纳入互联网新闻信息服务管理，要求各网址导航网站依法提供相关服务，规范导航页面推荐网站入口，自觉抵制网络谣言、网络诈骗、网络色情、网络暴力。

三是严厉打击非法传播牟利行为。全国"扫黄打非"办公室组织"秋风2016"专项行动，开展假冒学术期刊网站专项整治工作，严肃查处利用假冒学术期刊网站实施诈骗等违法行为并查办了一批典型案件，包括全国首例通过微信渠道销售假记者证案——"5·24"特大制作销售假记者证团伙案和通过电商平台销售盗版图书数量最多、案值最高的案件——"10·26"特大网络销售侵权盗版图书案；7 月 12 日，国家版权局、国家互联网信息办公室、工业和信息化部、公安部启动"剑网2016"专项行动，突出整治未经授权非法传播网络作品的行为，开展打击网络文学侵权盗版专项整治行动、APP 侵权盗版和规范网络广告联盟专项整治活动。专项行动加大行政处罚和刑事打击力度，共查处行政案件 514 件，移送司法机关刑事处理 33 件，涉案金额 2 亿元，关闭网站 290 家。通过 5 个月的专项治理，网络文学、影视、音乐等领域大规模侵权盗版现象基本得到遏制，版权秩序进一步规范，网络版权环境进一步净化。

四、个案调查深入彻底

在"魏则西事件"、百度夜间推广赌博网站事件、斗鱼直播涉黄、商业网站"标题党"案件等重大热点事件发生后，相关管理部门积极响应、主动作为、深入调查、严惩不贷、有效整治，给各大互联网企业设立了不可逾越的红线，提振了网民对于净化网络空间的信心。

一是深入调查热点事件并提出整改要求。如"魏则西事件"发生后，国家网信办会同国家工商总局、国家卫生计生委成立联合调查组进驻百度公司，集中围绕百度搜索在"魏则西事件"中存在的问题进行了调查取证，并对百度公司提出了立即全面清理整顿医疗类等事关人民群众生命健康安全的商业推广服务、改变竞价排名机制、建立完善先行赔付等网民权益保障机制三项具体整改要求。"百度夜间推广赌博网站事件"被爆出后，北京市网信办、北京市公安局、北京市通管局、北京市工商局、北京市文化市场行政执法总队等相关管理部门组成的联合调查组进驻百度公司开展调查工作，通过听取情况汇报、调查取证、事实还原、搜集线索、分析研究等环节进行深入调查，查处百度的付费推广业务在代理商管理、推广信息内容监测、技术安全防控等方面存在的漏洞，要求其立即整改并提出具体整改要求。

二是积极研究提出相关问题治理措施。如在"魏则西事件"中，针对搜索服务内容管理问题，调查组提出了下一步治理措施，如在全国开展搜索服务专项治理，严厉打击网上传播医疗、药品、保健品等事关人民群众生命健康安全的虚假信息、虚假广告等违法违规行为，加快出台《互联网信息搜索服务管理规定》和《互联网广告管理暂行办法》等相关法规，进一步规范互联网广告市场秩序。

五、社会力量有效配合

社会力量积极配合，发挥有效作用，对政府治理形成有益补充，逐渐形成多元主体参与协同治理的良好局面。

一是积极回应民众关切，充分调动网民力量。如"魏则西事件"、斗鱼直播事件、"百度夜间推广赌博网站事件"等重大事件都是管理部门通过网民、媒体等社会渠道知晓进而介入调查。

二是注重强化行业自律，引导、督促企业全面落实主体责任。如"净网2016"专项行动中，腾讯、百度、新浪、360等各大互联网企业主动开展自查自纠，及时通过网站发声表态，严格按照监管部门要求采取了相应措施。国搜导航、hao123导航、2345网址导航等8家主要网址导航网站联合发出倡议，呼吁全国网址导航网站坚持正确导向，积极承担社会责任，向广大用户提供更加安全便捷的信息服务，共同促进互联网健康发展。

三是有效发挥网络直播平台、移动客户端等新媒体作用，提升网络空间治理相关工作影响力。如全国"扫黄打非"办公室创新宣传方式，利用网络直播平台、移动客户端等新媒体的传播力量，提升"扫黄打非"工作影响力。

第四节　网络可信身份服务能力显著提升

一、第三方网络身份管理体系开放

网络可信身份服务最初的应用主要是互联网平台用户管理、电子政务对公服务平台身份管理等内部应用，还缺少统一、互联互通的网络可信身份服务公共平台。但这些应用尤其是互联网企业的身份管理体系向社会开放提供互联网身份认证服务已经取得一定成效。当前大多数电子商务、社交网站等都允许用户使用可靠第三方账户进行授权登录，免去账号注册过程并完成身份认证。OAuth、OpenID、SAML、FIDO等标准已成为该认证方式的事实标准，规模较小的电商平台、网站等广泛利用互联网企业的身份管理体系实现自己用户的身份管理。这些身份管理服务平台的开放，极大地推动了我国网络身份管理服务产业的发展，加速了互联网诚信建设。

二、网络可信身份服务模式丰富

互联网应用场景多样化以及安全威胁的严重化，推动网络身份认证技术不断创新、认证模式不断涌现，认证手段日趋丰富。网络身份认证模式从最早适用于社交平台、电子邮件等安全性需求较低的用户名 + 账号、手机号、二维码等低强度认证方式，逐渐演变为适用于电商平台、电子支付、证券交易等安全性需求较高的电子认证、生物特征识别、动态口令等认证模式。随着网络攻击源的多样化、攻击结果的严重化、攻击范围的普遍化，与之相适应的基于多维度的安全等级更高的认证方式开始显现，如基于大数据分析、综合应用生物特征、网上行为、动态口令等多因素身份识别模式。目前，我国的网络可信身份服务已经形成基于身份证的实名制、基于 PKI/CA 技术的第三方权威认证、基于人体生物特征的身份验证以及第三方账号认证等模式。

三、我国网络可信身份服务基础较好

目前我国的网络可信身份服务已经广泛使用于电商平台、社交网络、电子政务对公服务系统等互联网应用，并已有一定数量的身份服务提供商。身份证、手机号、邮箱号、QQ 账号、微信号、支付宝账号以及 USBKEY 等各种身份及其身份服务已经广泛在电商平台、社交网络、电子政务对公服务系统等互联网应用的登录环节使用，提供不同在线业务的安全需求。目前，我国已形成基于 PKI 技术的电子认证服务机构、电信运营商、互联网公司等多个类别的网络可信身份服务商。电子认证服务机构是重要、成熟、服务体系完备的网络身份服务提供商，全国已有 42 家电子认证服务机构，其发放证书有效数量超过 3.38 亿张，包括机构证书、个人证书和设备证书，已为电子政务、电子商务、电子金融等领域提供了专业的可信身份服务和电子签名服务。此外，中国电信、腾讯、阿里巴巴、联想、公安部一所和三所等企业也提供基于各种技术的网络可信服务，并不断发展壮大，积极推动互联网可信应用。

四、网络可信身份技术产品成熟

随着网络可信身份管理与服务的不断深入，我国网络可信身份技术自主可控能力显著提升，以实现网络主体身份"真实性"和属性"可靠性"的国产认证技术产品基本成熟。一是以非对称加密算法、散列算法等为主的基础密码技术逐渐实现国产化替代，国产密码算法产品不断丰富、性能比较稳定。

二是基于数字证书的身份认证技术日益成熟，包括数字签名、时间戳等关键技术，以及身份认证网关、电子签名服务器、统一认证管理系统、电子签章系统等一系列身份认证安全支撑产品，国产服务器证书正在逐步替代国外同类产品。三是以与新兴技术、应用、产品相结合的身份认证技术产品为代表的前沿应用技术处于国际领先水平，包括移动应用程序签名技术、可信数据电文管理技术等方面产品开始出现并成功得到应用。

第四章　2016 年我国网络安全存在的问题

　　2016 年，我国的网络安全建设取得重大突破，但依然存在诸多问题需要解决。在政策方面，我国网络可信身份战略尚未出台，网络可信身份发展路线不清晰，网络可信身份建设缺乏统筹规划；关键信息基础设施保护制度、大数据安全管理制度等政策文件也需尽快出台完善。在法律方面，我国尚未出台网络安全审查办法，在个人数据保护、数据跨境流动等方面也存在诸多立法空白和短板。在标准方面，我国的信息技术产品安全可控评价指标系列标准尚未发布，工控安全标准体系尚未明确，工业控制系统分类分级、安全评估、第三方机构认定等工控安全基础性标准缺失，在支撑产业发展方面还有待提升。在技术方面，我国信息技术安全检测能力不强，难以发现产品的安全漏洞和"后门"；APT 防御、DDoS 防护等网络攻击追溯和新型未知攻击监测发现能力不足；基于大数据的安全分析、可信云计算、安全智能联动等重要方向技术实力也急需提升。在产业方面，我国的 CPU、内存、硬盘、操作系统等核心基础软硬件产品严重依赖进口；安全可控的实现路径难以抉择，部分专家认为应该基于内部的技术突破摆脱技术引进、技术模仿对外部技术的依赖，还有专家认为应在引进国内外先进技术的基础上，学习、分析、借鉴，进行再创新，形成具有自主知识产权的新技术。在人才方面，我国网络安全学科设置不科学导致网络安全人才供需严重不平衡，人才待遇和薪酬激励机制不合理造成人才流失严重。

第一节　政策法规尚不健全

　　2016 年，我国相继发布了《国家网络空间安全战略》《国家信息化发展战略纲要》《"十三五"国家信息化规划》等网络安全相关政策文件，审议通过了网络安全领域的基本法《网络安全法》，顶层设计得以确立，法律体系进一步完善，但是我国还缺少大量落实《网络安全法》《国家网络空间安全战略》的配套政策法规。在政策方面，我国的网络可信身份战略尚未出台，网络可信身份发展路线不清晰，网络可信身份建设缺乏统筹规划。关键信息基础设施保护制度、大数据安全管理制度等政策文件也需尽快出台完善。在法律方面，我国缺少网络安全审查办法，没有确定网络安全审查领域、审查对象、审查方式等内容，难以支撑开展网络审查工作，对相关信息技术产品和服务的安全性、可控性进行管控。我国仅有《电子签名法》可为网络可信身份提供法律保障，配套法律规范严重不足，电子签名证据法律效力存在认定困难等问题①。我国在个人数据保护、数据跨境流动等方面也缺乏相关法律法规，存在诸多立法空白和短板。

第二节　标准规范仍需完善

2016 年，我国网络安全国家标准研制工作取得显著进展，全年共发布新标准 30 项，涉及通信行业、密码行业等重要行业，涵盖工业控制系统、信息系统、密码等产品，标准体系得到优化。然而，我国的网络安全标准在多个方面仍存空白，在支撑产业发展方面还有待提升。如，我国的信息技术产品安全可控评价指标系列标准尚未发布，难以对中央处理器、操作系统等相关信息技术产品和服务的安全可控程度进行评估。我国尚未制定清晰明确的工控安全标准体系，工业控制系统分类分级、安全评估、第三方机构认定等工控安全基础性标准缺失，尚未形成国家关键信息基础设施清单。此外，我国的网络产品和服务通用安全要求、信息技术产品供应者行为规范、个人信息安全规范等一系列行业重要标准也需加快出台。

---

① 王超：《2016 年我国网络安全形势分析》，《高科技与产业化》2016 年第 6 期。

第三节　关键技术不强

当前网络攻防技术发展日新月异，相对较弱的技术实力将使我国在应对网络安全威胁方面处于劣势。一是信息技术安全检测能力不强。我国对进口技术和产品的检测分析评估以合规性评测为主，多集中在产品功能层面，很少涉及软件技术核心，缺乏关键支撑技术和平台，没有形成规模化、协同化漏洞分析评估能力，在漏洞分析评估的广度和深度上明显存在不足，难以发现产品的安全漏洞和"后门"。二是网络攻击追溯和新型未知攻击监测发现能力不足。在 APT 攻击检测和防御方面，相对于美国的 FireEye 推出的基于恶意代码防御引擎的 APT 检测和防御方案，我国对于海量网络数据缺乏有效的分析方法，尚未提出针对 APT 等新型安全威胁的成熟监控技术，即便对于已监测到的攻击，由于缺少回溯手段，也难以找出攻击源头。在 DDoS 攻击防护方面，国外安全服务提供商采用相应技术手段来分解攻击，保证每一个单点的处理能力和切换都是可控的，而我国只能靠单点的大带宽来承受攻击。此外，我国在基于大数据的安全分析、可信云计算、安全智能联动等重要方向技术实力不足，难以应对云计算、移动互联网、大数据等新兴信息技术带来的网络信息安全挑战。

第四节　产业根基不牢

长期以来，我国网络安全产业发展过度重视经济效益，对网络安全问题认识不足，忽视了在基础核心技术方面的自主创新，形成了对国外信息技术产品的体系性依赖。一是我国核心技术产品严重依赖国外。目前，我国的 CPU、内存、硬盘、操作系统等核心基础软硬件产品严重依赖进口。处理器芯片主要依赖 Intel 和 AMD 等 CPU 制造商，内存主要依赖三星、镁光等厂商，硬盘主要依赖希捷、日立等厂商，板卡则被 Broadcom、Marvell、Avago、PMC 等厂商垄断，操作系统则主要被微软所垄断，据百度统计流量研究院的统计数据显示，截至 2017 年 1 月，Windows 系列操作系统占据我国 PC 操作系统市场份额的 94.7%。二是安全可控的实现路径难以抉择。当前，欧美跨国企业对核心技术的开放程度不断提升，微软、AMD 等跨国 IT 企业采取多种措施巩固并强化其在中国市场的竞争优势，如 2015 年 12 月，中电科与微软宣布联合创建由中方控股的子公司；2016 年，AMD 和曙光控股的子公司天津海光在中国成立合资公司等，加之我国自主技术的发展面临国外技术封锁、产业生态不完善等困难，安全可控的实现路径之争愈演愈烈。部分专家认为，应该走独立自主发展的道路，即基于内部的技术突破摆脱技术引进、技术模仿对外部技术的依赖，其本质就是牢牢把握创新核心环节的主动权，掌握核心技术的所有权。还有专家认为应该走引进消化吸收再创新发展路线，即在引进国内外先进技术的基础上，学习、分析、借鉴，进行再创新，形成具有自主知识产权的新技术[①]。目前，两种实现路径均有许多企业在尝试，导致我国难以集中优势资源对某一条具体的实现路径进行资助，更难以构建真正自主的产业生态体系。

第五节　人才培养机制僵化

加强网络安全保障能力建设，人才队伍是关键。据统计，截至 2016 年，我国网络安全人才在岗人数约 90 万，但我国网络安全相关专业每年本科、硕士、博士毕业生之和仅 8000 余人，网络安全相关专业毕业总人数仅不到 9 万人，这意味着我国网络安全岗位的配备人员大部分不是来源于网络安全专业的毕业生，网络安全人才缺口巨大。然而，我国网络安全人才队伍建设面临诸多问题，一是网络安全学科设置不科学导致网络安全人才供需严重不平衡，供给远远不能满足当前需求，且相关毕业生在科学素养、综合分析素养和创新精神方面与先进国家存在较大差距；二是人才待遇和薪酬激励机制不合理造成人才流失严重，优秀的网络安全人才或流失欧美等发达国家的企业，或流向了黑色产业链。以上问题是制约我国网络安全人才队伍建设的瓶颈因素，如果不能取得突破性进展，将从根本上制约我国网络安全保障能力的提升。

---

① 工业和信息化部赛迪研究院网络安全走势判断课题组：《2016 年下半年中国走势分析与判断》，《中国信息化周报》2016 年 8 月 29 日。

专 题 篇

第五章　云计算安全

目前，云计算发展迅速，用户量在不断增加，用户对云计算的依赖程度不断提高，云计算安全与用户个人信息安全变得息息相关。随着云应用范围的扩大，其在企业中的地位会不断攀升，对整个 IT 服务产业的影响也在不断增强，一旦出现安全事故将对整个互联网行业甚至整个社会造成重大影响。云计算安全主要包括云基础架构安全、云存储安全、云应用及服务安全和云认证安全。近些年来，我国云计算安全领域发展迅速，云计算安全标准制定工作稳步推进，多项云计算安全国家标准与行业标准已经制定或发布；云计算安全监管能力不断提升，有关部门通过出台各种规章制度规范行业发展；云计算安全行业实力快速壮大，包括企业自发组成行业联盟、网络巨头加大云安全投入、云安全企业国际合作加强等。但伴随着行业快速发展的同时，云计算安全发展也面临着一些问题，表现在安全可控能力较弱，在核心芯片和操作系统方面受制于人、防护管理滞后、传统安全架构不能满足当前发展新形势等问题。

第一节　概　　述

一、相关概念

（一）云计算

目前，云计算（Cloud Computing）并没有统一的标准定义，对于云计算的认识还在不断发展变化，云计算最初是由分布式计算（Distributed Computing）、并行处理（Parallel Computing）、网格计算（Grid Computing）发展而来，通过互联网提供的一种动态易扩展的虚拟化资源的计算模式。中国电子学会云计算专家委员会对云计算的定义为：云计算是一种基于互联网的、大众参与的计算模式，其计算资源（计算能力、存储能力、交互能力）是动态的、可伸缩的且被虚拟化的，以服务的方式提供。美国国家标准与技术研究院（NIST）将云计算定义为：一种按使用量付费的模式，这种模式提供可用的、便捷的、按需的网络访问，进入可配置的计算资源共享池（资源包括网络、服务器、存储、应用软件、服务），这些资源能够被快速提供，只需投入很少的管理工作，或与服务供应商进行很少的交互。云是网络、互联网的一种比喻说法，过去往往用云来表示电信网，后来也用来表示互联网和底层基础设施的抽象。从总体上看，云计算的定义可以分为狭义和广义两种。

狭义云计算是指 IT 基础设施的交付和使用模式，指通过网络以按需、易扩展的方式获得所需资源；广义云计算是指服务的交付和使用模式，即通过网络以按需、易扩展的方式获得所需服务。这种服务与 IT 和软件、互联网相关。它意味着计算能力也可作为一种商品通过互联网进行流通。

在服务模式上，云计算按照其提供的资源所在的层次，可以分为多种服务模式：基础设施即服务（IaaS），平台即服务（PaaS）和软件即服务（SaaS）等。

在部署模式上，云计算根据其提供服务对象的不同，主要包括三种部署模式：公有云，由独立的第三方建设并运行，面向公众或某一行业提供云计算服务的部署模式。私有云，应用方单独构建云基础设施，将云基础设施与软硬件资源部署在内网中，供机构或企业内各部门独立使用云环境，并可以控制在此基础设施上部署应用程序的部署模式。混合云，是一种将公有云与私有云结合在一起的云环境。可见，云计算是一个复杂的体系，不仅是一系列信息技术的融合，还包含多种服务模式和应用部署模式。

（二）云计算安全

云计算作为一种新兴信息技术，在极大地方便用户和企业廉价使用存储资源、软件资源、计算资源的同时，不可避免地存在安全方面的问题。

云计算安全是网络时代信息安全的最新体现，它融合了并行处理、网格计算、未知病毒行为判断等新兴技术和概念，通过网状的大量客户端对网络中软件异常行为的监测，获取互联网中木马、恶意程序的最新信息，推送到 Server 端进行自动分析和处理，再把病毒和木马的解决方案分发到每一个客户端。

狭义上来讲，云计算的安全问题大致分为三个方面：一是云计算服务提供商的安全性，即云计算提供商的网络是否安全，能否保证云计算用户的账户不被盗用；云计算服务商的存储是否安全，能否保障所存储数据的安全性。二是客户使用云计算服务时应注意的安全问题，应注意平衡云计算的便利性和数据安全性之间的关系，比较重要的数据还是自己保存，或者加密后再存储到云端。三是客户账户的安全性，客户要注意保护自己的账户信息，以免被盗用。

从广义上讲，云计算安全与传统服务安全类似，包括云计算的可靠性（Reliability）、可用性（Availability）和安全性（Security）。可靠性是系统能够在规定的时间内、规定的环境里，按照预定的目的和方式正确运行，简单说，云计算的可靠性是指能够按照用户的需求正确地工作。可用性是指云服务在遇到问题时系统仍继续提供服务的能力，它对互联网环境下的云计算服务至关重要，即使当服务器繁忙时，如果用户访问云服务，云服务也能给用户一个合理的反馈，如"系统繁忙"等。在计算机领域，安全性是指未被授权的人不能访问和盗取计算机上存储的数据，在云计算服务中，数据加密和口令是云计算保证网络安全的主要措施。

二、云计算面临的网络安全挑战

目前，云计算自身的安全问题依然是各国政府、公共部门和企业关注的热点，也是力图解决的难题。广义而言，云计算面临的网络安全挑战涉及两方面的内容，一是云计算自身的安全问题，问题隐蔽难以发现；二是将云计算技术应用于病毒、木马的恶意程序中，破坏性更高。在用户角度，用户对于应用运行和数据存储的物理环境缺乏必要管理和控制权限；在云提供者角度，面临用户/数据隔离失效风险、云服务可靠性及可用性风险、恶意用户对于云的滥用风险等，云提供者须建立完善的密钥管理、权限管理、认证服务等安全机制。

（一）云基础架构安全

云计算的安全更多地取决于云计算基础架构，大多数云基础架构没有深层次地考虑应用和服务的需求和特点，整个云计算基础架构的可靠性、可用性和安全性都存在一些问题。为此，需在基础服务设施及内部网络上引入有针对性的技术和产品，从国家安全和利益来看，需要有自主知识产权的基础架构技术和产品。

云端虚拟化是构建云基础架构平台的重要手段，虚拟环境下很多传统的安全防护产品将失去作用，而一旦一个虚拟节点遭到入侵，将给整个云基础架构带来致命的威胁。

（二）云存储安全

云存储安全风险主要与数据有关，包括数据泄露、数据丢失等。数据泄露（包括偶然性泄露和恶意黑客攻击）已成为一个首要的安全危害。在数据的传送过程中也存在风险，即使加密文件在通过安全线路进行数据传输和检索时也应注意防止窥探。应保证数据和元数据在传输线路和云中的完全不透明性，他人无法获取文件名和时间记录等任何信息。用户可以通过与云服务提供者签署数据安全相关的服务保障协议来化解这些风险；云服务提供者则需采取必要的数据隔离、加密、备份、分权分级管理等措施，保证云存储的安全性。虽然通过使用个人专用的资格证书，可以保证数据的安全，但却会使个人数据处于被分隔的状态。

（三）云应用及服务安全

云计算应用面临的安全威胁包括：服务可用性威胁、云计算用户信息滥用与泄露风险、拒绝服务攻击威胁、法律风险等。首先，用户的数据和业务应用处于云计算系统中，其业务流程依赖于云计算提供商提供的服务，这对服务商的云平台服务连续性、服务等级协议和IT流程、安全策略、时间处理和分析等提出了挑战。其次，要保证云服务提供商内部的安全管理和访问控制机制符合客户的安全需求，实施有效的安全审计，对数据操作进行安全监控，避免云计算环境中多用户共存带来的潜在风险。此外，鉴于云计算分布式的特性，在政府信息安全监管等方面可能存在法律差异与纠纷，而由虚拟化等技术引起的用户间物理界限模糊而可能导致的司法取证问题也不容忽视。

（四）云认证安全

云计算面临用户身份认证的安全风险。云计算服务商对外提供云服务的过程中，需要引入严格的身份认证机制，如果运营商的身份认证管理系统存在安全漏洞或管理机制存在缺陷，则可能引起用户的账号被仿冒，特别是企业用户的数据被"非法"窃取。在云计算环境下，随着云端用户安全接入及访问控制出现新的需求，云计算服务提供商需要为每位用户提供自助管理界面，潜在安全漏洞将导致各种未经授权的非法访问，并且薄弱的用户验证机制也埋下了云计算网络安全的巨大隐患。

三、云计算安全的重要性

目前，云计算发展迅速，用户量在不断增加，用户对云计算依赖程度不断提高，云计算安全与用户网络安全密切相关。随着云应用范围的扩大，其在企业中的地位会不断攀升，对整个 IT 服务产业的影响也将不断增强，甚至影响国家网络安全和社会稳定。

云计算安全关乎国家网络安全。目前，信息技术领域基本被以美国代表的发达国家所垄断，全球真正具备研发实力和提供"云计算"服务的公司只有微软、谷歌、戴尔、惠普、IBM 和亚马逊等少数互联网巨头。而我国在云计算技术上没有主导权，其战略选择非常有限。大量使用国外云计算服务，会使国家网络安全受制于国外公司，严重威胁着我国网络安全。"云计算"的发展将导致全球信息在收集、传输、储存、处理等各个环节上进一步集中，国家信息将面临"去国家化"的严峻考验。

云计算安全直接关系到用户的信息和业务安全。云计算应用无处不在，用户随时可以通过网络获取数据，这使安全性和备份变得特别重要——如何保障云中数据安全，将是云计算发展的关键。同时，不少用户担心"云计算的安全"，害怕因而泄露国家机密、商业秘密、个人隐私。云计算网络安全带来的信息泄露问题使很多用户关注云端服务的安全问题，若被盗取的是企业的重要商业机密，例如运营数据、产品资料等，就会使企业失去竞争力。

第二节　发展现状

一、云计算安全标准制定工作稳步推进

2015年6月24日，在中央网信办网络安全协调局的指导组织下，全国信息安全标准化技术委员会秘书处在北京召开了"云计算服务网络安全管理国家标准应用试点"总结会。会议要求，充分发挥试点成果和经验，抓紧推动党政部门云计算服务网络安全管理工作。党政部门要严格落实《关于加强党政部门云计算服务网络安全管理的意见》，明确管理职责和要求，采购使用通过安全审查的云计算服务；云服务商要按照国家标准加强云计算服务安全能力建设，积极配合审查工作，向党政部门提供安全可靠的优质服务；第三方机构发挥技术优势，客观、公正、独立地对云计算服务的安全性、可控性进行审查；全国信息安全标准化技术委员会秘书处要加快完善云计算服务网络安全审查配套标准。各方通力协作，紧密配合，切实保障党政部门云计算服务的网络安全。2015年10月16日，工业和信息化部印发《云计算综合标准化体系建设指南》，指出云计算作为战略性新兴产业的重要组成部分，是信息技术服务模式的重大创新，对贯彻实施《中国制造2025》和"互联网＋"行动计划具有重要意义。2016年，全国信息安全标准化技术委员会推出一系列关于云计算安全的标准，《信息安全技术　云计算服务安全能力评估方法》和《信息安全技术　云计算安全参考架构》已制定完成并进入征询意见阶段，2016年底，全国信息安全标准化技术委员会制定形成国家标准《信息安全技术　网络安全等级保护测评要求　第2部分：云计算安全扩展要求》和《信息安全技术　网络安全等级保护设计技术要求　第2部分：云计算安全要求》并开始征求意见。加快推进云计算标准化工作，提升标准对构建云计算生态系统的整体支撑作用，不断完善云计算标准化体系。

二、云计算安全监管能力不断提升

在云计算政策环境不断优化的同时，云计算安全也引起相关主管部门的

高度重视，纷纷出台政策文件，加强云计算安全的监管。2016 年 6 月 24 日，工信部印发了《综合治理不良网络信息防范打击通讯信息诈骗行动工作方案》的通知，建议组织建设移动应用程序（APP）安全公共云服务平台，要求基础电信企业依托大数据、云计算等新兴技术，加强对发送不良网络信息的行为分析能力。2016 年 11 月 24 日，工信部起草制定了《关于规范云服务市场经营行为的通知》（征求意见稿），明确要求"云服务经营者应严格遵守国家网络数据保护和用户个人信息保护有关规定，建立健全数据管理制度，确保网络数据和用户个人信息安全"，"云服务经营者应遵守《通信网络安全防护管理办法》等规定，按照《云计算服务安全能力要求》《公有云服务安全防护要求》等标准，严格落实云服务平台数据安全、应用安全、虚拟化平台安全、主机安全等防护措施，不断完善防护技术手段，强化虚拟化、多租户场景的针对性保护，提升网络安全防护水平和应急处置能力"，"云服务经营者应按照电信管理机构要求，配备与业务规模相适应的网络信息安全专职管理人员，建立完善网络信息安全管理、新技术新业务安全评估、重大事件应急处置等制度，配套建设网络信息安全保障技术手段并落实'同步规划、同步建设、同步运行'的要求"。

三、云计算安全行业实力快速壮大

近年来，我国云计算服务商逐渐重视云安全架构、云安全解决方案、可信云标准化体系、云安全技术等领域的信息安全研究。

一是企业自发组成行业联盟，加大合作交流。2016 年 1 月 6 日，"云安全服务联盟"正式成立。该联盟由阿里云等知名安全厂商与云计算厂商组成，为联盟成员们提供云安全深入交流的平台，云安全资讯情报，定期发布《云安全形势分析报告》，在技术、产品、市场上进行全面合作，共同打造更安全的云计算平台，促进各服务商间资源的流动，优势互补，共同进步，加速云计算市场的健康发展。2016 年 8 月，360 企业安全联合云计算开源产业联盟（OSCAR）在北京发布了 360 安全云生态联盟计划。该计划推动广大云计算厂商的合作，提升云平台的安全防御实力，免除用户对云安全的困扰，进而促进国内云计算行业的蓬勃发展。2016 年 11 月，在公安部网络安全保卫局、国家信息中心、中国信息协会信息安全专业委员会等部门联合指导下，中国行业（私有）云安全技术论坛暨联盟成立，通过公开解读云等保标准、行业发展趋势，向国家重要行业以及信息安全领域进行标准实施的宣传，提升对标准重要性的认识，引导云等保标准在行业（私有）云领域务实落地。

二是众多网络巨头企业加快云安全布局。企业不断加大自身云安全研发投入，推出一系列云安全产品和解决方案。2016年4月，百度云安全收购国内最大云安全软件之一的"安全宝"，将中国30%的中小网站纳入百度云安全市场服务体系；8月，阿里云再次与安全狗达成深度合作，阿里云的"云市场"正式上线安全狗云安全平台，为用户提供全方面、深层次的安全防护，实时保护企业安全；9月，百度云携手CloudFlare和中国电信在京召开"我来了"百度云加速全球加速启动发布会，宣布百度云加速3.0产品上线，并在现场演绎了1Tbps DDoS防御；9月，亚信科技与趋势科技联合发布公告，亚信科技收购趋势科技在中国的全部业务，包括核心技术及知识产权100多项，同时建立独立安全技术公司——亚信安全，将亚信原有的通信安全技术与趋势科技云安全、大数据安全技术相结合，成为世界领先、中国自主可控的网络云安全技术公司，为产业互联网新时代保驾护航。11月，深信服安全业务正式命名为"深信服智安全"，云计算业务正式称为"深信服云IT"，两者的深度结合，为用户打造更简单稳定、安全易用的云化IT新架构，帮助用户实现更大价值。2016年，绿盟科技大力推动云安全生态圈的构建，绿盟云网站安全防护以智慧安全为基础，对云安全服务做了远景规划，基于网站安全的SaaS解决方案实现了安全隐患评估、全天候监测以及适用于云环境的专家级安全防护等完整闭环防护功能。与此同时，借助极光自助扫描功能为中小企业量身打造的安全防护技术产品实现了覆盖各个行业的一体化安全防护体系。

三是国内云安全服务不断与国际接轨。2016年，腾讯云发布《2016年安全白皮书》，推动国际化安全生态建设，腾讯云宣布与Radware达成全方面战略合作关系，与Radware将在海外DDoS防护、国内腾讯云应用层、私有云、服务市场以及加密数据安全合作等领域展开全面合作，为客户安全保驾护航。2016年11月，在"2016云安全高层论坛暨云安全联盟大中华区（简称CSA）峰会"上，英国标准协会（简称BSI）携手华为、苏宁、普华永道、上海优刻和阿里云等 5 家获得 STAR 认证的先锋企业开展云安全标准与技术研讨，并发布了《云环境下信息安全与隐私保护国际标准研究与实践》。

随着云计算的广泛普及，越来越多第三方安全厂商加大了云安全设施建设，提供云端的安全服务，并依据云计算和大数据技术极大提升安全防护的能力和效果。

第三节　面临的主要问题

一、云计算安全可控能力较弱

目前，我国虽然已有网络安全企业开始涉足云计算网络安全领域，但是我国在云计算网络安全方面核心技术受制于人。一方面在分布式系统管理、面向虚拟化的核心芯片等关键技术领域仍由国外公司把控；另一方面，拥有核心技术主导权的公司可以通过开源系统来影响云计算技术的发展方向，而我国企业目前掌握的技术和解决方案更多源自开源系统，存在技术路径、知识产权等方面的风险。

二、云计算安全防护滞后

目前，我国云计算企业发展迅速，同其他行业一样，云计算企业的投入和产出比是其竞争力的核心，但实际上云计算企业的安全防护严重滞后。一方面，一些企业的 IT 管理者对云计算安全与传统的网络数据安全的差异性认识不足，云计算基础设施安全防护措施不到位。另一方面，云计算服务商为追求企业的规模效益、降低运营成本，在云计算安全防护投入严重不足。

三、云计算架构不能满足网络安全新形势

2016 年，无服务器架构在云计算应用中不断兴起。一方面，Web 服务将不再需要管理操作系统或虚拟机，意味着 API 成为一个额外的攻击区域的漏

洞，这也正是网络工程师们通常不习惯配置和抵御这些类型的威胁的区域，另一方面，基于主机和网络的安全措施移动到控制平台，这种变化将使更多的云计算风险和脆弱性暴露在云端，这种极具挑战性的创新将对云计算安全产生新的威胁。

第六章　大数据安全

　　当前我国大数据安全政策环境得到优化，国家高度重视大数据安全，重点省份发布相关文件以推动大数据产业健康发展，保障大数据安全；大数据安全标准工作取得一定进展，国家正在加快关键标准和急需标准的研制步伐，明确标准研制路线图；大数据安全技术产品创新能力有所提高，我国一些大数据安全厂商顺应市场需求，加强技术产品创新能力，推出解决方案。但当前大数据安全领域也面临着很多挑战，如在处理芯片、存储设备、大数据软件等方面均存在受制于人的问题，底层的核心技术基础薄弱；目前我国大数据安全国家标准仍处于空白；缺乏对大数据技术研发的整体设计框架，与数据安全相关的产品和服务还存在缺口，难以应对大数据应用带来的伴生性安全威胁和传统安全威胁交织的复杂局面。

第一节　概　　述

一、相关概念

（一）大数据

　　《促进大数据发展行动纲要》（国发〔2015〕50号）提出，大数据是以容量大、类型多、存取速度快、应用价值高为主要特征的数据集合，正快速发展为对数量巨大、来源分散、格式多样的数据进行采集、存储和关联分析，从中发现新知识、创造新价值、提升新能力的新一代信息技术和服务业态。

（二）大数据产业

　　《大数据产业发展规划（2016—2020年）》（工信部规〔2016〕412号）

提出，大数据产业指以数据生产、采集、存储、加工、分析、服务为主的相关经济活动，包括数据资源建设、大数据软硬件产品的开发、销售和租赁活动，以及相关信息技术服务。

（三）大数据安全

大数据安全主要包括三个方面，一是大数据自身的安全问题，由于大数据自身体量大、蕴含的信息价值高，所以大数据成为网络安全攻击的目标，而目前大数据所在的网络、云平台、系统、终端等环节都面临严重的安全风险。二是大数据技术成为黑客的攻击手段，在企业用数据挖掘和数据分析等大数据技术获取商业价值的同时，黑客也在利用这些大数据技术向企业发起攻击。黑客会最大限度地收集更多有用信息，比如社交网络、邮件、微博、电子商务、电话和家庭住址等信息，大数据分析使黑客的攻击更加精准。此外，大数据也为黑客发起攻击提供了更多机会。黑客利用大数据发起僵尸网络攻击，可能会同时控制上百万台傀儡机并发起攻击。三是利用大数据技术解决安全问题，大数据正在为安全分析提供新的可能性，对于海量数据的分析有助于信息安全服务提供商更好地刻画网络异常行为，从而找出数据中的风险点。对实时安全和商务数据结合在一起的数据进行预防性分析，可识别钓鱼攻击，防止诈骗和阻止黑客入侵。网络攻击行为总会留下蛛丝马迹，这些痕迹都以数据的形式隐藏在大数据中，利用大数据技术整合计算和处理资源有助于更有针对性地应对信息安全威胁，有助于找到攻击的源头。利用大数据技术可用于对高级可持续攻击（APT）的精确检测与防护。

二、大数据面临的网络安全挑战[1][2]

信息技术与经济社会的交汇融合引发了数据迅猛增长，数据已成为国家基础性战略资源，大数据正日益对全球生产、流通、分配、消费活动以及经济运行机制、社会生活方式和国家治理能力产生重要影响。目前，我国大数据快速发展的同时，面临的网络安全挑战日益严峻，主要包括以下三个方面：

---

[1]　冯伟：《大数据时代面临的信息安全机遇和挑战》，《中国科技投资》2015 年第 12 期。
[2]　刘金芳：《大数据腾飞迫切需要健全安全保障体系》，《中国经济时报》2016 年 1 月 28 日。

一是大数据成为网络攻击的显著目标。在网络空间，大数据是更容易被"发现"的大目标。一方面，大数据意味着海量的数据，也意味着更复杂、更敏感的数据，这些数据会吸引更多的潜在攻击者。另一方面，数据的大量汇集，使得黑客成功攻击一次就能获得更多数据，无形中降低了黑客的进攻成本，增加了"收益率"。

二是大数据泄露安全后果严重。随着大数据的发展，海量数据的不断聚集，一旦大数据遭受攻击，往往会引发 TB 级别数据泄露。在企业用数据挖掘和数据分析等大数据技术获取商业价值的同时，黑客利用大数据技术作为黑客的攻击手段，向企业发起攻击。黑客会最大限度地收集更多有用信息，比如社交网络、邮件、微博、电子商务、电话和家庭住址等信息，大数据分析使黑客的攻击更加精准。

三是传统防护技术难以应对以大数据技术为手段的黑客攻击。传统的检测是基于单个时间点进行的基于威胁特征的实时匹配检测，而高级可持续攻击（APT）是一个实施过程，无法被实时检测。此外，大数据的价值低密度性，使得安全分析工具很难聚焦在价值点上，黑客可以将攻击隐藏在大数据中，给安全服务提供商的分析制造很大困难。黑客设置的任何一个会误导安全厂商目标信息提取和检索的攻击，都会导致安全监测偏离应有方向。

三、大数据安全的重要性[①]

世界经济论坛报告将大数据视为新财富，其价值堪比石油。在未来，拥有数据的规模和运用数据的能力将成为一个国家综合国力的重要组成部分，对数据的占有、控制和运用也将成为国家间和企业间新的竞争焦点。

大数据为人类经济生活创造多方位的价值，"大数据时代预言家"维克托·迈尔—舍恩伯格认为大数据开启了一次重大时代转型。大数据正在改变企业的商业模式，影响人类经济、政治、医疗等社会生活的各个方面。据麦肯锡测算，大数据应用每年潜在可为美国医疗健康业和欧洲政府分别节省3000 亿美金和 1000 亿欧元。基于大数据分析的市场研究不再局限于抽样调

---

① 樊会文主编：《2015—2016 年中国网络安全发展蓝皮书》，人民出版社 2016 年版，第 146 页。

查，而是基于几乎全样本空间。

要使大数据为人类经济发展所用，必须重视和解决大数据发展中的信息安全问题。大数据时代，面对海量的数据收集、存储、管理、分析和共享，传统意义的信息安全面临新挑战。日益汇聚的海量数据涵盖了大量的个人隐私、企业信息以及个人和企业的行为数据，通过对海量数据进行数据挖掘、关联分析，可能获得国家经济运行走向、社会舆情动态等方面的信息，这些信息一旦泄露，可能会威胁国家政治安全、经济安全、社会稳定和国家安全。此外，大数据给数据存储、传输、处理过程带来了技术上的新难题。因此有必要采取措施，增强信息安全保障能力，为大数据发展保驾护航。

第二节　发展现状

一、大数据安全政策环境得到优化

国家高度重视大数据安全，出台相关政策。2016 年 12 月 18 日，工信部发布《大数据产业发展规划（2016—2020 年）》，将"提升大数据安全保障能力"作为重点任务，明确指出"针对网络信息安全新形势，加强大数据安全技术产品研发，利用大数据完善安全管理机制，构建强有力的大数据安全保障体系"。12 月 27 日，国家互联网信息办公室发布《国家网络空间安全战略》，提出"夯实网络安全基础"的战略任务，明确指出"实施国家大数据战略，建立大数据安全管理制度"。

此外，重点省份发布相关文件以推动大数据产业健康发展，保障大数据安全。2016 年 1 月 15 日，贵州省第十二届人民代表大会常务委员会第二十次会议通过的《贵州省大数据发展应用促进条例》明确指出，加强对大数据安全技术、设备和服务提供商的风险评估和安全管理，建立健全大数据安全保障和安全评估体系；鼓励大数据保护关键技术和大数据安全监管支撑技术创新和研究，支持科研机构、高等院校和企业开展数据安全关键技术攻关，推动政府、行业、企业间数据风险信息共享。

二、大数据安全标准工作取得一定进展

目前，随着大数据安全的发展，我国急需建立大数据安全标准体系，为此我国积极推进大数据安全标准工作。早在 2014 年 12 月全国信息安全标准化技术委员会就成立了大数据安全标准特别工作组并启动大数据安全标准研制工作，开展了数据分类分级调研、标准化需求征集、国际国外标准化研究、大数据安全标准白皮书编写等一系列标准相关工作。2016 年 3 月全国信息安全标准化技术委员会秘书处组织召开了"大数据安全技术和标准研讨会"，积极推动落实国务院《促进大数据发展行动纲要》提出的"建立健全大数据安全保障体系、强化安全支撑"的要求，推进我国大数据安全技术和标准研制工作。由于目前我国还未形成大数据安全相关标准，因此国家正在加快关键标准和急需标准的研制步伐，建立大数据安全标准体系，明确标准研制路线图。

三、大数据安全技术产品创新能力有所提高

随着大数据的发展，我国急需大数据安全技术和产品，我国一些大数据安全厂商应市场需求，加强技术产品创新能力，推出解决方案。天融信推出大数据安全方案，并凭借出色的数据分析挖掘能力和处理响应能力，在 ZD 至顶网凌云奖评选活动中荣获"2016 年度大数据安全产品奖"。派拉软件推出派拉统一身份管理与安全认证软件（ParaSecure ESC）及派拉日志分析软件（ParaAnalytics LA），在国家产业服务平台 2016 年终评选中，获"身份安全认证领域"和"大数据领域"最佳产品奖项。飞搏软件推出公共大数据安全开放与共享解决方案，荣获"2016 年度金软件金服务大数据安全聚合与共享服务领域最佳解决方案奖"。

第三节　面临的主要问题

一、大数据安全产业受制于人

我国信息技术起步较晚，相关产业自主能力较差，仍未形成自主可控的大数据安全产业体系。大数据需要从底层芯片、基础软件到应用分析软件及服务等信息产业全产业链的支撑，而我国在处理芯片、存储设备、大数据软件等方面均存在受制于人的问题，底层的核心技术基础薄弱。例如，我国重要行业存储设备多被国外厂商垄断，仅 IBM 就占据我国银行业 80% 以上的份额；我国关键数据传输节点受控情况严重，思科占据我国骨干网络超过 70% 的份额；与数据处理密切相关的基础软件更是国外企业的天下。

二、大数据安全国家标准仍有待完善

目前，虽然大数据安全标准工作积极在开展，在数据安全方面也形成了 GB/T 31500—2015《信息安全技术 存储介质数据恢复服务要求》、GB/T 29766—2013《信息安全技术 网站数据恢复产品技术要求与测试评价方法》、GB/T 29765—2013《信息安全技术 数据备份与恢复产品技术要求与测试评价方法》、GB/T 20273—2006《信息安全技术 数据库管理系统安全技术要求》、GB/T 20009—2005《信息安全技术 数据库管理系统安全评估准则》等一系列国家标准，然而目前我国大数据安全的国家标准仍处于空白。大数据安全关键标准和急需标准的缺乏，不仅很大程度上制约了大数据产业的发展速度，更让大数据安全建设缺乏依据。

三、大数据安全缺乏核心技术能力

大数据技术的发展对信息系统的海量数据处理和挖掘能力提出了巨大挑战，需要新技术将庞杂无序的数据进行清洗、预处理、集成和分析，形成有价值的信息资产，然而目前，处理海量信息的核心技术，如 Hadoop 分布式数据处理技术、nosql 数据库及流式数据处理技术等分别被国外的 Cloudera、IBM 以及亚马逊等企业所掌握，国内的数据挖掘、关联分析等大数据关键技术多来自国外，缺乏对大数据技术研发的整体设计框架，与数据安全相关的产品和服务还存在缺口，难以应对大数据应用带来的伴生性安全威胁和传统安全威胁交织的复杂局面。此外，国家在研发投资工作方面缺乏直接协调、缺乏高校等专业研究队伍支持等因素也加剧我国大数据核心基础技术发展的困境。

第七章　物联网安全

当前全球物联网正处于蓬勃发展阶段，已经在部分领域取得了显著进展，从技术发展到产业应用已显现了广阔的前景。但是，伴随着物联网的发展，物联网在信息安全方面的各种隐患逐步暴露出来，对国家网络安全、企业业务安全和用户个人隐私安全造成重大影响，全面加强物联网安全防护势在必行。近年来，我国物联网安全领域颇受关注，在顶层设计方面，国务院及各部委均出台了相关文件推进物联网行业健康发展；在安全技术方面，我国科研人员针对物联网体系架构提出大量针对性解决方案，明确了加密技术、认证技术、安全路由技术等关键物联网安全技术的研究方向；在标准研制方面，通过大量专家、企业、行业协会的不懈努力，我国已经在物联网语义、物联网大数据、物联网网关等重要领域主导相关标准的制定工作，逐步形成在标准制定上的优势。但我国物联网安全发展在取得显著进展的同时，也面临着诸多挑战，如相关管理机构和技术标准缺乏、人才培养体系不完善、企业和用户安全认识有待提高等。

第一节　概　　述

一、相关概念

（一）物联网

物联网是通过二维码识读设备、射频识别（RFID）装置、红外感应器、全球定位系统和激光扫描器等信息传感设备，按约定的协议，把任何物品与互联网相连接，进行信息交换和通信，以实现智能化识别、定位、跟踪、监控和管理的一种网络。物联网主要解决物品与物品、人与物品、人与人之间的互联。与传统互联网不同的是，人与物品互联是指人利用通用装置与物品之间的连接，从而使得物品连接更加简化，而人与人互联是指人之间不依赖于 PC 而进行的互连。物联网还包含以下几个重要技术与产品概念：

1. M2M

M2M 可代表机器对机器（Machine to Machine）人对机器（Man to Machine）、机器对人（Machine to Man）、移动网络对机器（Mobile to Machine）之间的连接与通信，它涵盖了所有实现在人、机器、系统之间建立通信连接的技术和手段。目前，M2M 在某些情境下已经成为物联网应用场景的代名词。

2. 无线传感器网络

无线传感器网络（Wireless Sensor Networks，WSN）是一种分布式传感网络，它的末梢是可以感知和检查外部世界的传感器。WSN 中的传感器通过无线方式通信，因此网络设置灵活，设备位置可以随时更改，还可以跟互联网进行有线或无线方式的连接，通过无线通信方式形成的一个多跳自组织网络。WSN 的发展得益于微机电系统（Micro – Electro – Mechanism System，MEMS）、片上系统（System on Chip，SoC）、无线通信和低功耗嵌入式技术的飞速发展。WSN 广泛应用于军事、智能交通、环境监控、医疗卫生等多个领域。WSN 技术是目前物联网应用过程中最基础也是应用最广泛的技术。

3. 智能硬件

智能硬件是通过软硬件结合的方式，对传统设备进行改造，进而让其拥有智能化的功能的设备。传统设备智能化之后，硬件具备网络连接的能力，而基于硬件的各类应用软件和服务实现了互联网服务的加载。智能硬件应用呈现一种明显的"云 + 端"的构架，是物联网中物品与物品、人与物品的典型应用。智能硬件已经从可穿戴设备延伸到智能电视、智能家居、智能汽车、医疗健康、智能玩具、机器人等领域，目前市面上已经有各类智能手环、智能家居系统等商用化产品出现。

（二）物联网安全

物联网安全主要在感知、传输和应用三个环节体现。在感知环节，鉴于当前复杂繁复的网络环境，当传感信息进行接触和采集的时候，物联网系统就已经面临安全风险；在传输环节，感知节点在数据传输的过程中是暴露在整个错综复杂的网络环境之下的，这时候最容易受到不良信息的攻击，威胁整个系统安全；在应用环节，随着物联网在各行各业的应用越来越广泛，很难保证物联网系统的所有环节都具有一致的安全防护能力，在运行的过程中，稍有不慎，就会出现多种多样的安全性问题，给用户带来巨大的损失。

二、物联网面临的网络安全挑战

物联网是互联网的延伸，因此物联网的安全也是互联网安全的延伸，物联网面临的网络安全挑战既有来自传统互联网安全问题又有其自身架构先天缺陷带来的问题。具体包括以下四个方面：

一是智能设备无处不在增大隐私保护难度。射频识别技术（RFID）被用于物联网系统时，RFID 标签被嵌入到人们的日常生活用品中，但使用者本身并不能随时觉察，从而导致在使用者未知情况下被不受控制地扫描、定位和追踪。由于生产商缺乏安全意识，很多设备缺乏加密、认证、访问控制管理的安全措施，使得物联网中的数据很容易被窃取或非法访问，这些数据被非法搜集、分析、存储，导致个人隐私数据泄露。

二是智能感知节点物理防护薄弱造成系统防护难度加剧。无线传感器网络是物联网应用的基础技术之一，很多感知节点受功耗限制，自身安全防护能力脆弱，加之往往又部署在无人监控的场景中。这种情况使得攻击者可以轻易地接触到这些感知节点，从而对它们造成破坏，甚至通过本地操作更换机器的软硬件。

三是庞大的智能感知节点数目及复杂的数据格式导致拒绝服务与数据驱动攻击防御难度增加。由于物联网中节点数量庞大，且以集群方式存在，一旦被非法利用，大量节点的数据传输需求可能会导致网络拥塞，产生 DDoS 拒绝服务攻击。2016 年 10 月底，美国东海岸的断网事件就是黑客利用物联网节点向顶级域名服务商 Dyn 公司发动 DDoS 攻击的典型案例。此外，物联网数据多是格式复杂多样的多元异构数据，数据本身带来的网络安全问题更加复杂。其中数据驱动攻击是通过向某个程序或应用发送数据，以产生非预期结果的攻击，实现获取访问目标系统权限的目的。数据驱动攻击分为缓冲区溢出攻击、格式化字符串攻击、输入验证攻击、同步漏洞攻击、信任漏洞攻击等多种形式。黑客通过控制单个传感节点，很容易对网络中的汇聚节点发起溢出攻击，最终瘫痪整个网络。

四是复杂的网络拓扑结构推高系统安全防护难度。目前主流物联网应用多采用 MESH 网结构，任何一个节点被病毒侵染将会导致整个网络被攻破，整个系统的网络安全防护实际上就是"短板效应"典型案例，安全防护人员很难做到时时确保网络中成百上千的节点软硬件安全性，对于犯罪分子来说，这就相当于在无线网络环境和传感网络环境中有成百上千的攻击入口。

三、物联网安全防护的重要性

当前全球物联网正处于蓬勃发展阶段，已经在部分领域取得了显著进展，从技术发展到产业应用已显现了广阔的前景。但是，伴随着物联网的发展，物联网在信息安全方面的各种隐患逐步暴露出来，对国家网络安全、企业业务安全和用户个人隐私安全造成重大影响，全面加强物联网安全防护势在必行。

在国家网络安全方面，物联网技术已经在石油化工、装备制造、航空航天、电力运行、市政管理等涉及国计民生的重要行业广泛应用，此前乌克兰的电网攻击事件、美国的自来水系统瘫痪事件和东海岸断网事件都为政府和社会敲响了安全警钟，重点行业及应用已经成为物联网攻击的主要目标。在企业业务安全方面，黑客受经济利益驱动，不断攻击企业网络以期窃取核心机密，而目前安全防护机制尚不完善的物联网成为攻击的重要跳板，此前美国曝出某大型公司生产网络被攻破后，大量销售报价数据被窃取的事件。在用户个人生命财产安全方面，隐私泄露引发的精准电信诈骗、精准广告轰炸情况已经十分严重，除此之外更有黑客提供了通过入侵医疗设备杀人的事件曝出，这极大地阻碍了物联网的发展。

第二节   发展现状

一、物联网安全顶层设计业已完善

随着信息安全形势的日益严峻，国家对信息安全的重视程度不断提升。对物联网而言，国务院、工业和信息化部、国家发改委等部门在《关于推进物联网有序健康发展的指导意见》《物联网"十二五"发展规划》《物联网发展专项行动计划（2013—2015 年)》等政策文件均明确提出了物联网安全保障的工作要求。

国务院《关于推进物联网有序健康发展的指导意见》中明确提出要"完善安全等级保护制度，建立健全物联网安全测评、风险评估、安全防范、应急处置等机制，增强物联网基础设施、重大系统、重要信息等的安全保障能力，形成系统安全可用、数据安全可信的物联网应用系统"。

工业和信息化部《物联网"十二五"发展规划》中明确提出要"建立信息安全保障体系，做好物联网安全顶层设计，加强物联网安全技术的研究开发，有效保障信息采集、传输、处理等各个环节的安全可靠。加强监督管理，做好物联网重大项目的安全评测和风险评估，构建有效的预警和管理机制，大力提升信息安全保障能力"。

国家发改委、工业和信息化部、教育部等多部委联合发布的《物联网发展专项行动计划（2013—2015 年)》中明确要求"加强物联网应用示范、技术研发、标准体系建设、产业链构建、基础设施建设中的安全管理与数据保护，在相关工作中提升安全保障能力，开展物联网安全、隐私保护相关技术研发，加快物联网安全保障体系建设"。并提出推进物联网关键安全技术研发与产业化、加强物联网安全标准实施工作、建设物联网安全技术检测评估平台、建立健全物联网系统全生命周期的安全保障体系和开展物联网应用安全风险管理建设试点等五项重点任务。

二、物联网安全技术研究方向已经清晰

在物联网研究之初,很多研究人员就开始关注物联网安全问题,并针对物联网体系架构提出大量针对性的解决方案。物联网各层都面临着网络攻击的威胁,入侵检测技术、入侵防御技术等是必备的技术,这也与通常网络安全技术保持一致。感知层是物联网与互联网存在较大不同的部分,在感知层需要考虑节点异常检测和排除、网络分割修复、安全路由协议等技术,而感知网络与互联网架构的不同,也导致网络层需要加入支持异构网络的安全方案。应用层则主要考虑数据安全、数据访问控制等方面的技术。

具体而言,加密技术、认证技术、安全路由技术等是目前物联网安全研究的主要方向。在加密技术方面,因为物联网终端自身资源较少,如何利用现有密码方案和机制来设计和实现符合 RFID 等感知终端安全需求的密码协议,进而实现感知信息的安全性,已经成为当前研究的热点。在认证技术方面,物联网需要解决消息认证和身份认证两方面问题,从而防御假冒攻击、中间人攻击和重放攻击等,而且要尽可能减少网络资源消耗,这也已经成为重要的研究方向。在安全路由方面,由于物联网的路由协议跨越多层网络结构,如何在多种网络层次间找到一种策略实现安全路由方案,也是物联网面临的重要信息安全问题。

三、物联网安全标准研制工作实现突破

我国物联网研究起步较晚,在物联网发展过程中核心标准多是由 ITU、IEEE 等国外标准组织把控,造成物联网安全不可控。近些年来,经过政府、企业、专家的不懈努力,我国已经主导了一些物联网核心技术领域标准的制定工作,并逐步占据优势地位。一是我国专家在标准化组织中担任了部分重要职位为推进我国主导的相关标准奠定了良好基础。截至 2016 年 3 月,在 OneM2M、3GPP、ITU、IEEE 等主要标准化组织物联网相关领域,我国获得 30 多项物联网相关标准组织相关领导席位,主持相关领域标准化工作,有力地提升了我国国际标准影响力。二是国内单位积极立项,我国成为物联网标准化推进的重要力量。依托我国在移动通信、互联网等方面的长期技术积累

和服务创新，我国企业持续进行技术创新和标准投入，在物联网无线广域通信网、基于 Web 技术的物联网服务能力、可穿戴设备、车联网等领域形成了与发达国家共同主导标准制定的态势，共同推进了全球移动物联基础设施和业务应用的发展。目前，通过大量专家、企业、行业协会的不懈努力，我国已经在物联网语义、物联网大数据、物联网网关等重要领域主导相关标准的制定工作，逐步形成在标准制定上的优势。2016 年 4 月，ISO/IEC JTC1 发布由我国主导的物联网参考架构标准。中国自主研发的物联网安全关键技术 TRAIS 和 NEAU 标准被相继纳入 RFID 安全和 NFC 安全国际标准，实现了在物联网安全领域的标准突破。

第三节　面临的主要问题

一、物联网安全相关管理机构、标准与技术缺乏

由于我国当前物联网应用刚刚铺开，针对物联网安全的管理体系仍未建立，相关工作仍未开展。一是缺少统一管理，物联网是跨行业的，涉及能源、交通、医疗等诸多领域，没有一个统一的主管部门，也没有确定管理主体，难以实现统一管理；二是缺少管理标准，物联网安全检测、评估、准入等都没有具体的标准，而且由于缺乏统一管理，相关标准也不是一个行业的主管部门可以制定的，这就导致具体实施没有依据；三是关键管理技术仍不完善，由于我国在 RFID 芯片、高级传感器等核心技术方面仍受制于人，相关技术产品的信息安全检测、评估技术也不完善，难以支撑开展物联网安全管理工作。

二、物联网安全人才培养体系不完善

我国物联网安全人才培养体系不健全，从高校教育看，网络空间安全专业刚刚获批成为一级学科，探索初期存在课程体系设置不科学、教师水平参差不齐、教学内容陈旧等突出问题，无法就物联网前沿安全问题展开深入研究；从高职教育看，信息安全教育的定位不够清晰，没有突出信息安全职业

导向所重视的实操能力培养，更无法就物联网安全实际应用进行针对性的职业培养；从社会培训看，存在涉及内容不深入、体系性差、培训费用较高的问题进一步阻碍了物联网安全的大众普及程度。这些问题综合导致了我国物联网安全领域人才供需失衡，特别是优秀人才的匮乏。

三、物联网企业和用户安全认识有待提高

当前，物联网还处于发展的初级阶段，虽然国家和学术层面已经开始关注物联网安全，但仍未引起广大用户和相关厂商的重视。一是广大物联网厂商尚无暇顾及信息安全问题，目前从事物联网终端设备生产的企业往往是创业型企业，有些实力雄厚的企业也只是处于"试水"阶段，这些厂商的主要目标是通过功能和性能获得用户，考虑信息安全则可能使其丧失商机，大部分厂商在推出产品时尚未考虑安全问题；二是广大用户缺少信息安全意识，对于当前比较流行的可穿戴设备等物联网产品，大部分用户还处于好奇和玩的态度，并未将其作为一种严肃的产品来对待，甚至对其搜集和获取个人信息的情况也不了解，大部分用户都未考虑到个人隐私问题。

第八章　移动互联网安全

　　随着移动互联网的迅速发展和普及，移动互联网安全的重要性也日益凸显，无论是个人、企业还是国家都面临着无法回避的信息安全挑战。对个人用户来说，随着通讯录、账号密码、相册照片、地理位置、银行卡等重要的隐私信息大量存储在智能终端中，由恶意软件、伪基站等造成的用户隐私泄露、通话被窃听、信息被盗用等情况日益严重，个人信息、隐私和财产安全受到严重威胁。对企业用户来说，随着智能手机、平板电脑等移动设备在企业经营中的普及和应用，大量的企业经营信息通过移动互联网传输，由移动互联网安全问题引发的企业商业秘密被窃取、商业活动被破坏情况不断出现，对企业造成了重大损失。对国家来说，由于个人、企业乃至政府信息通过移动互联网传输或者存储在云存储中，部分组织和个人通过信息窃取或者依靠云计算能力进行大规模分析，可以获取国家经济、社会各个方面的重要信息，威胁国家安全。为此，国家高度重视移动互联网安全，包括加强移动互联网安全管理力度，全面整治电信网络诈骗。移动互联网终端企业、网络运营商、应用服务提供商等加速研发新技术、新应用，努力推出安全性更高的产品。但不可否认，当前移动互联网安全发展仍面临诸多挑战，如核心技术受制于人、个人信息保护力度不够、高端安全人才供给不足等，未来整个行业的发展任重道远。

第一节 概 述

一、基本概念

（一）移动互联网

移动互联网是指互联网的技术、平台、商业模式和应用与移动通信技术结合并实践的活动的总称。当前 3G/4G 技术与以智能手机为代表的智能终端的广泛应用极大地推动了移动互联网的发展。移动互联网包含以下重要概念：

1. 社交化电商

社交化电商是电子商务的一种新的衍生模式。它借助社交媒介、网络媒介的传播途径，通过社交互动、用户自生内容等手段来辅助商品的购买和销售行为。

2. O2O

O2O 即 Online to Offline，也即将线下商务的机会与互联网结合在一起，让互联网成为线下交易的前台。

3. B2B

B2B 即 Business to Business，是企业对企业之间的营销关系。电子商务是现代 B2B 市场的一种具体主要的表现形式。它将企业内部网，通过 B2B 网站与客户紧密结合起来，通过网络的快速反应，为客户提供更好的服务，从而促进企业的业务发展。

4. B2C

B2C 即 Business to Consumer，是商家对客户的营销关系。"商对客"是电子商务的一种模式，也就是通常说的商业零售，直接面向消费者销售产品和服务。

5. C2C

C2C 即 Consumer to Consumer，是个人与个人之间的电子商务。个人对个人电商是移动互联网的一种极为重要的应用模式，目前一些知名电商平台正在积极拓展 C2C 业务，如阿里巴巴旗下的闲鱼平台专门开展个人闲置二手物品交易。

6. NFC

NFC 即 Near Field Communication，又称近距离无线通信，是一种短距离的高频无线通信技术，允许电子设备之间进行非接触式点对点数据传输交换数据，当前比较火热的 Apple Pay、Samsung Pay、华为 Pay、米 Pay、云闪付等都是 NFC 通信的典型代表。

7. LBS

LBS 即 Location Based Service，又称基于位置的服务，它是通过电信移动运营商的无线电通信网络（如 GSM 网、CDMA 网）或外部定位方式（如 GPS）获取移动终端用户的位置信息（地理坐标，或大地坐标），在 GIS（Geographic Information System，地理信息系统）平台的支持下，为用户提供相应服务的一种增值业务。

8. VR

VR 即 Virtual Reality，又称虚拟现实技术，它是一种可以创建和体验虚拟世界的计算机仿真系统，是一种多源信息融合的、交互式的三维动态视景和实体行为的系统仿真，目标是使用户沉浸到该环境中。

9. AR

AR 即 Augmented Reality，又称增强现实技术，是一种实时地计算摄影机影像的位置及角度并加上相应图像、视频、3D 模型的技术，这种技术的目标是在屏幕上把虚拟世界套在现实世界并进行互动。这种技术于 1990 年提出。随着随身电子产品 CPU 运算能力的提升，预期增强现实的用途将会越来越广。

（二）移动互联网安全

移动互联网与传统互联网和通信网络相比，终端、网络结构、业务类型等都已发生重大变化，在带来极大便利性的同时，也带来了更多的安全威胁。移动互联网面临的主要安全威胁包括以下几方面。

一是智能终端安全威胁。移动终端发展迅猛，新型手机、平板、智能可穿戴设备等层出不穷，智能终端功能日益强大，能够提供通信、搜索、支付、办公等多样化的服务。因此，由智能终端"后门"、操作系统漏洞、API 开放、软件漏洞等所带来的安全威胁不断增多。

二是接入网络安全威胁。传统有线网络中最有效的安全机制是等级保护和边界防护，但由于移动互联网更加扁平、开放，不再存在明显的网络边界，传统安全措施的防护能力大大下降。而且，由于移动互联网增加了无线接入和大量的移动通信设备，以及 IP 化的电信设备、信令和协议存在可被利用的软硬件漏洞，接入网络面临着新的安全威胁，例如通过破解空中接入协议非法访问网络等。

三是应用及业务安全威胁。移动互联网业务是指与网络紧密绑定的、向用户提供的服务，随着移动互联网应用日渐广泛，移动互联网的业务提供、计费管理、信令控制等都面临着严峻的安全威胁，主要包括 SQL 注入、拒绝服务 DDoS 攻击、非法数据访问、非法业务访问、隐私敏感信息泄露、移动支付安全、恶意扣费、业务盗用、强制浏览攻击、代码模板、字典攻击、缓冲区溢出攻击、参数篡改等。

二、移动互联网面临的网络安全挑战

（一）移动支付安全风险加大

移动支付面临的安全风险主要是数据传输与信息泄露的风险。当前短信支付密码被破译、短信验证码劫持、客户真实身份验证都是移动支付应用的主要技术难题。当手机仅仅用作通信工具时，相关账户密码保护相较而言优先级并不高，但当作支付工具时，短信验证码劫持，病毒挂马等问题都会造成重大财产损失。

据 360 互联网安全中心统计显示，2016 年第三季度，累计监测到移动端用户感染恶意程序 5858 万人次，平均每天恶意程序感染量达到 63.7 万人次。根据猎网平台统计显示，2016 年第三季度共收到手机端诈骗案例 4947 件，涉案金额达到 4544.9 万元，人均损失 9187 元，其中身份冒充欺诈以 16.9% 高居首位。据 2017 年 1 月 10 日中国银联发布的《2016 移动支付安全调查报告》显示，移动支付主要应用场景中，网上实物类消费购物、线下商店消费两类分别占到了 92% 和 76%，虽然有超过 70% 的用户开始"不区分大小额均使用手机支付"，但是仍有 54% 的用户对主流支付方式的安全便捷程度持谨慎态度。

（二）移动端钓鱼挂马网站呈现增长趋势，安全防护难度提升

网络钓鱼其实就是一种通过网络的诈骗手段。因为它的诈骗方式就是用一个诱饵来诱骗用户上当，比如一个假冒网站，不知情的用户就会因为进入这个假冒网站而上当受骗，这种诈骗手段和现实生活中的钓鱼很相似，所以我们把它称作网络钓鱼。目前，随着移动互联网的高速发展，很多网站都开发了针对移动设备优化的网站，部分客户在使用过程中，极有可能通过搜索引擎误点入"李鬼"网站。

据360互联网安全中心统计显示，仅2016年第三季度，360手机卫士共为全国手机用户拦截各类钓鱼网站攻击3.9亿次，分类发现境外彩票类和虚假购物中奖类钓鱼网站占到了总数的88.4%，移动端拦截的钓鱼网站中有9.5%是网站被黑之后用来钓鱼，其余90.5%的网站是不法分子自建的钓鱼网站。前三季度钓鱼网站数量总和较去年同期上涨23.6%，呈现快速增长的趋势。

（三）电信网络诈骗黑色产业链持续扩大，挑战公众底线

诈骗电话、中奖短信一直是困扰我国手机用户的顽疾，其方式随着社会发展和技术进步在不断"丰富"，从开始的中奖电话诈骗、冒充公检法、票务诈骗，到快递签收诈骗、助学金、"二孩补贴"诈骗，骗子甚至开发出线上线下连通的全新诈骗方式——在获取用户购物网站账户及密码后，利用编辑功能隐藏订单，植入钓鱼链接，然后伪装成客服打电话给用户，诱导用户进行转账操作。可谓处心积虑。

据360互联网安全中心统计结果显示，2016年第三季度，用户通过360手机卫士标记各类骚扰电话号码约5533万个，平均每天被用户标记的各类骚扰电话号码约60万个；360手机卫士共为全国用户识别和拦截各类骚扰电话115.4亿次，平均每天识别和拦截骚扰电话1.3亿次。在垃圾短信方面，同期360手机卫士共为全国用户拦截各类垃圾短信约39.5亿条，平均每天拦截垃圾短信4290万条。对诈骗短信作进一步分类，其中冒充电商、冒充银行类诈骗短信占比最高，分别为47.5%和25.1%，其次是冒充电信运营商10.6%、冒充综艺节目9.5%以及兼职诈骗6.1%。2016年8月21日山东考生徐玉玉因电信诈骗离世引爆社会对电信诈骗的高度重视，工信部在此前发布《电信用户真实身份信息登记规定》《电话"黑卡"治理专项行动工作方案》等文件，与最高人民法院、最高人民检察院、公安部、中国人民银行、中国银行业监督管理委员会联合发布《关于防范和打击电信网络诈骗犯罪的通告》严厉打击电信诈骗犯罪行为，严格落实电信实名制，确保到 2016 年 10 月底前全部电话实名率达到 96%，年底前达到 100%，规定时间内未实名核验者一律停机。同时规定各商业银行严格落实"同一客户在同一商业银行只能开立一个 I 类借记卡账户""个人通过银行自助柜员机向非同名账户转账的，资金 24 小时后到账"等规定，从路径上遏制电信诈骗的蔓延。

（四）个人信息泄露情况日趋严重

相较传统互联网时代，当前互联网特别是移动互联网的高速发展使得个人隐私泄露的途径更加复杂，泄露原因更加多样。从泄露途径上来看，主要体现在以下四个方面：一是个人隐私数据的过度搜集。在当前共享经济模式下，信息资源就是财富，网络运营商、平台服务商为了掌握更大市场主动权，会千方百计地通过各种渠道搜集用户个人隐私数据。在搜集方式上又分直接和间接两种，直接方式如服务提供商以各种理由要求用户注册，提供手机号、姓名、生日、邮箱、地址等相关信息；间接方式则是则是在用户不知情的情况下，利用后台权限读取用户通讯录、通话记录、GPS 位置信息。二是个人隐私数据的不当使用。部分非法微信公众号在掌握大量用户隐私数据后通过地下产业链将其出售牟取暴利，如注册某网站或参加某调研后，会收到大量垃圾短信和垃圾邮件；另外，部分平台通过对掌握的数据进行大数据分析，进而利用用户行为习惯进行精准广告轰炸。三是个人隐私数据的非法窃取。该类型主要是网络黑客利用各大系统平台漏洞，通过撞库、拖库、钓鱼等方式窃取用户隐私数据，近几年国内知名平台数据泄露事件多是此类。四是个人隐私数据的故意散布。典型代表是人肉搜索，如"王宝强"事件、"成都女司机"事件、"死亡博客"事件、"晕机女"事件等等，部分用户出于所谓"义愤"将事件当事人个人隐私数据曝光网络。

三、移动互联网安全的重要性

随着移动互联网的迅速发展和普及，移动互联网安全的重要性也日益凸显，无论是个人、企业还是国家都面临着无法回避的信息安全挑战。

对个人用户来说，随着通讯录、账号密码、相册照片、地理位置、银行卡、信用卡等重要的隐私信息大量存储在智能终端中，由恶意软件、伪基站等造成的用户隐私泄露、通话被窃听、信息被盗用等情况日益严重，个人信息、隐私和财产安全受到严重威胁。随着移动支付深入到生活的方方面面，智能手机端恶意软件、木马数量急剧增长，全面加强普通用户移动端安全防护程度刻不容缓。

对企业用户来说，随着智能手机、平板电脑等移动设备在企业经营中的普及和应用，大量的企业经营信息通过移动互联网传输，由移动互联网安全问题引发的企业商业秘密被窃取、商业活动被破坏情况不断出现，对企业造成了重大损失。除此之外，由于企业自身防护力度不够原因造成的数据泄露给广大用户造成的损失更加不可估量。2016 年 12 月 10 日，京东被曝 12G 数据泄露事件引起行业一片哗然，泄露数据中包括用户名、密码、邮箱、QQ号、电话号码、身份证等多个维度，数据多达数千万条。

对国家来说，由于个人、企业乃至政府信息通过移动互联网传输或者存储在云存储中，部分组织和个人通过信息窃取或者依靠云计算能力进行大规模分析，可以获取国家经济、社会各个方面的重要信息，而 GPS 全球卫星定位技术在移动互联网中的广泛应用，致使不法组织机构可以通过对重点和特殊用户进行定位，获取一些安全保密的基础信息。目前 LBS 服务已经在智能手机端全面普及，用户经常会允许软件 APP 获取自己的地理位置信息，这就为精准广告轰炸、精准诈骗提供了便利条件。此外，在国外红极一时的 Pokemon Go 游戏，其后台服务全在国外，国内对其服务不可控，一旦被别有用心的机构在敏感区域投放大量"目标"，极易引发群体性聚集事件。

第二节　发展现状

一、移动互联网安全监管力度空前加强

2016 年，在各国纷纷加强移动互联网监管力度的同时，我国对移动互联

网的监管力度空前加强，重拳出击移动互联网的违法犯罪行为。

一是全面整治电信网络诈骗黑色产业链。2016 年 8 月底，工业和信息化部、最高人民法院、最高人民检察院、公安部、中国人民银行、中国银行业监督管理委员会等六部委联合发布《关于防范和打击电信网络诈骗犯罪的通告》（以下简称《通告》）。《通告》着重从三个方面全方位多角度预防和打击电信诈骗黑产。一是从犯罪惩戒方面，将电信网络诈骗案件依法立为刑事案件，对电信网络诈骗案件，公安机关、人民检察院、人民法院要依法快侦、快捕、快诉、快审、快判，坚决遏制电信网络诈骗犯罪发展蔓延势头。对非法获取、非法出售、非法向他人提供公民个人信息。对泄露、买卖个人信息的违法犯罪行为，予以严惩。二是在电信实名制方面。《通告》要求电信企业要严格落实电话用户真实身份信息登记制度，确保到 2016 年 10 月底前全部电话实名率达到 96%，年底前达到 100%。未实名登记的单位和个人，应按要求对所持有的电话进行实名登记，在规定时间内未完成真实身份信息登记的，一律予以停机。同时，电信企业应积极清理一证多卡用户。三是增加银行业开户转账限制方面。《通告》要求自 2016 年 12 月 1 日起，同一个人在同一家银行业金融机构只能开立一个 I 类银行账户，个人通过银行自助柜员机向非同名账户转账的，资金 24 小时后到账。

二是加强移动互联网安全管理力度。2017 年 1 月 15 日，中办、国办印发《关于促进移动互联网健康有序发展的意见》（以下简称《意见》）。《意见》指出，全面防范移动互联网安全风险，强化网络基础资源管理，规范基础电信服务，落实基础电信业务经营者、接入服务提供者、互联网信息服务提供者、域名服务提供者的主体责任。创新管理方式，加强新技术新应用新业态研究应对和安全评估。完善信息服务管理，规范传播行为，维护移动互联网良好传播秩序。全面加强网络安全检查，摸清家底、认清风险、找出漏洞、督促整改，建立统一高效的网络安全风险报告机制、情报共享机制、研判处置机制。

三是大力开展网络治理专项行动。全国"扫黄打非"办公室开展了"护苗 2016"专项行动，多次部署对利用移动终端通过 QQ、微博、微信等"微领域"散播淫秽色情信息的集中治理行动。成功侦破一批利用网络空间传播淫秽色情物品案件。2017 年 1 月 5 日，全国"扫黄打非"办公室公布 2016 年十大数据：全国共收缴各类非法出版物 1600 余万件、处置网上淫秽色情等有害信息 450 余万条、查处各类"扫黄打非"案件 6600 余件、查获侵权盗版少儿出版物码洋达 9100 余万元、查获假记者证 935 个、对反复出现问题的 25 家大型互联网信息服务企业进行了行政处罚、销毁各类非法出版物 1418 万件、2000 余家违法违规复印店被查处取缔、146 件重大案件进行挂牌督办、共接到群众举报 12 万件。

二、移动互联网安全技术与产品取得新突破

随着政府对移动互联网监管力度加强，以及用户对产品安全性需求的不断提升，移动互联网终端企业、网络运营商、应用服务提供商等都不断研发新技术、新应用，努力推出安全性更高的产品。

在终端方面，高校与科研院校就移动互联网安全可控技术展开深入研究。例如在"2016 移动智能终端峰会"上，北京京航计算通讯研究所推出的"飞航安全自主可控移动信息化应用解决方案"得到了与会专家的一致好评，该解决方案全面采用国产安全可控功能组件，实现企业生产信息全流程的数据安全可控。

在移动操作系统方面，企业努力打破国外操作系统技术垄断。例如，北京元心科技推出的"元心 OS"，对国产 TDLTE 芯片、北斗芯片、国产 AP、保密内存、国产屏控等进行了完美适配，打破了国外操作系统的垄断，为党政军等重要行业应用提供了安全可控的新选择。

在移动加密技术研究方面，国内企业积极开发新型软硬件加密技术保障通信过程安全。如在 2016 年 9 月中国国际信息通信展上，芯盾（北京）信息技术有限公司展示的 DR4H 信源加密技术得到了工信部、国资委、中纪委及陆军某部专家的一致好评。该技术针对语音密文互通的客观需求，提出了五大核心技术，攻克了密文互通存在的三大难题，该技术广泛适用于语音与数据安全，应用涵盖通信、金融、物联网和工业 4.0 等诸多应用环境。

在应用方面，企业通过将先进的身份认证技术和具体应用结合，提升应用安全性。例如，北京数字认证股份有限公司推出的可信身份解决方案，针对不同业务方式/设备提供兼容 PC 和移动终端认证方案、多认证方式组合认

证方案、设备认证方案、多业务应用环境认证方案、远程开户认证方案、多CA 证书认证方案等等。

在安全服务方面，从应用检测、应用加固、渠道监测多个角度对移动终端信息系统全面安全体检，建立一整套的风险评估、安全测试、应急响应机制，提升移动应用的安全服务。例如，2016 年 5 月，中国移动联合百度开放云发布互联网云服务，通过部署移动应用云安全服务平台，为移动用户提供全生命周期的应用安全服务。

三、移动互联网安全协同共治业态逐渐形成

移动互联网安全问题并非单个企业、机构或者单个产品所能解决，需要政府、行业协会、开发者、终端企业、安全服务提供商、应用商店、消费者等多方面的共同努力。

在政府层面，我国已经构建了移动互联网安全监测平台，例如：国家互联网应急中心（CNCERT）组织通过监测与共治，加强恶意程序防控，营造安全应用开发、传播的良好环境；国家信息安全漏洞共享平台（CNVD）实时监控移动互联网漏洞，截至 2017 年 1 月 19 日，发布 WEB 应用漏洞 1539 个，操作系统漏洞 1498 个，网络设备漏洞 700 个。

在行业协会层面，中国互联网协会反病毒联盟（ANVA）发起了"移动互联网应用自律白名单"行动，推动 APP 开发者、应用商店、终端安全软件企业共同打造"白应用"开发、传播、维护的良性循环。

在开发者层面，APP 开发者逐渐对二次打包应用不再冷漠，对盗版、破解应用已经尝试使用法律武器维护自己的合法权益。

在终端企业层面，智能终端提供商已经逐渐提高操作系统维护频度，及时修补重大系统漏洞，并减少出厂捆绑软件数量。

在安全服务提供商层面，很多企业已经组建了开放的移动安全平台和移动安全漏洞播报平台，如百度手机卫士通过开放接口，接入应用商店、开发者、垂直领域（银行、支付、游戏）等产业链条上的各参与方，提供"支付安全保护、骚扰拦截、病毒查杀及漏洞检测"三大移动安全技术。

在应用商店层面，各大主流应用商店正逐渐提高 APP 内容与安全审核，

防止再度出现类似苹果 X－code 开发工具污染情况，严格把控上架软件产品质量，对包含恶意后门、非法篡改的软件及时下架并通知用户。

在消费者层面，主流消费者移动安全意识已经较去年有显著提高，iOS 用户已经逐渐接纳付费购买高质量安全软件的商业模式，iOS 系统越狱现象大幅下降；安卓用户在下载软件时也逐渐选择国内主流大型应用商店，下载前认真核实软件发布者。在日常使用过程中，定期使用手机杀毒软件进行系统杀毒和隐私清理。

第三节 面临的主要问题

一、移动互联网核心技术受制于人

在我国的移动智能终端市场 Apple、三星等国际大牌依然占据前二的份额，智能终端操作系统被谷歌安卓和 Apple iOS 等垄断，核心处理芯片市场被高通、Intel、AMD 等占据。尽管我国的智能终端产量和用户量都居世界之首，但不论是处理芯片、操作系统，还是移动通信网络的制式、技术体制和标准及其生态环境等核心技术都未能实现自主可控，从而为国家网络空间信息安全埋下了巨大隐患。只有研发出拥有自主知识产权的核心硬件产品，开发出与世界互联互通的操作系统，才能从真正意义上健全我国网络安全体系，才能更好地保障我国数亿网民的上网安全。

二、移动互联网个人信息保护力度不够

移动互联网的高速发展给人们的工作和生活带来了极大的便利，如"互联网＋"助推下的滴滴专车、拼车等网约车服务方便了人们的出行，Airbnb 等短租房产服务解决了人们短租个性化需求，菜鸟网络等零售物流服务提升了物流运转效率，但伴随着这些 O2O 应用及大数据等新技术的爆发式发展，平台运营商可以随时随地地在用户不知情的情况下搜集、抓取、分析日常行为数据，这使我们逐渐成为"透明人"，与此同时，接二连三的个人隐私泄露

事件也成为网络晴朗天空中的一朵乌云，不时给人们的互联网生活投下阴影。刚刚发布的《中华人民共和国网络安全法》以及《关于促进移动互联网健康有序发展的意见》虽然从顶层设计层面提到了保护用户的个人隐私数据安全，但目前仍急需一部专门的个人信息保护法律明确相关各方的数据保护责任、政府部门协调联动机制、违法处罚力度等等。只有通过政府、社会、行业企业的共同努力，全面提高用户个人隐私保护力度，才能提升普通用户的移动互联网使用信心。

三、移动互联网安全高端人才供给不足

目前移动互联网安全领域高端人才缺乏，行业对人才的复合型能力要求很高，需要对计算机、网络安全、数据分析、社会工程学、机器学习、操作系统、自然语言处理等多方面知识进行综合掌握。然而，网络空间安全一级学科刚刚获批，相关网络安全人才培养机制缺乏，更不论细分的移动互联网安全领域，能够培养移动互联网安全相关人才的院校或者培训单位非常少，可承担分析和挖掘的复合型人才、高端移动互联网安全科学家以及管理人才存在很大缺口，这些严重制约了我国移动互联网安全产业的发展。

第九章　智慧城市网络安全

　　智慧城市是指将物联网、云计算、大数据、移动互联网、空间地理信息集成等新一代信息技术充分运用到城市管理之中，使城市运行更加智能、高效和便捷的城市建设新模式。随着智慧城市建设的广泛开展，智慧城市中积累的数据体量越来越大，数据集中度和共享度越来越高。而一旦数据安全防护不足，极易造成数据泄露，从而给城市居民、企业以及政府带来重大损失，影响城市正常运行甚至社会稳定。因此，为维护国家安全和社会稳定，要把确保智慧城市网络安全摆在智慧城市建设的突出位置。智慧城市面临的网络安全挑战来自其体系架构的各个层面，主要分为感知设备安全、网络软、硬件安全以及网络服务安全。为消除智慧城市网络安全隐患，保障智慧城市网络安全，现已将智慧城市网络安全建设提升至国家战略高度。随着《中华人民共和国网络安全法》《中国智慧城市标准化白皮书》和《社会信用体系建设规划纲要（2014—2020）》等一系列法律、法规和标准的出台，智慧城市网络安全建设在法律环境、标准研制和城市诚信体系建设方面都取得了一定进展。诚然，我国智慧城市网络安全建设依旧存在诸多问题，主要表现在智慧城市网络安全建设规划缺乏总体性、监管机制不健全、标准体系有待完善，基础设施、技术和服务安全可控率低，关键数据与个人信息安全防护缺失等方面。

第一节 概　述

一、相关概念

（一）智慧城市

智慧城市是将物联网、云计算、大数据、移动互联网、空间地理信息集成等新一代信息技术，充分运用在城市的各行各业之中，形成城市规划、建设、管理和服务智慧化的新型城市①。智慧城市通过深度信息化来满足城市发展转型和管理方式转变的需求，其基本内涵是：以推进实体基础设施和信息基础设施相融合、构建城市智能基础设施为基础，以新一代信息通信技术在城市经济社会发展各领域的充分运用为主线②，以最大限度地开发、整合和利用各类城市信息资源为核心，以向居民、企业、政府和社会提供及时、互动、高效的信息服务为手段，以全面提升城市规划发展能力、提高城市公共设施水平、增强城市公共服务能力、激发城市新兴业态活力为宗旨③，通过智慧的应用和解决方案，实现智慧的感知、建模、分析、集成和处理，以更加精细和动态的方式提升城市运行管理水平、政府行政效能、公共服务能力和市民生活质量，推进城市科学发展、跨越发展、率先发展、和谐发展，从而使城市达到前所未有的高度"智慧"状态④。

（二）智慧城市体系架构

智慧城市的体系架构可以分为四个层次：感知层、网络层、平台层和应用层。

感知层是融合 GIS、GPS 和 RS 技术，将传感器、RFID、摄像头等智能设备和芯片等智能设备嵌入到感知系统内，进行感知并采集信息，是产生数据

---

① 黄忠免：《智慧城市的观念图景》，《广西城镇建设》2014 年第 12 期。
② 刘华林：《智慧城市建设中投资控制问题探讨》，《城市建设理论研究》2015 年第 30 期。
③ 张智慧：《银行在智慧城市建设中的机遇和挑战》，《时代金融旬刊》2013 年第 7 期。
④ 孙亭、满青珊：《基于系统工程理论的智慧城市架构》，《指挥信息系统与技术》2014 年第 5 期。

和个人信息的源头，也是第三方不法分子最容易通过各种不正当手段窃取个人信息的一个关键环节①。

网络层通过互联网、物联网、有线网、无线网、移动网和广电网等网络互联互通，实现信息流通和共享。在利用各种各样高速、泛在网络带来便利的同时，必须充分注重信息传输过程中的完整性、可用性和保密性②，这也是数据失窃的重要环节。

平台层是设备、数据和信息等利用、共享、服务的支撑层，通过对数据资源深度分析与挖掘，以实现数据、设备等资源的统筹利用。平台层是城市运行数据和个人信息的集中地，是黑客的主要攻击对象，是数据和个人信息防护的重点区域。

应用层为政府管理者、社会公众、企业主体等提供各类智慧应用，如智慧政务、智慧医疗、智慧社区、智慧交通等信息化深度应用，在智慧应用中涉及政府、企业、个人用户等多个利益相关方，且每个主体应用目的有所不同，在这些应用中数据资源和个人信息安全容易发生被窃取、盗用等问题。

智慧城市建设的一项重要内容就是实现城市基础设施的智能化，原有传统的基础设施设备都被智能设备所替代，单个独立的基础设施设备通过网络连接在一起，物理感知演变为物理智能感知，感知的结果基于开放、标准的网络协议，通过网络实现实时共享与资源互通。设备与设备的网络连接构成了一张规模越来越大的网络，每个设备都成为一个信息节点，节点之间相互依存②。

（三）智慧城市网络安全

智慧城市网络安全关系到智慧城市应用效果、城市运行状况和社会稳定，是最为重要的网络安全领域。智慧城市的传感层、传输层、应用层、智能分析处理平台等诸多层面存在网络脆弱性和信息失窃风险，区别于电子商务、电子政务等应用，其网络安全风险具有数据来源复杂的显著特点。一旦智慧城市应用发生网络安全事件，将造成城市管理混乱、应急决策不科学、数据

---

① 《智慧城市环境下信息安全保护措施》，见 http：//www.xchen.com.cn/lylw/cshjlw/673794.html。

② 《独家 智慧城市信息安全体系构建》，见 http：//qoofan.com/read/e8N1DdeVGb.html。

资源泄露、城市运行中断乃至局部社会动荡的局面。

（四）智慧城市网络安全保障体系

智慧城市网络安全保障体系是以智慧城市云数据中心安全为核心，以网络安全政策法规、制度、技术、标准为指导，以网络安全运行机制为抓手，以网络安全技术、产品、系统、平台为支撑的闭环式系统。

二、智慧城市面临的网络安全挑战

对于智慧城市这个城市级的大而全的信息化系统，其面临的网络安全形势非常严峻，既存在传统的网络安全风险，也有云计算、大数据等新技术、新应用带来的安全风险。智慧城市信息化由网络、通信设备、硬件、软件、信息资源、信息用户等组合而成[①]。不同的部分、不同环境存在不同的安全隐患，信息安全从传感感知层、通信传输层、应用层、智能分析处理等诸多层面存在具有区别于传统网络时代特点的信息安全风险和脆弱性[②]，主要面临的信息安全挑战有以下几个方面。

在信息感知层，感知设备受到的攻击越来越多。传感器节点由于分布广、监管困难，非常容易失窃，导致传感器节点的存储数据被不法分子获取，通过物理层攻击使信息感知层网络瘫痪，甚至感知设备被黑客控制，作为攻击源发起攻击，如转发方面攻击、恶意干扰攻击、数据注入型或篡改型攻击、欺骗型攻击等等。

在传输网络层，网络软硬件被攻击的方式有多种。对接入设备配置认证授权的攻击、对路由认证的攻击、对网络入侵检测系统实时监控的攻击、对网络访问控制的攻击、对信息加密的破解攻击及对容灾备份的攻击。

服务应用层面临多种攻击和安全威胁。在数据服务方面，面临针对数据融合的攻击、重编程攻击、隐藏位置目标攻击、定位服务的攻击、基站安全攻击等等。在业务应用方面，由于操作系统设计上缺乏有效的安全策略，接入智慧城市的各种终端结构比较松散，没有提供对内部器件进行统一管理和

---

① 刘秀菊：《政府档案管理信息化建设探析》，《中国管理信息化》2015 年第 9 期。

② 《"互联网＋"时代背景下智慧城市信息安全研究初探》，云南网，2015 年 6 月 5 日，见 http://it.people.com.cn/n/2015/0605/c1009 – 27107660.html。

认证的措施，存在机密信息的泄露、代码非法篡改、关键器件的恶意替换等多种安全威胁①。

在智能处理平台层，存在诸多突发性不安全因素。云计算服务、安全防护策略存在漏洞，面临数据破坏、数据丢失、信息泄露等危险。其他原因导致云服务中断，用户数据难以快速恢复；缺乏安全稳定的根基，使黑客有机可乘，恶意盗取客户敏感数据；云审计困难，后期监管缺失，致使云数据处于危险境地；技术限制致使客户难以对云服务供应商的安全控制措施和访问记录进行审计，对云服务缺乏必要的后期监管②。

总之，智慧城市信息化建设包含智慧城市的基础设施、数据共享、安全防护、智能应用等领域，它们共同构成了智慧城市信息化、智能化体系。其基础设施主要包括感知资源、计算资源、网络资源、存储资源等；安全防护主要包括国家漏洞库、木马库、病毒库、可信软件库、可信硬件库及 CA 构建的国家级信息安全服务平台（NISSP）等；数据共享主要包括数据感知、存储、交换、检索、分析、访问、控制和共享等；智能应用主要包括位置云、医疗云、政务云、教育云、工业云、美居云等，智慧城市信息安全渗透到各个领域里的各个环节，因此，智慧城市信息安全是一项非常复杂而艰巨的任务。

三、智慧城市网络安全的重要性

智慧城市信息安全关系到国家安全、城市运行和社会稳定。城市顺畅高效运行与管理是建立在城市智慧平台基础上的。智慧城市建设的基础设施包括：城市智能电网、智能供水、智能污水处理、智能交通系统、无线通信等。近年来频繁发生的信息安全事件表明，越来越多的黑客和恶意攻击者将目光聚焦在城市基础设施上，在环环相扣的网络世界里，黑客或恶意攻击者可以在任何时间任何地点实施对基础设施的攻击，与传统网络安全攻击相比，针

---

① 《"互联网"时代背景下智慧城市信息安全研究初探》，云南网，2015 年 6 月 4 日，见 ht-tp：//news. yunnan. cn/html/2015 –06/04/content_ 3767983_ 3. htm.

② 田燕、张新刚、梁晶晶等：《云计算环境下典型安全威胁分析及防御策略研究》，《实验技术与管理》2013 年第 30 期，第 81—83 页。

对城市关键信息基础设施的网络攻击破坏力更大，如果一个设备被有意破坏或远程控制，将可能造成这些设施的控制系统瘫痪，进而导致关键基础设施停止运行。

智慧城市是实现城市现代化、智慧化建设的重要途径，其通过改变优化政府服务模式、经济发展路径及居民生活工作方式，大幅提升城市管理和服务能力，最终让人们生活变得更智能、更舒适，提高人们的生活质量。其建设是以云计算、大数据等现代信息技术体系为支撑，数据量巨大，涉及人民生活、学习、工作等方方面面。一旦智慧城市受到网络攻击，将导致城市管理、社会秩序、人民生活等诸多问题，严重的将导致城市运行瘫痪、社会动荡。

第二节　发展现状

自从 2009 年"智慧城市"建设席卷全球以来，物联网、云计算、大数据等高新技术集成应用步伐加快，我国智慧城市建设快速普及，累计信息资源体量越来越大，各项应用集中度、数据资源共享度逐步提高，各系统之间有力协作，智慧城市网络安全问题得到高度重视，并上升到一个城市发展的战略地位，网络安全防护能力得到进一步增强。

一、智慧城市网络安全法律环境得到优化

近年来在我国在建设智慧城市同时，非常重视网络安全保护体系建设，并将智慧城市网络安全防护能力建设上升为国家战略高度。2014 年 2 月 27 日，中央网络安全和信息化领导小组宣告成立，标志着我国已将网络信息安全上升到国家战略高度。2016 年 9 月 29 日，国务院印发《关于加快推进"互联网 + 政务服务"工作的指导意见》（国发〔2016〕55 号），意见指出：分级分类推进新型智慧城市建设，打造透明高效的服务型政府。完善网络基础设施，加强网络和信息安全保护，切实加大对涉及国家秘密、商业秘密、个人隐私等重要数据的保护力度。网络信息安全是智慧城市信息安全的重要保

障，2017年6月1日正式实施的《中华人民共和国网络安全法》明确提出对关键信息基础设施实行重点保护，自此智慧城市信息安全保障工作进入法制化轨道，所有举措有法可依。智慧城市信息安全的国家战略地位将通过立法得到真正的落实①。

二、智慧城市网络安全标准研究工作取得一定进展

2013年由全国信息技术标准化技术委员会发布的《我国智慧城市标准体系研究报告》中定义了智慧城市安全标准，涉及智慧城市建设过程中的信息数据安全、应用系统安全及信息安全管理等标准及规范，具体包括数据安全总体要求、应用系统安全总体要求和信息安全管理指南三项。2014年7月国家智慧城市标准化总体组发布的《中国智慧城市标准化白皮书》中确立了智慧城市安全与保障类的标准，分为数据安全、信息系统安全、信息安全管理、安全防护、技术和产品测试、系统测试六个层面。2015年11月国家标准委联合中央网信办及国家发改委印发的《关于开展智慧城市标准体系和评价指标体系建设及应用实施的指导意见》明确到2017年，将完成智慧城市总体、支撑技术与平台、基础设施、建设与宜居、管理与服务、产业与经济、安全与保障7个大类20项急需标准的制订工作②。2016年11月，国家发改委办公厅联合中央网信办秘书局、国家标准委办公室下发了《关于组织开展新型智慧城市评价工作务实推动新型智慧城市健康快速发展的通知》（发改办高技〔2016〕2476号），新型智慧城市评价指标（2016年）指出：信息资源包括开放共享和开发利用，网络安全包括网络安全管理、系统与数据安全。

三、支撑智慧城市应用的诚信体系建设开始起步

我国网络基础服务实名制、网络犯罪追踪溯源、网络信息安全可控、社会信用体系建设、网络安全法实施等全方位的智慧城市可信身份基础设施初

① 《国外智慧城市信息安全的主要做法与经验》，2015年7月23日，见http：//bbs. tiexue. net/post2_ 9364729_ 1. html。

② 《关于我国智慧城市信息安全的现状与思考（二）》，2016年3月29日，见http：//www. zjisa. org/index. php/post/648。

步建成，已经建立了覆盖全国的自然人身份证管理系统和法人统一社会信用代码管理系统。用户办理网络接入、域名注册服务、固定电话、移动电话入网、信息发布、即时通信等业务和手续，已经实施了实名登记；航空机票订票、火车票订票、银行账号、医疗登记、宾馆住宿等众多领域也都采用了实名制。第三方服务机构可信身份管理具备较好基础。目前已有42家电子认证机构，从事着覆盖全国各地的身份服务和电子签名认证服务的推进工作。我国部分科研院所正在推广居民身份证网上副本和电子身份标识作为网络身份凭证。市场领先的互联网企业逐步将用于客户管理的身份管理系统向社会开放，提供第三方网络身份服务。2014年6月国务院发布《社会信用体系建设规划纲要（2014—2020）》（国发〔2014〕21号），2016年2月44个国家部委、中央机关联署盖公章的文件《关于印发对失信被执行人实施联合惩戒的合作备忘录的通知》（发改财金〔2016〕141号），文件都明确提供整合全社会力量，建立社会信用体系。以上这些工作在为我国诚信社会建设作出积极贡献的同时，必将推动智慧城市应用。

第三节　面临的主要问题

一、智慧城市网络安全规划未得到足够重视

2016年，我国智慧城市建设数量已超过400个，而智慧城市网络安全保障体系，网络安全评价体系、牵头组织规划等仍处于萌芽状态，已建成的智慧城市雏形几乎都没有对网络安全加以全面考虑，更没有对智慧城市的网络安全进行科学设计和规划。这样会影响智慧城市运转的整体业务流程，影响信息安全的整体分析，如智慧城市的开放数据安全问题。在智慧城市建设的同时，若不同步针对新技术提出新的网络安全解决方案，一旦出现安全问题，其结果很可能是灾难性的。由于区域发展的不平衡，未来智慧城市的全面互联，会使得那些发展程度和经济实力较弱的城市处于网络安全的洼地，智慧城市网络安全问题可能会成为一大隐患。

二、基础设施、技术和服务安全可控率有待提高

智慧城市的建设过程主要包括智慧化基础设施搭建、关键核心技术提升和应用服务实现。目前我国对于智慧城市信息化、智能化的许多核心基础设施、关键技术、应用服务等方面的安全可控能力非常低。国内应用的传感器设计软件、传感器工艺装备、传感器工艺制备中的某些关键技术依赖国外。操作系统、通用CPU、云计算平台等智慧城市建设中的基础技术和产品也严重依赖国外，这些技术和产品中存在许多安全漏洞。我国在智慧城市建设中部分城市过度信任国外大公司的品牌，依赖于国外提供的信息安全设计方案和整体规划设计，这样的智慧城市信息安全可控率低、隐患大①。

三、城市运行关键数据与个人信息缺乏系统安全防护

智慧城市建设过程中，城市中水、电、油、气等"城市生命线"相关各种设施全面互联，以实现更为细致的感知和搭建智能化应用。由于网络资源、计算资源和存储资源的易获取性，"城市生命线"的控制系统安全防护存在安全风险。智慧城市涵盖多个城市运行的信息系统，前所未有地保存着物联网、应用访问、用户信息、城市管理信息等数据，大部分城市规划要将这些信息存储于云计算服务平台中，这些海量的数据中隐藏着社会运行的重要信息。在社会管理应用中，公民个人的身份证号、工作单位、家庭住址、户口信息以及纳税、参保缴费、银行账号等公民征信信息大多数存储在云平台中，许多涉及公民个人隐私的信息都可以在网络上追踪到轨迹，特别反映公民个人在物理世界的行为，如活动范围、社会关系、行为偏好、情绪状态等等，这些都是个人信息泄露面临的潜在危机。因此，城市与个人信息需要系统的安全防护。

四、高效、协同的网络安全管理体制有待建立

目前，智慧城市业务主管部门、建设单位、使用单位等存在多头管理、

---

① 工业和信息化部电子科学技术情报研究所：《智慧城市信息安全问题研究工业控制系统信息安全产业联盟》，2015年1月23日，见http：//www.icsisia.com/article.php？id=152194。

涉及单位较多等问题，缺乏对突发事件及时、有效响应的整体规划和责任分工，制约了智慧城市信息安全处置的快速响应和高效协同。智慧城市信息安全保障体系建设还处于"各扫门前雪"的现状，提升智慧城市信息安全保障能力需要整合不同部门、不同行业、不同系统、不同数据资源的支撑决策，而各部门以及各领域的负责人只关注在某一功能的具体实现上，对信息互联上面临的漏洞缺乏应有的警醒态度。

五、智慧城市网络安全标准工作有待加强

目前，我国在智慧城市信息安全标准方面有一定进展，但只有标准框架设计，包括在研的物联网安全标准、传感网安全标准、云安全标准、大数据安全标准以及《智慧城市建设信息安全保障指南》等。这些标准不仅零散，也没有形成智慧城市信息安全标准体系和具体针对性标准，难以支撑保障智慧城市安全基础设施、提高智慧城市信息安全技术防护和管理水平的需要[1]，导致智慧城市信息安全评估、检测、认证等工作无法开展，给智慧城市建设带来一些严重安全隐患，甚至会引发严重安全事故，造成无法弥补的严重后果[2]。

---

① 中国网信网《"互联网+"时代背景下智慧城市信息安全研究初探》，2015年6月4日，见 http：//china. huanqiu. com/article/2015 – 06/6602186. html。
② 宋璟等：《关于我国智慧城市信息安全的现状与思考》，《中国信息安全》2016年第2期。

第十章　工业控制系统信息安全

2016 年，我国出台了《网络安全法》《国家网络空间安全战略》《国务院关于深化制造业与互联网融合发展的指导意见》《工业控制系统信息安全防护指南》等多项政策法规来推动工控安全保障体系建设，工控安全政策环境进一步优化；中央网信办、公安部、工信部等行业主管部门开展了多种形式的工控安全检查，稳步推进针对工控系统的信息安全监管工作；《信息安全技术 工业控制系统安全应用指南》《工业自动化和控制系统网络安全 集散控制系统（DCS）第 1 部分：防护要求》等 7 项国家标准正式发布，工业控制系统信息安全领域的标准建设取得了突破性的进展；工控安全领域的行业协会、联盟等组织积极推动工控安全发展，行业内重要安全厂商积极布局工控安全领域，工业控制系统信息安全产业实力得到提升。与此同时，工业控制系统依然面临着严峻的信息安全问题，主要表现为：工控安全检查评估长效机制尚未建立，工控安全风险信息共享机制尚不健全，信息安全监管机制亟待健全；工控安全标准体系尚未清晰明确，可操作性强的工控安全标准规范严重缺失；工控安全防护技术相对落后，新型安全技术效果尚待验证，工控安全核心技术亟待提升；包括工控安全厂商、工控系统运营单位在内的工控安全行业对工控安全的理解和认识不足。

<h1 style="text-align:center">第一节 概 述</h1>

一、工业控制系统相关概念

（一）工业控制系统概念

工业控制系统（Industrial Control System，ICS），也称工业自动化与控制系统，是由计算机设备与工业过程控制部件组成的自动控制系统，是工业生产中所使用的多种控制系统的统称。国际自动化协会（ISA）与 IEC/TC65/WG 整合后发布 IEC 62443《工业过程测量、控制和自动化网络与系统信息安全》将工业控制系统定义为"对制造及加工厂站和设施、建筑环境控制系统、地理位置上具有分散操作性质的公共事业设施（如电力、天然气）、石油生产以及管线等进行自动化或远程控制的系统"。

典型工业控制系统主要包括数据采集与监视控制系统、分布式控制系统、可编程逻辑控制器、远程终端单元、安全仪表系统等。

数据采集与监视控制系统（Supervisory Control And Data Acquisition，SCADA）是通过对数据采集系统、数据传输系统和人机接口进行集成，以提供一个集中监控多个过程输入和输出的控制系统。SCADA 系统采集现场信息，传输到中央计算中心，以图形和文本形式向操作员展示，使操作员能够对整个系统实施集中监视或控制。SCADA 系统是广域网规模的控制系统，常用于电力和石油等长输管道的过程控制。

分布式控制系统（Distributed Control System，DCS）是一个由过程控制级和过程监控级组成的以通信网络为纽带的多级计算机系统，是集中式局域网模式的生产控制系统。DCS 系统综合了计算机、通信、显示和控制等 4C 技术，通过对各控制器进行控制，使它们共同完成整个生产过程；通过对生产系统进行模块化，减少单点故障对整个系统的影响；通过接入企业管理信息网络，实现实时生产情况的展现。DCS 系统主要用于各种大、中、小型电站的分散型控制、发电厂自动化系统的改造以及钢铁、石化、造纸、水泥等过程控制行业。

远程终端单元（Remote Terminal Unit，RTU）是安装在远程现场的电子设备，负责对现场信号、工业设备的监测和控制，是工业控制系统中的硬件核心部分。RTU通常由信号输入/出模块、微处理器、有线/无线通信设备、电源及外壳等组成，由微处理器控制，并支持网络系统。RTU的主要作用是进行数据采集和本地控制。在进行本地控制时，RTU作为系统中的独立工作站，可独立完成连锁控制等工业控制功能；在进行数据采集时，RTU作为远程数据通信单元，完成或响应与中心站或其他站的通信和遥控任务。

可编程逻辑控制器（Programmable Logic Controllers，PLC）是一种专为在工业环境下应用而设计的数字运算操作电子设备，采用可以编制程序的存储器，用于存储执行逻辑运算、顺序运算、计时、计数和算术运算等操作指令，并通过数字式或模拟式的输入和输出，控制各种类型的机械或生产过程。PLC可以直接作为小规模控制系统进行生产过程控制，也常常在SCADA和DCS系统中作为整个系统的控制组件进行本地管理。在SCADA系统中，PLC起到RTU的作用；在DCS系统中，PLC起到本地控制器的作用。

安全仪表系统（Safety instrumented System，SIS）又称为安全联锁系统，是工业控制系统中报警和连锁部分，对控制系统中检测的结果实施报警动作或调节或停机控制，是工业企业自动控制中的重要组成部分。SIS系统包括传感器、逻辑运算器和最终执行元件，即检测单元、控制单元和执行单元，可以监测生产过程中出现的或者潜伏的危险，发出告警信息或直接执行预定程序，立即进入操作，防止事故的发生、降低事故带来的危害及其影响。

工业控制计算机（Industrial Personal Computer，IPC）是一种采用总线结构，对生产过程及机电设备、工艺装备进行检测与控制的工具总称。IPC通常会进行加固、防尘、防潮、防腐蚀、防辐射等特殊设计，以适应比较恶劣的运行环境。

仪器仪表是对工业现场的过程数据进行度量和采集的仪器，如压力计、温度计、湿度计等。主要包括：长寿命电能表、电子式电度表、特种专用电测仪表；过程分析仪器、环保监测仪器仪表、工业炉窑节能分析仪器以及围绕基础产业所需的零部件动平衡、动力测试及产品性能检测仪、大地测量仪器、电子速测仪、测量型全球定位系统；大气环境、水环境的环保监测仪器仪表、取样系统和环境监测自动化控制系统产品等。

智能接口是标准的工业通信接口，用于设备之间的互联，按照其通信协议不同而分为不同种类，如 RS232、RS485 串行通信接口、Modbus 接口等。

工业现场网络是在工业设备间进行数据传输的网络，比一般的计算机网络更注重稳定性和抗干扰能力，通常按照不同设备厂家的协议来命名，如西门子的 ProfitBus、RockWell 的 Rslink 等。

工业控制软件又叫组态软件，是开发人机界面用于操作员对工业现场的设备状态进行实时控制，对实时的告警数据进行响应，对历史数据进行分析的软件系统，如 Wonderware 的 Intouch、Citect 的 CitectSCADA 和 Siemens 的 WinCC 等。

历史数据库系统是通过数据的压缩技术把工业现场以毫秒级变化的实时数据进行压缩存储，并且可以对几天前、几月前甚至几年前的生产设备数据进行查询还原。如 Wonderware 的 InSQL 和 Citect 的 Historian 等。

（二）工业控制系统分层架构

根据 ANSI/ISA - 950.00.01 企业分层模型，工业控制系统（以下简称"工控系统"）根据功能进行分层的典型分层架构图如图 10 - 1 所示。

典型的企业工控系统包括外部网络、企业管理层、制造执行系统层（MES 层）、过程监控层、现场控制层和现场设备层。以制造执行系统层分界，向上为通用 IT 领域，向下为工业控制领域。

（三）工业控制系统信息安全

工控系统涉及钢铁、石化、装备制造、轨道交通、电力传输、市政供水等诸多重要行业，其信息安全主要包括以下几方面：一是网络安全。工控系统网络化、信息化程度不断加深，病毒、木马等传统互联网威胁逐步向工业控制系统渗透，已经成为工业控制系统信息安全（以下简称"工控安全"）

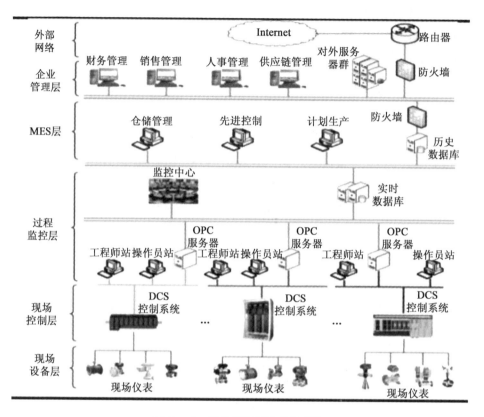

图 10 - 1　工业控制系统分层架构

数据来源：匡恩网络，赛迪智库整理，2017 年 2 月。

的重要组成部分。二是数据安全。工控系统汇集了大量研发设计、生产制造和服务营销敏感信息，涉及工业生产关键设计参数、企业经营数据，直接反映着一国工业生产、技术水平。三是管理安全。工控系统与生产、运维环节紧密联系，对管理提出了更高的要求。

二、工业控制系统面临的信息安全挑战

（一）深度网络化和多层面互联互通增加攻击路径

随着新一轮科技革命和产业变革的到来，互联网快速渗透到工业生产各领域各环节，能源、装备制造等重要行业原有相对封闭的系统运行环境逐渐被打破，嵌入式技术、多标准工业控制网络互联技术、网络智能化交互技术

等新兴技术交互融合，实现了工业控制系统、管理系统、供应链系统等各个环节系统和设备的互联互通，不可避免地加剧了工业控制系统访问控制的安全风险。一方面，管理网和生产控制网的双向信息交互，使得生产控制权限不断上移，数字化通信和工业域内组件的智能化，导致攻击目标下移，工业控制系统的采集执行层、现场控制层、集中监控层、管理调度层以及企业内网和互联网等都成为关键基础设施的潜在攻击发起点，大大增加了攻击点、攻击面和信任网络边界。另一方面，互联互通也为病毒、木马等传统网络安全威胁向工业控制系统加速渗透创造了条件。

（二）日益猖獗的组织化网络攻击推高安全风险

近年来，以政治利益为导向、具有国家背景的黑客组织攻击行为日益猖獗，攻击目标也逐步转向特定国家的关键信息基础设施及其控制系统。早在2008年，俄罗斯就因与格鲁吉亚的南奥塞梯问题对后者发动了网络攻击。2010年给伊朗核电站造成破坏的"震网"病毒，经证实是由美国和以色列联合研发的，目的在于阻止伊朗发展核武器。"火焰"虽然目前攻击源还不能确定，但研究表明，后者与"震网"病毒有着深层次联系。例如，"火焰"病毒代码与"震网"的某个特定模块有共同特征。而且，从病毒结构、病毒开发工作难度等来看，这些病毒不可能由几个黑客开发，专家分析认为这应当是某些国家的行为。2014年7月，赛门铁克发现，代号为"蜻蜓"的黑客组织攻击了1000多家能源企业的包括DCS系统在内的工业控制系统，考虑到此次攻击的规模化、组织化程度相当高，赛门铁克分析认为该活动由俄罗斯政府主导。2015年12月发生的乌克兰电网受攻击事件也被认为是俄罗斯政府支持的黑客组织所为。

据美国工业控制系统应急响应小组（ICS – CERT）的统计报告显示，2009年，ICS – CERT仅确定了9起工业控制系统的信息安全事件；2010年，这个数字上升到41起；2011年和2012年，均确定了198起信息安全事件；2013年和2014年上报的安全事件均超过250起。2015年，这个数字已上升到295起。急剧增多的网络攻击，进一步加剧了工业控制系统的信息安全风险，严重威胁着关键信息基础设施的正常运转。

（三）不断升级的攻击方式增加防护难度

近年来，针对关键信息基础设施及其控制系统的网络渗透方式增加，通过无线、远程访问、U 盘等多种方式进行渗透攻击。同时，攻击技术迅速提升，有些病毒例如"震网"等能够通过感染的计算机在工控系统设备间传播并感染 PLC 等工控设备。2016 年 5 月，两位德国研究人员创造出自我繁殖型工控蠕虫病毒 PLC - Blaster，目标直指可编程逻辑控制器（PLC），与"震网""火焰"等恶意软件不同，PLC - Blaster 无须借助计算机或其他信息系统，即可实现在 PLC 设备间传播，无视传统访问控制技术的限制，直接威胁关键基础设施及其控制系统的安全稳定运行。该病毒具有"隐藏式攻击"的特点，现有的技术手段难以有效检测，完全清除病毒需将被感染的控制器恢复出厂设置，这往往会带来系统崩溃、企业停产等严重后果。渗透方式的增加和攻击技术的升级对访问控制技术提出了更高的要求。

（四）传统 IT 产品的引入带来更多安全隐患

为适应智能制造发展趋势，工业控制系统厂商越来越多地使用通用操作系统、数据库和服务器等，这些通用化和开放化的技术和产品拥有众所周知的漏洞，使攻击者能够利用现有漏洞绕过或攻破现在的访问控制机制，实现入侵攻击。如，针对伊朗核电站的"震网"病毒正是利用了微软 Windows 操作系统的多个漏洞实现了在工程师站和操作员站之间的不断传播，并通过获取 PLC 的访问控制权、拦截其他软件对 PLC 的访问命令、修改发送至 PLC 或从 PLC 返回的数据等操作，最终导致伊朗上千台离心机报废。又如，2014 年 8 月，USB 接口被曝存在严重安全漏洞"BadUSB"，黑客可据此对 USB 接口控制器芯片固件重新编写，植入恶意软件，其影响范围涵盖工控系统在内的几十亿设备。再如，作为导致美国东部大规模互联网瘫痪的元凶之一，"Mirai"病毒充分利用了网络摄像头、智能开关等现有智能终端设备的硬编码漏洞，通过暴力破解的方式攻破了相关设备的访问控制防护，进而组建了数十万台规模的"僵尸物联网"。

此外，工业控制系统的自身漏洞也不断曝光。截至 2015 年 9 月 10 日，中国国家信息安全漏洞库、国际权威漏洞库维护组织和美国工业控制系统应急响应小组公开发布的与工业控制系统相关漏洞数量为 568 个，涉及国内外相关厂商 120 个。不断曝光的工控系统漏洞极大丰富了相关黑客组织的攻击选择，加剧了工控系统的信息安全风险。

（五）信息安全事件后果难以估量

作为高端装备、电力系统、轨道交通、核设施等重点领域的核心中枢，工业控制系统的安全性与经济发展、社会稳定、人民生命财产安全乃至国家安全息息相关，一旦遭到网络攻击，可能导致敏感数据泄露，造成国家经济损失，危及公民人身安全，甚至影响国家安全稳定。

2000年，黑客在加斯普罗姆（Gazprom）公司（俄罗斯国营天然气工业股份公司）内部人员的帮助下突破了该公司的安全防护网络，通过木马程序修改了底层控制指令，致使该公司的天然气流量输出一度控制在外部用户手中，对企业和国家造成了巨大的经济损失。2005年，13家美国汽车厂（尤其是佳士拿汽车工厂）由于被蠕虫感染而被迫关闭，50000名生产工人被迫停止工作，直接经济损失超过140万美元。2010年，伊朗核设施遭遇"震网"病毒攻击，导致其浓缩铀工厂内约1/5的离心机报废，大大延迟了伊朗的核计划。2012年5月，在中东地区大范围传播的"火焰"（Flame）病毒能够监测网络流量、获取截屏画面、记录音频对话、截获键盘输入等，并被感染系统中所有的数据传到病毒指定的服务器。据悉，"火焰"病毒曾入侵了伊朗、黎巴嫩、叙利亚等中东国家的大量电脑，大量数据遭到窃取，甚至包括一些高级别官员电脑中的数据，苏丹、叙利亚、黎巴嫩、沙特阿拉伯、埃及和中国等国也有个别案例。2012年，"火焰"病毒造成伊朗石油部、国家石油公司内网及其关联官方网站无法运行及部分用户数据泄露。2015年12月23日，乌克兰电力系统遭受网络攻击，导致乌克兰伊万诺—弗兰科夫斯克、卡卢什、多利纳等多个地区的140余万家庭停电数小时。2016年1月，以色列电力局遭到重大网络攻击，导致电力系统部分计算机系统瘫痪。关键基础设施及其控制系统的信息安全事故的危害程度不断加深。

三、加强工业控制系统信息安全保障能力的重要意义

工业控制系统广泛应用于能源、水利、石化化工、装备制造等工业生产领域，堪称是国家关键生产设施和基础设施运行的"神经中枢"，一旦遭到破坏，可能造成人员伤亡、环境污染、停产停工等严重后果，将严重威胁国家经济安全、政治安全、社会稳定和国家安全。"互联网＋"时代，工业控制系

统互联互通的发展趋势愈发明显，在实现数据高效交互、信息资源共享的同时，也给针对工业控制系统的网络攻击提供了可能。"震网""乌克兰电网遭遇网络攻击"以及"以色列电力局的网络攻击事件"等一系列针对工业控制系统的攻击实例业已充分证明了通过网络攻击工业控制系统，进而瘫痪一国关键信息基础设施的可行性。因此，有必要建立健全工控安全防护体系，进一步增强工控安全保障能力。

第二节　发展现状

一、工业控制系统信息安全的政策环境进一步优化

作为关键信息基础设施的"核心中枢"，我国对工业控制系统信息安全的重视程度日渐加深。2016年，我国先后出台了多项政策法规来推动工业控制系统信息安全保障体系建设，工业控制系统的信息安全政策环境进一步优化。2016年5月，国务院颁布《国务院关于深化制造业与互联网融合发展的指导意见》，明确提出要"实施工业控制系统安全保障能力提升工程，制定完善工业信息安全管理等政策法规，健全工业信息安全标准体系"，以"提高工业信息系统安全水平"。10月17日，工信部印发《工业控制系统信息安全防护指南》，从11项30个要点详细明确了工业企业开展工控安全防护工作的指导方针。11月7日，第十二届全国人大常委会第二十四次会议审议通过了《中华人民共和国网络安全法》（以下简称《网络安全法》），并将于2017年6月1日起施行。《网络安全法》明确要求"保障关键信息基础设施运行安全"，提出要"对关键信息基础设施的安全风险进行抽查检测，提出改进措施""定期组织关键信息基础设施的运营者进行网络安全应急演练""促进有关部门、关键信息基础设施的运营者以及有关研究机构、网络安全服务机构等之间的网络安全信息共享"。2016年12月27日，国家互联网信息办公室发布《国家网络空间安全战略》，明确将保护关键信息基础设施作为战略任务。

二、工业控制系统信息安全监管工作稳步推进

近年来，中央网信办、公安部、工信部等行业主管部门纷纷开展了各种形式的工控安全检查，稳步推进针对工控系统的信息安全监管工作。2016 年5 月，公安部开展国家安全执法工作，并首次将工控系统纳入检查范畴。本次检查组织专业队伍，通过采取单位自查、远程技术检测和现场安全检查相结合的方式，对全国范围内电力、通信、铁路、航空、航天、交通、石油、石化、核工业、矿山、冶金、水利、烟草、制造、邮电通信、环保、医疗、市政（轨道交通、城市燃气、热网、排水、污水处理）等 18 个重点领域工控系统的全面检查，较为全面地掌握了行业工控安全状况。7 月至 12 月间，经中央网络安全和信息化领导小组批准，中央网信办牵头组织开展了首次全国范围的关键信息基础设施网络安全检查工作，从涉及国计民生的关键业务入手，理清可能影响关键业务运转的信息系统和工业控制系统，准确掌握我国关键信息基础设施的安全状况，为构建关键信息基础设施安全保障体系提供基础性数据和参考。除中央和国家机关及其直属机构外，党政机关、企事业单位主管的关键信息基础设施，根据党政机关、企事业单位的注册登记地，纳入所在省（区、市）检查范围。工业和信息化部于 11 月至 12 月间在全国范围内开展了针对石化、装备制造、有色、钢铁等领域的工控安全检查，此次检查采取企业自查、专业队伍抽查、攻防渗透技术测试等方式，发现并帮助企业解决了在技术防护、安全管理方面的诸多漏洞，对于整体提升行业工控安全防护水平起到积极作用。

三、工业控制系统信息安全标准研究取得较大进展

2016 年，工业控制系统信息安全领域的标准建设取得了突破性的进展。8月 29 日，由国家信息技术安全研究中心承担，国家信息技术安全研究中心、中国电力科学研究院等单位共同参与编制的《信息安全技术工业控制系统安全应用指南》（GB/T 32919—2016）正式发布，为开展工业控制系统安全控制的选择、应用与监控等工作提供指导。10 月 31 日，《工业自动化和控制系统网络安全》等 6 项国家标准正式发布，从工业自动化和控制系统的不同网

络层次和组成部分规定了网络安全的检测、评估、防护和管理等要求，为工控系统的设计方、设备生产商、系统集成商、工程公司、用户、资产所有人及评估认证机构等提供了可操作的工控安全标准，有助于促进我国自主工业控制系统信息安全产业和管理体系的形成。此外，2016年6月，由中国电子技术标准化研究院、北京江南天安科技有限公司等单位起草的《信息安全技术 工业控制系统信息安全分级规范》和《信息安全技术 工业控制系统安全管理基本要求》报批稿已经形成，预计2017年上半年可以正式发布。2016年工控安全国家标准研制和发布列表如表10-1所示。

表10-1 2016年工控安全国家标准研制和发布列表

序号	国家标准名称及编号	标准状态
1	信息安全技术 工业控制系统安全应用指南（GB/T 32919—2016）	已发布
2	工业通信网络 网络和系统安全 建立工业自动化和控制系统安全程序（GB/T33007—2016）	已发布
3	工业自动化和控制系统网络安全 可编程序控制器（PLC）（GB/T33008.1—2016）	已发布
4	工业自动化和控制系统网络安全 集散控制系统（DCS）第1部分：防护要求（GB/T33009.1—2016）	已发布
5	工业自动化和控制系统网络安全 集散控制系统（DCS）第2部分：管理要求（GB/T33009.2—2016）	已发布
6	工业自动化和控制系统网络安全 集散控制系统（DCS）第3部分：评估指南（GB/T33009.3—2016）	已发布
7	工业自动化和控制系统网络安全 集散控制系统（DCS）第4部分：风险与脆弱性检测要求（GB/T33009.4—2016）	已发布
8	工业控制系统风险评估实施指南	报批稿
9	工业控制系统安全分级指南	报批稿
10	工业控制系统安全管理基本要求	报批稿
11	工业控制系统测控终端安全要求	送审稿
12	信息安全技术 工业控制系统专用防火墙技术要求	送审稿
13	工业控制系统网络审计产品安全技术要求	送审稿
14	信息安全技术 信息系统等级保护安全设计技术要求 第5部分：对工业控制系统的扩展设计要求	征求意见稿
15	信息安全技术 工业控制系统漏洞检测技术要求及测试评价方法	征求意见稿

续表

序号	国家标准名称及编号	标准状态
16	信息安全技术 工业控制系统安全检查指南	征求意见稿
17	工业控制系统产品信息安全通用评估准则	草案
18	工业控制系统安全防护技术要求和测试评价方法	草案

资料来源：赛迪智库整理，2017 年 1 月。

四、工业控制系统信息安全产业实力得到提升

一方面，工控安全领域的行业协会、联盟等组织积极推动工控安全发展。7 月中国网络安全产业联盟成立关键基础设施保护工作委员会，旨在整合行业资源，促进跨行业的技术联合与创新，提高我国关键基础设施信息安全的防护水平。10 月，云安全联盟 CSA 发布物联网安全指南，指出物联网安全对于国家关键基础设施的必要性，提出加强物联网安全的指导规范。11 月，匡恩网络联合北京工业大学、北信源、立思辰等 27 家企业机构建立了可信工控网络安全专委会，从推广可信工控信息安全理念、丰富可信工控信息安全系列产品及整体解决方案、推动可信工控信息安全产品标准的制定和可信工控信息安全人才培养等方面推动并确保可信工控信息安全的全面发展。另一方面，行业内重要安全厂商积极布局工控安全领域。4 月 29 日，匡恩网络推出首款便携式工控安全威胁评估平台。5 月 30 日，绿盟科技发布了全新绿盟工控入侵检测系统 IDS – ICS，并获全国首个工控入侵检测产品资质。8 月 22 日，北信源与匡恩网络宣布合资成立新公司——北京信源匡恩工控安全科技有限公司，集双方优势共同打造"终端信息安全管理 + 工业控制系统信息安全"的整体解决方案。9 月 20 日，匡恩网络发布面向工业控制系统信息安全和物联网安全的威胁态势感知平台和漏洞挖掘云服务平台。11 月 16 日，安恒信息工业控制系统威胁感知平台等新产品重磅发布。

第三节　面临的主要问题

一、工业控制系统信息安全监管机制亟待健全

一方面，我国工控安全检查评估长效机制尚未建立，缺少针对工控系统的定期检查和安全评估，企业缺乏工控安全主体责任意识，难以及时发现针对工控系统的网络攻击，大量工业信息安全隐患长期存在。另一方面，我国工控安全风险信息共享机制尚不健全，石化、装备制造等重要行业的信息报送通告渠道还未建立，导致漏洞、预警等安全风险信息难以及时报送，风险消减信息难以及时共享，一些早已被曝光的漏洞、病毒仍长期存在于现有工控系统中，难以消除。

二、工业控制系统信息安全标准规范严重缺失

一是我国尚未建立清晰明确的工控安全标准体系，工控系统分类分级、安全评估、第三方机构认定等工控安全基础性标准缺失。国家关键工控系统的定义还不明确，尚未形成关键工控系统清单。二是缺乏具有可操作性的工控安全防护指导性文件，工控系统运营企业开展安全防护面临无规可循的窘境。三是《工业控制系统信息安全检查指南》《工业控制系统漏洞检测技术要求》等工控安全检查的标准规范还需研究完善，难以有效支撑工控安全监管工作。

三、工业控制系统信息安全核心技术尚需提升

一是工控安全产业基础受制于人。目前我国石化、电力、装备制造等重要领域工控系统核心部件及相关基础网络组件、服务平台多被国外产品垄断。据统计，99%的高端PLC、80%的高端DCS、45.9%的SCADA以及大部分配套数据库和服务器产品都来自国外，且多由国外厂商直接提供运维服务。二是工控安全防护技术相对落后。我国的仿真验证测试、在线监测预警等共性

技术保障能力建设尚处于起步阶段，漏洞分析、芯片级硬件安全分析、态势感知、协议分析等技术能力严重不足，难以及时发现和应对针对工控系统的网络攻击。三是新型安全技术效果尚待验证。我国正着力构建的量子保密通信克服了经典加密技术内在的安全隐患，能确保传输加密、数字签名等的无条件安全，但量子保密通信技术在工控安全领域的应用效果尚未可知。

四、工业控制系统信息安全行业安全认识不足

一方面，工控安全厂商对信息安全风险的认识分析不足，当前的工控安全产品还是以工业防火墙和工业隔离网关等硬件产品为主，入侵防护、安全审计、现场运维管理平台、工控可靠性安全管理平台等产品还较为缺乏，工控安全咨询、评估服务也相对较少，难以有效指导工控系统运营单位。另一方面，工控系统运营单位的工控安全的理解和认识相对落后。当前，许多运营单位的工控安全管理制度尚不完善，缺乏针对工控系统技术、产品和服务及其提供商的管控标准，生产制造、物流交付、售后服务等安全管理制度难以有效落实。运营单位工控安全防护意识淡薄，对第三方运维缺乏安全监管、内部移动介质无序使用、信息通信的第三方不安全接入等情况普遍存在。此外，运营单位安全管理人员存在侥幸心理，对安全事件、风险、漏洞等信息的瞒报、漏报情况也时有发生。

政策法规篇

第十一章　2016 年我国网络安全重要政策文件

近两年，网络安全政策法规领域连出重磅文件。从统筹全局的层面来看，继 2016 年 11 月 7 日《中华人民共和国网络安全法》推出之后，2016 年 12 月 27 日，国家公开发布《国家网络空间安全战略》（以下简称《战略》），这是迄今为止我国出台的第一份关于网络空间安全的战略文件，也是国家对网络空间安全领域进行的最为系统、全面的顶层设计。从具体工作层面来看，2016 年 7 月 8 日，中央网络安全和信息化领导小组办公室等六部门联合发布了《关于加强网络安全学科建设和人才培养的意见》（中网办发文〔2016〕4号）（以下简称《意见》），这是目前关于网络安全学科建设和人才培养最为全面的一份政策文件；2016 年 8 月 12 日，中央网络安全和信息化领导小组办公室联合其他部委联合印发《关于加强国家网络安全标准化工作的若干意见》（中网办发文〔2016〕5 号），从工作机制、标准化体系建设、标准质量、宣传实施及人才培养等方面，为未来的网络安全标准化工作指明了方向，对于构建统一权威、科学高效的网络安全标准体系具有重大意义。此外，在《国家信息化发展战略纲要》《"十三五"国家信息化规划》《关于深化制造业与互联网融合发展的指导意见》等相关政策文件中，都提到要采取多种措施促进网络安全能力的发展。

第一节　《国家网络空间安全战略》

一、出台背景

2016 年 12 月 27 日，国家公开发布《国家网络空间安全战略》（以下简称《战略》），这是迄今为止我国出台的第一份关于网络空间安全的战略文件，也是国家对网络空间安全领域进行的最为系统、全面的顶层设计。《战略》是在国际形势和国内形势的双重背景下推出的。

从国际上看，近些年，网络安全逐渐成为全球面临的共同挑战，各国纷纷制定网络空间安全战略，进行统筹谋划。美国2011年发布《网络空间国际战略》，提出将从经济、国防、执法和外交等多个领域努力，努力建立一个"开放、互联互通、安全、可靠"的网络空间；欧盟2013年出台《欧盟网络安全战略》，确立了适用于传统物理空间的法律和规范同样适用于网络空间、保护公民基本权利个人隐私等原则；日本2015年出台《国家网络安全战略》，明确要建设一个"自由、公正、安全的网络空间"；俄罗斯2000年出台《俄联邦信息安全学说》，2016年12月又出台了新版《俄联邦信息安全学说》，提出俄罗斯将着力维护国家在信息领域的重要利益，并呼吁国际社会应努力实现对因特网资源的共同、公平、以互信原则为基础的管理。各国通过战略文件的方式对本国网络安全力量建设进行部署，同时也宣示本国有关网络安全的态度和主张。

从国内看，中国网民数量逾7亿，面临的网络安全形势更为复杂严峻，虽然近年来国家在网络安全保障能力建设方面取得较显著的进步，但仍旧存在很多亟待解决的难题，比如，网络核心技术受制于人、网络安全产业基础薄弱、关键信息基础设施防护能力不足、相关法律标准体系尚不完善、网络安全人才匮乏、全社会网络安全意识有待提高等，这些有待于从国家层面对网络安全进行顶层设计。

二、主要内容

《国家网络空间安全战略》是指导国家网络安全工作的纲领性文件，阐明了我国重大立场和主张，明确了在网络空间安全领域的主要原则和主要任务。全文共分为四个部分：

一是机遇和挑战。《战略》第一次对"网络空间"的内涵进行了较系统的阐述，并从多个维度进行了综合定位，如互联网等信息网络已经成为信息传播的新渠道、生产生活的新空间等。这些都是当前我国网络安全领域面临的重大机遇。与此同时，《战略》也指出了我国网络安全工作遇到的挑战，并对此做出了精练的概括，即网络渗透、网络攻击、有害信息、网络恐怖和犯罪活动正危害和侵蚀着国家政治安全、经济安全、文化安全和社会安全。

二是目标。《战略》提出了要建设一个"和平、安全、开放、合作、有序的网络空间"，向世人展示了中国对于网络空间发展的愿景和设想。

三是原则。《战略》提出了四大原则，分别是尊重维护网络空间主权、和平利用网络空间、依法治理网络空间、统筹网络安全与发展。

四是工作任务。《战略》明确了当前和今后一个时期国家网络空间安全工作的 9 个战略任务，分别涉及网络空间主权、国家安全、关键信息基础设施、网络文化、网络恐怖和违法犯罪、网络空间国际合作等。

三、简要评析

《国家网络空间安全战略》是一部可圈可点的战略文件，不仅回应了国际社会对中国网络安全政策的关切，充分体现了中国网络安全政策的透明度和作为一个网络大国的责任担当，也指明了未来网络安全工作的方向。比如，战略辩证统一地看待网络安全和信息化的关系，回答了一直困惑国内产业界的问题；提出要依法治理网络空间，全面推进网络空间法治化，在尊重和保护企业知识产权及个人隐私的同时，又对组织和个人在网络上的言行进行了规范，要求权责一致；指出要实施网络安全人才工程，开展全民网络安全宣传教育等。

此外，战略还有一个非常鲜明的特点就是"很接地气""能够落地"。战略提出 9 大战略任务，细分起来实际上有 50 多项。这些任务具有很强的可操作性，而且处处显现出设计和规划的超前性、科学性和实效性。比如，在捍卫网络空间主权方面，战略明确提出要坚定不移地维护国家网络空间主权，凸显了我国坚决维护网络空间主权的决心。在维护国家安全方面，战略详细列举了一系列要防范、制止和依法惩治的利用网络进行危害国家安全的活动，既与《国家安全法》一脉相承，又与《网络安全法》相互呼应。在保护关键信息基础设施方面，战略将保护关键信息基础设施列为政府、企业和全社会的共同责任，并提出信息共享、网络安全审查、供应链安全管理等具体措施。在夯实网络安全基础方面，战略提出以企业为主体，产学研用相结合，尽快在核心技术上取得突破，从战略高度确立了企业在维护网络安全过程中的主体作用，必将激发企业维护网络安全的积极性。

第二节　《国家信息化发展战略纲要》

一、出台背景

2016年7月27日，中共中央办公厅、国务院办公厅印发了《国家信息化发展战略纲要》（以下简称《战略纲要》）。《战略纲要》是对习总书记在领导小组第一次会议上"强调要制定实施网络安全和信息化发展战略、宏观规划和重大政策"和在"4·19"网络安全和信息化工作座谈会上指出"国家利益在哪里，信息化就要覆盖到哪里"等讲话精神的贯彻落实，也是为把我国建设成为网络强国所作的总体布局。

二、主要内容

《国家信息化发展战略纲要》立足于我国信息化建设进程和新形势，提出了新形势下国家信息化发展的指导思想、战略目标、基本方针和重大任务，其中，也包括一些与网络安全相关的内容：

一是在基本形势部分，对网络安全和信息化做出了定位，指出网信事业面临的重要机遇，同时，也明确指出网络安全面临严峻挑战。

二是在战略目标部分，提出了要根本改变核心关键技术受制于人的局面，形成安全可控的信息技术产业体系。

三是在基本方针部分，提出要确保安全。文件将网络安全和信息化列为一体之两翼、驱动之双轮，提出以安全保发展，以发展促安全。

四是在工作任务中，提出要维护网络空间安全，包括维护国家网络空间主权、安全、发展利益、确保关键信息基础设施安全、强化网络安全基础性工作等。

三、简要评析

网络安全在《国家信息化发展战略纲要》中占据不小的篇幅，是《战略纲要》内容的重要组成部分。在定位上，《战略纲要》将网络安全和信息化提到了同等重要的位置加以筹划，在具体内容上，《战略纲要》也非常细化，比如，在法律层面提出了将加快制定网络安全法等；在维护网络空间主权方面，提出要依法管理我国主权范围内的网络活动；在确保关键信息基础设施安全方面，提出要建立信息共享机制和实施网络安全审查制度等。《战略纲要》考虑最为细致的是，还提出要加强网络安全基础理论研究，其中提到建立技术支撑体系，推进网络安全标准化和认证认可工作，开展全民网络安全教育，实施网络安全人才工程，这些任务的贯彻落实必将为我国提供强大的信息安全保障，使信息化得到快速、健康发展，早日实现网络强国的目标。

第三节　《"十三五"国家信息化规划》

一、出台背景

多年来，党中央、国务院一直高度重视信息化和网络安全工作，也取得了一系列成效，如宽带网络建设明显加速；重点领域核心技术取得突破；网络经济异军突起；社会信息化水平持续提升；网络安全保障能力显著增强等等，但是，工作中也显现出一些比较突出的问题，表现为自主创新能力不强，核心技术受制于人，网络安全技术、产业发展滞后，网络安全制度有待进一步完善。为了逐步解决这些问题，优化完善信息化和信息安全的发展环境，2016 年 12 月 15 日，国务院印发了《"十三五"国家信息化规划》。

二、主要内容

《"十三五"国家信息化规划》主要分为发展现状与形势、总体要求、主攻方向、重大任务和重点工程、优先行动、政策措施等部分，其中与网络安全相关的主要内容有：

一是发展成就中点明了网络安全保障能力显著增强的具体表现，同时也列出了网络空间安全面临的严峻挑战。

二是总体要求中提出了"坚持安全与发展并重"，即坚持安全和发展双轮驱动，以安全保发展，以发展促安全，推动网络安全与信息化发展良性互动、互为支撑、协调共进。同时，提出了网络安全领域的一些具体目标。

三是主攻方向中提出要"防范安全风险"，明确应主动防范和化解新技术应用带来的潜在风险。

四是重大任务和重点工程中，提出要"健全网络安全保障体系"。提出要制定国家网络空间安全战略，完善网络安全法律法规体系，健全网络安全标准体系，创建一流网络安全学院，加强关键信息基础设施安全保护等等多项具体措施。

三、简要评析

《"十三五"国家信息化规划》立足于当前的信息化和网络安全发展形势，高屋建瓴地分析了十三五期间我国信息化和网络安全面临的问题和挑战，提出了未来的主攻方向和政策措施，是对国家信息化和网络安全工作的谋篇布局。截至目前，规划的有些工作任务已经得到落实，如国家出台了《网络空间安全战略》《网络安全法》，相关部门也印发了《关于加强国家网络安全标准化工作的若干意见》和《关于加强网络安全学科建设和人才培养的意见》，《商用密码管理条例》也已经完成修订稿，但是还有很多工作有待理顺和完成，如我国网络安全预警和通报体系建设目前比较混乱，多个部门都在做这项工作，另外还有网络安全风险报告机制、情报共享机制、研判处置机制，目前还在研究和制定当中，这些都应该成为未来几年内网络安全领域的重点工作，重点推进。

第四节 《国务院关于深化制造业与互联网融合发展的指导意见》

一、出台背景

2016 年 5 月 13 日，国务院印发《关于深化制造业与互联网融合发展的指导意见》（国发〔2016〕28 号）（以下简称《指导意见》），对制造业与互联网融合发展做出了统筹规划和总体布局。作为国民经济的坚实主体，制造业无可厚非也应当成为实施"互联网＋"行动的主战场。总体看来，这是继2015 年 7 月 4 日国务院印发《国务院关于积极推进"互联网＋"行动的指导意见》之后出台的关于"互联网＋制造业"领域的一份综合性政策文件。

二、主要内容

《国务院关于深化制造业与互联网融合发展的指导意见》分总体要求、主要任务、保障措施 3 部分。其中与网络安全相关的内容主要是提高工业信息系统安全水平。《指导意见》从制定政策法规、健全标准体系、建立信息采集汇总和分析通报机制、组织风险评估等方面，提出了未来提高工业信息系统安全水平的具体措施。

三、简要评析

随着制造业与互联网的深度融合发展，工业信息系统面临的安全越来越突出，从外部来看，类似"震网""火焰"的超级病毒对工业信息系统发动的攻击猛烈又复杂，从内部来看，目前工业信息系统自身质量、性能、功能都不是十分高超，而且安全管理人员还存在安全意识淡薄、管理水平不足等弱点，因此，提升工业信息系统安全保障能力迫在眉睫。《国务院关于深化制造业与互联网融合发展的指导意见》的出台，为提升工业信息系统安全保障能力理清了方向，指明了措施，如果能够得到切实的贯彻执行，必将对工业信息系统安全产生非常积极的影响。

第五节 《关于加强国家网络安全标准化工作的若干意见》

一、出台背景

2016 年 8 月 12 日，中央网络安全和信息化领导小组办公室、国家质量监督检验检疫总局、国家标准化管理委员会三部委联合印发《关于加强国家网络安全标准化工作的若干意见》（中网办发文〔2016〕5 号）（以下简称《若干意见》）。

《若干意见》的出台需放在当今时代的大背景下看待。当前，标准化水平已成为各国各地区核心竞争力的基本要素，对于网络安全这个新兴领域尤其如此，国际上，哪个国家制定网络安全国际通行标准，就意味着这个国家在网络安全标准方面拥有至多话语权，因此网络安全国际标准建设尤为重要；国内，网络安全标准化是提升国家网络安全保障能力的重要抓手，起着基础性、规范性、引领性的作用。但是，从目前我国网络安全标准化建设来看，仍存在一些问题，如缺乏有力的统筹协调机制、标准上报程序不明确、在一些新技术新应用领域缺乏标准、标准的宣传和解读力度不够、标准国际化工作有待提升等，在这种背景下，中央网信办联合相关部门出台了此文件。

二、主要内容

《关于加强国家网络安全标准化工作的若干意见》紧紧围绕网络安全标准化工作提出具体意见，内容丰富，文字精练，全文共分为七部分内容：

一是建立统筹协调、分工协作的工作机制。《若干意见》明确了网络安全国家标准的制定主体和上报程序。

二是加强标准体系建设。《若干意见》明确列举了急需制定标准的领域，如关键信息基础设施保护、网络安全审查、网络空间可信身份、关键信息技术产品等等。

三是提升标准质量和基础能力。《若干意见》提出要从适用性、先进性、规范性三个方面提高标准质量，同时要提升标准信息服务能力和标准符合性测试能力。

四是强化标准宣传实施。《若干意见》提出要加大对标准的解读和宣传力度，通过传统媒体和互联网等多种渠道公开发布网络安全国家标准，促进应用部门、企业、科研院所等机构和人员学标准、懂标准、用标准。

五是加强国际标准化工作。推动将自主制定的国家标准转化为国际标准，促进自主技术产品"走出去"，积极参加国际标准化会议。

六是抓好标准化人才队伍建设。加强专业人才队伍培养，鼓励有条件的地方政府、重点企业引进一批高端国际标准化人才。

七是资金保障。通过财政资金及社会资金奖励先进适用、贡献突出的标准。

三、简要评析

《关于加强网络安全标准化工作的若干意见》从工作机制、标准化体系建设、标准质量、宣传实施及人才培养等方面，为未来的网络安全标准化工作指明了方向，是在当前形势下，结合网络安全标准化领域的问题和挑战做出的科学决策，对于构建统一权威、科学高效的网络安全标准体系，为网络安全和信息化发展提供支撑，实现网络强国战略将具有重大意义。

第六节　《关于加强网络安全学科建设和人才培养的意见》

一、出台背景

2016 年 7 月 8 日，中央网络安全和信息化领导小组办公室、国家发展和改革委员会、教育部、科学技术部、工业和信息化部与人力资源和社会保障部六部门联合发布了《关于加强网络安全学科建设和人才培养的意见》（中网办发文〔2016〕4 号）（以下简称《意见》），这是目前关于网络安全学科建设和人才培养最为全面的一份政策文件。2015 年 6 月，国务院学位委员会和教育部共同发文，决定在"工学"门类下增设"网络空间安全"一级学科，但是，国家在网络安全人才培养方面，仍然存在发展院校较少、师资队伍不强、教材体系不完善、教学缺乏系统性、学生实践机会少等诸多问题，为了解决这些问题，相关部门制定并出台了《关于加强网络安全学科建设和人才培养的意见》。

二、主要内容

《关于加强网络安全学科建设和人才培养的意见》指出了当前我国网络安全人才方面存在的挑战，并提出了如下 8 条意见：

一是加快网络安全学科专业和院系建设。《意见》提出将加大经费投入，完善网络安全人才培养体系。利用好国内外资源，聘请优秀教师，吸收优秀学生，下大功夫、大本钱创建世界一流网络安全学院。

二是创新网络安全人才培养机制。支持高等院校开设网络安全相关专业"少年班""特长班"。鼓励高校开设网络安全基础公共课程。

三是加强网络安全教材建设。《意见》要求要抓紧建立完善网络安全教材体系，评选网络安全优秀教材。

四是强化网络安全师资队伍建设。《意见》最大的特色是明确提出要打破体制界限，让网络安全人才在政府、企业、智库间实现有序顺畅流动。

五是推动高等院校与行业企业合作育人、协同创新。推动高等院校与科研院所、行业企业协同育人，定向培养网络安全人才，建设协同创新中心。鼓励学生在校阶段积极参与创新创业，形成网络安全人才培养、技术创新、产业发展的良性生态链。

六是加强网络安全从业人员在职培训。建立对党政机关、事业单位和国有企业网络安全工作人员的培训制度。

七是加强全民网络安全意识与技能培养。利用国家网络安全宣传周活动，面向大众宣传网络安全常识。通过技能和知识竞赛。加强青少年网络素养教育等。

为了配合这些工作的开展，《意见》最后还制定了配套措施，从人才评价机制、人才激励机制等方面进行了规定。

三、简要评析

目前，我国网络安全方面人才缺口很大，相关专业每年本科、硕士、博士毕业生之和仅 8000 余人，远不能满足国家对网络安全提出的需求。而且，从当今世界来看，网络安全人才短缺已不仅是中国存在的问题，也是全球各国面临的共同问题。《意见》以人才培养为核心，提出了一系列切实可行的措施，有很多措施都可圈可点，具有新颖性和开创性。比如，《意见》在深度了解网络安全人才存在很多"偏才""怪才"的特点，提出要采取各种各样的人才培养措施，"不拘一格降人才"；非常注重企业在网络安全人才培养中的作用，鼓励企业深度参与高等院校网络安全人才培养工作；借鉴美国"旋转门"的做法，第一次提出要打破体制界限，让网络安全人才在政府、企业、智库间实现有序顺畅流动，这些做法如果能得到贯彻落实，必将推动我国网络安全人才培养工作迈向全新的阶段。

第十二章 2016年我国网络安全重要法律法规

2016年我国网络安全立法取得重要进展。《网络安全法》的出台，使得我国网络安全领域有了统领性法律，网络安全工作有了法律依据，我国网络安全法律法规体系将加快形成和进一步完善。《电子商务法（草案）》已经公开向社会征求意见，虽然未正式通过，但该立法有利于促进电子商务的快速发展，并增强我国在电子商务领域国际法治话语权，形成符合我国利益的电子商务国际规则。《未成年人网络保护条例》已经公开向社会征求意见，草案对于净化网络环境、促进未成年人身心健康发展具有重要意义。《政务信息资源共享管理暂行办法》是我国第一份关于政务信息资源共享的规范性文件，它改变了我国政务信息共享"无据可依"的历史，将促进我国政务信息共享的制度化、规范化，并发挥政务信息资源共享在深化改革、转变职能、创新管理中的重要作用。《关于防范和打击电信网络诈骗犯罪的通告》加强了对贩卖个人信息、电信网络诈骗的打击力度，有利于维护广大人民群众的合法权益。此外，一批地方性法规如《贵州省大数据发展应用促进条例》《安徽省信息化发展促进条例》的公布实施，对地方大数据应用和信息化发展起到了极大促进和保障作用。

第一节 《网络安全法》

一、出台背景

网络和信息技术已经深度融合到我国经济社会的各个方面，在促进经济发展和社会进步的同时，网络安全问题也日益突出。当前，以关键信息基础设施为目标的有组织、大规模网络攻击活动频繁，攻击，关键信息基础设施面临着重要信息被窃取、设施运行瘫痪或遭破坏等威胁；非法收集、获取、泄露甚至倒卖公民个人信息的行为愈演愈烈，严重侵害公民个人的合法权益；借助网络宣扬恐怖主义、极端主义，煽动颠覆国家政权，传播淫秽色情等违法信息活动时有发生，危害国家安全和社会公共利益。网络安全成为关系国家安全和发展、关系人民群众切身利益的重大问题①。党中央、国务院对网络安全问题高度重视，就加强网络安全工作作出了一系列重要部署。但是，我国一直缺少一部统领性的网络安全立法，各项网络安全工作缺乏法律依据，不利于加强网络安全保障。社会各界多次呼吁出台网络安全相关立法。在此背景下，全国人大常委会制定出台了《网络安全法》。

二、主要内容

2016 年 11 月 7 日，第十二届全国人民代表大会常务委员会第二十四次会议通过《网络安全法》。该法共七章六十八条，涉及网络安全支持与促进、网络运行安全、关键信息基础设施运行安全、网络信息安全、监测预警与应急处置等方面，主要内容如下：

一是设专章明确了网络安全支持与促进措施。该法以维护网络空间主权和国家安全、社会公共利益，保护公民、法人和其他组织的合法权益为宗旨，提出要坚持网络安全和信息化发展并重原则，明确提出了国家制定网络安全战略规划、建立和完善网络安全标准体系、扶持重点网络安全技术产业和项目、推进网络安全社会化服务体系建设、鼓励开发网络数据安全保护和利用技术、组织开展经常性网络安全宣传教育等措施。

二是明确了维护网络运行安全的制度。该法设定了网络产品和服务提供者的安全义务，包括不得设置恶意程序、及时针对发现的安全缺陷和漏洞的风险采取补救措施、为其产品和服务持续提供安全维护等。该法规定了网络

---

① 全国人大：《关于〈中华人民共和国网络安全法（草案）〉的说明》，2015 年 7 月 6 日，http：//www.npc.gov.cn；观察者网：《首部网络安全法通过人大回应"搞壁垒"》，2016 年 11 月 7 日，http：//news.china.com。

关键设备和网络安全专用产品的安全认证和安全检测制度，要求列入相关目录的产品由具备资格的机构安全认证合格或者安全检测符合要求后，方可销售或提供。规定了网络安全等级保护制度，要求网络运营者履行制定网络安全管理制度和操作规程、采取措施防范网络侵入等危害网络安全行为的技术措施、监测记录网络运行状态等安全保护义务。该法明确要求网络运营者制定网络安全事件应急响应预案，并在发生网络安全事件时，按照规定向有关主管部门报告。

三是对关键信息基础设施实行重点保护。该法明确了关键信息基础设施的范畴及国务院各部门的保护职责。同时，明确了关键信息基础设施运营者的安全保护义务，包括设置专门的安全管理机构和安全管理负责人，定期对从业人员进行网络安全教育、技术培训和技能考核，对重要系统和数据库进行容灾备份等。该法还对关键信息基础设施运营者采购网络产品和服务、存储个人信息和重要数据、向境外提供个人信息和重要数据、开展年度监测评估等进行了规定。

四是明确要求加强个人信息保护。该法确立了个人对个人信息的权利，包括同意权、知情权、删除权、更正权等。该法设定了网络运营者收集、使用个人信息的规则和保护个人信息的义务，包括：要求网络运营者收集、使用个人信息，应当公开收集、使用规则，明示收集、使用信息的目的、方式和范围，并经被收集者同意；要求网络运营者对收集的用户信息严格保密，并建立健全用户信息保护制度；要求网络运营者未经被收集者同意，不得向他人提供个人信息，但是经过处理无法识别特定个人且不能复原的除外等。

五是建立监测预警与应急处置制度。该法明确国务院有关部门的职责，其中：国家网信部门负责网络安全监测预警和信息通报的统筹协调工作，各关键信息基础设施安全保护部门建立健全本行业、本领域的网络安全监测预警和信息通报制度。该法规定了预警信息的发布及网络安全事件应急处置措施，并从维护国家安全和社会公共秩序，对处置重大突发社会安全事件情况下的网络管制作出规定。

三、简要评析

《网络安全法》的颁布出台，使我国网络安全领域有了统领性的基本法律。它明确了国家网络安全工作的基本原则、主要任务和指导思想，确立了个人、法人和其他组织享有的基本权利，建立了国家网络安全的一系列基本制度。作为一部框架性的法律，它的实施必然需要一系列配套法规制度，如关键信息基础设施保护、跨境数据流动、网络安全审查等，将极大地促进我国网络安全法律法规体系加快形成和完善。

第二节　《电子商务法（草案）》

一、出台背景

近年来，我国电子商务迅速发展，相关报告显示 2016 年我国电子商务交易额超过 20 万亿元，交易市场规模跃居全球第一[1]。但是，在电子商务发展过程中，电子合同、产品质量、网上支付、用户信息保护等问题越来越突出，亟须通过法律手段予以规范，社会各界对单独制定电子商务法的呼声也越来越高。基于此，2013 年底，全国人大牵头开展电子商务立法工作，广泛吸纳地方人大、院校专家、部分电商企业和行业协会参与起草工作，通过专题调研、座谈会、研讨会等多种形式，充分听取各方面意见。《电子商务法（草案）》经第十二届全国人大常委会第二十五次会议审议后，于 2016 年 12 月公开向社会征求意见。

二、主要内容[2]

《电子商务法（草案）》分总则、电子商务经营主体、电子商务交易与服

---

[1]　京东、21 世纪经济研究院：《2016 中国电商消费行为报告》，2017 年 1 月 12 日，网易财经。

[2]　全国人大：《关于〈中华人民共和国电子商务法（草案）〉的说明》，2017 年 1 月 4 日，http://www.npc.gov.cn。

务、电子商务交易保障、跨境电子商务、监督管理、法律责任和附则，共八章九十四条。主要内容有：

一是明确界定电子商务。草案将电子商务定义为："通过互联网等信息网络进行商品交易或者服务交易的经营活动"。根据该定义，电子商务是一种经营活动，是以营利为目的，涉及有形产品交易、无形产品交易（如数字产品）、服务产品交易及相关辅助经营服务的商务活动。为与其他法律法规有效衔接，草案明确将涉及金融类产品和服务、利用信息网络播放音视频节目以及网络出版等内容方面的服务，排除在草案调整范围之外。

二是明确区分电子商务经营者和电子商务第三方平台，并重点针对后者提出了相关要求。草案第十一条区分了一般电子商务经营者和电子商务第三方平台。其中，电子商务经营者，是指"除电子商务第三方平台以外，通过互联网等信息网络销售商品或者提供服务的自然人、法人或者其他组织"；电子商务第三方平台，是指"在电子商务活动中为交易双方或者多方提供网页空间、虚拟经营场所、交易撮合、信息发布等服务，供交易双方或者多方独立开展交易活动的法人或者其他组织"。草案着重提出了对电子商务第三方平台的要求，包括：要求其对经营者进行审查，提供稳定、安全服务；应当公开、透明地制定平台交易规则；遵循重要信息公示、交易记录保存等要求等。

三是重点从电子合同、电子支付和快递物流三个方面规范电子商务交易与服务。关于电子合同，草案在现有《合同法》《电子签名法》等法律规定的基础上，进一步对电子商务当事人意思表示、电子合同要约承诺、使用自动交易信息系统订立或履行合同、电子合同错误等作出规定。关于电子支付，草案明确界定了电子支付，规定了电子支付服务提供者和接受者的权利义务，对于安全的支付服务、确认支付、未授权支付、备付金等作出规定。关于快递物流，草案明确了快递物流服务提供者的权利义务，对快递物流服务的安全性、服务规则等作了规范。

四是对电子商务交易保障作了规定。草案明确规定了电子商务数据信息的开发、利用和保护，提出要保障数据信息的依法有序流动和合理利用，强调电子商务经营者对用户个人信息应采取相应保障措施，并对电子商务数据信息的收集利用及其安全保障作出明确要求。草案从电子商务经营主体知识产权保护、第三方平台责任、不正当竞争行为的禁止、信用评价规则方面，对维护市场秩序与公平竞争作了规定。草案加强消费者权益保护，明确要求电子商务经营主体应当全面、真实、准确披露商品或者服务信息，要求商品生产者、销售者和服务提供者应当对其提供的商品和服务质量负责，要求格式条款应当征求消费者和消费者组织的意见，并提出设立消费者权益保证金草案规定了争议解决，明确提出构建在线纠纷解决机制。

五是对跨境电子商务作出专门规定。草案提出："国家鼓励促进跨境电子商务的发展；国家推动建立适应跨境电子商务活动需要的监督管理体系，提高通关效率，保障贸易安全，促进贸易便利化；国家推进跨境电子商务活动通关、税收、检验检疫等环节的电子化；推动建立国家之间跨境电子商务交流合作等。"

三、简要评析

《电子商务法》并未正式通过，但该法律的出台，一方面将填补我国立法上的空白，改变现有电子商务领域立法规定零散而原则的局面，使电子商务有了统一的法律规范，有利于促进电子商务的迅猛发展；另一方面，电子商务立法符合国际发展趋势，很多国家都已经出台了电子商务法律，考虑到电子商务的全球性特质，法律的出台将有利于增强我国在电子商务领域国际法治话语权，有助于形成符合我国利益的电子商务国际规则。

第三节 《未成年人网络保护条例（草案征求意见稿）》

一、出台背景

近年来，我国未成年人所占网民比例不断提高，中国互联网络信息中心第39次《中国互联网络发展状况统计报告》显示，截至2016年12月，我国青少年网民也就是19岁以下的网民，已经达到1.7亿，约占全体网民的23.4%；同时，根据中国预防青少年犯罪研究会的调研数据，我国北京、上海等八个地区未成年人首次触网年龄段，已经由15岁降到了10岁。未成年人通过网络获取了大量科学文化知识、开阔眼界的同时，也越来越受到有害信息的侵扰，尤其是暴力、色情、凶杀、恐怖等网络信息影响未成年人的思维方式和对事物的认知态度，诱导未成年人走向犯罪道路。向未成年人提供网络保护已经成为一个迫在眉睫的重大问题。基于此，国家互联网信息办公室起草制定了《未成年人网络保护条例（草案征求意见稿)》，并于2016年9月30日公开向社会征求意见。

二、主要内容

《未成年人网络保护条例（草案征求意见稿)》共六章三十六条，涉及网络信息内容建设、未成年人网络权益保障、预防和干预等方面，主要内容如下：

一是明确未成年人网络保护职责分工。第三条规定，"各级网信、教育、工信、公安、文化、卫生计生、工商、新闻出版广电等部门依据各自职责开展未成年人网络保护工作；共产主义青年团、妇女联合会以及有关负责未成年人思想道德建设的社会团体，协助有关部门开展未成年人网络安全教育、网络知识普及、防范未成年人沉迷网络等未成年人网络保护工作。"

二是强化未成年人网络信息内容建设。一方面，要求不适合未成年人接触的信息应当以显著方式提示，草案第八条规定，任何组织和个人在网络空间制作、发布、传播不适宜未成年人接触的信息，应当在信息展示之前，以显著方式提示。另一方面，对未成年人上网保护软件的研发、生产、推广和应用做出了规定，第十条明确，国家鼓励并支持研发、生产和推广未成年人上网保护软件；第十一条规定，学校、图书馆、文化馆、青少年宫等公益性场所为未成年人提供上网设施的，应当安装未成年人上网保护软件，避免未成年人接触违法信息和不适宜未成年人接触的信息；第十二条要求，智能终端产品制造商在产品出厂时、智能终端产品进口商在产品销售前应当在产品上安装未成年人上网保护软件，或者为安装未成年人上网保护软件提供便利并采用显著方式告知用户安装渠道和方法。

三是加强未成年人权益保障，涉及上网场所建设、未成年人网络教育、未成年人个人信息收集等方面。在上网场所建设方面，第十三条规定，县级以上人民政府应当根据本地区经济社会发展情况，规划和建设本地区的公益性上网场所，拓宽和规范未成年人健康上网渠道。在未成年人网络教育方面，第十五条提出，中小学校应当将安全和合理使用网络纳入课程，对未成年学生进行网络安全和网络文明教育。在未成年人个人信息收集和删除方面，第十六条要求，通过网络收集、使用未成年人个人信息的，应当在醒目位置标注警示标识，注明收集信息的来源、内容和用途，并征得未成年人或其监护人同意；第十七条要求，网络信息服务提供者提供信息搜索服务的，不得违反本条例第十六条的规定，显示未成年人个人信息的搜索结果。同时，第十八条还赋予了未成年人或其监护人要求网站删除、屏蔽未成年人个人信息的权利。

四是规定了未成年网络保护的预防和干预措施。第十九条、第二十条对有沉迷网络倾向的未成年学生开展教育和引导，对未成年人网络成瘾实施干预和矫治。第二十一条要求，任何组织和个人不得通过网络以文字、图片、音视频等形式威胁、侮辱、攻击、伤害未成年人。第二十二条、第二十三条要求，网络游戏服务提供者应当要求网络游戏用户提供真实身份信息进行注册，有效识别未成年人用户，并按照国家有关规定和标准，采取技术措施，禁止未成年人接触不适宜其接触的游戏或游戏功能，限制未成年人连续使用游戏的时间和单日累计使用游戏的时间。第二十五条提出，国家网信部门会同国务院有关部门建立未成年人网络保护信用档案和失信黑名单制度。

三、简要评析

《未成年人网络保护条例》尚未正式通过，但草案从维护未成年人权益角度出发，对未成年人网络保护工作亟待解决的几个问题，如上网权利保障、网上内容管理、网络防沉迷、个人信息保护作出了明确规定，提出了一系列可行的举措，对于净化网络环境、防止有害网络信息对未成年人的侵害、促进未成年人身心健康发展具有重要意义。

第四节 《政务信息资源共享管理暂行办法》

一、出台背景

政务信息资源是国家数据资源的重要组成,是支撑国家治理体系和治理能力现代化的重要基础[①]。经过多年努力,我国政务信息资源建设取得重要进展,但是因跨部门共享机制不健全、政策制度滞后等原因,"不愿共享""不敢共享""不会共享"等问题突出,影响了数据资源共享应用的整体效能[②]。党中央、国务院高度重视数据共享工作,习近平总书记在"4·19"讲话中明确要求"强化信息资源深度整合""打通信息壁垒,构建全国信息资源共享体系",李克强总理多次要求打破"信息孤岛"和"数据壁垒",消除"数据烟囱"。为此,国家发改委、中央网信办在专题调研、广泛征求各部委、地方政府、专家和企业意见的基础上,起草制定了《政务信息资源共享管理暂行办法》。

二、主要内容

2016 年 9 月 5 日,国务院印发《政务信息资源共享管理暂行办法》(国发〔2016〕51 号)。办法共六章二十六条,分为总则、政务信息资源目录、政务信息资源分类与共享要求、共享信息的提供与使用、信息共享工作的监督和保障、附则。主要内容可以概括为:明确一个定义、遵循四项原则、确定三种分类、落实三项任务、强化五大管理[③]。

一是明确一个定义,即政务信息资源的定义。根据办法第二条,政务信

[①] 《国家发展改革委高技术产业司有关负责同志就〈政务信息资源共享管理暂行办法〉答记者问》,2016 年 9 月 26 日,http://www.gov.cn/xinwen/2016–09/23/content_5111198.htm。

[②] 《国家发展改革委高技术产业司有关负责同志就〈政务信息资源共享管理暂行办法〉答记者问》,2016 年 9 月 26 日,http://www.gov.cn/xinwen/2016–09/23/content_5111198.htm。

[③] 《国家发展改革委高技术产业司有关负责同志就〈政务信息资源共享管理暂行办法〉答记者问》,2016 年 9 月 26 日,http://www.gov.cn/xinwen/2016–09/23/content_5111198.htm。

息资源是指政务部门在履行职责过程中制作或获取的，以一定形式记录、保存的文件、资料、图表和数据等各类信息资源，包括政务部门直接或通过第三方依法采集的、依法授权管理的和因履行职责需要依托政务信息系统形成的信息资源等。办法中政务部门的范围目前规定为政府部门及其所属行政事业单位，待条件成熟后再扩大推广至党委、人大、政协、法院、检察院等机构。

二是遵循四项原则。办法第五条规定，政务信息资源共享应遵循四项原则：以共享为原则、不共享为例外，各政务部门形成的政务信息资源原则上应予共享，涉及国家秘密和安全的，按相关法律法规执行；需求导向、无偿使用，因履行职责需要使用共享信息的部门提出明确的共享需求和信息使用用途，共享信息的产生和提供部门应及时响应并无偿提供共享服务；统一标准、统筹建设，按照国家政务信息资源相关标准进行政务信息资源的采集、存储、交换和共享工作，坚持"一数一源"、多元校核，统筹建设政务信息资源目录体系和共享交换体系；建立机制、保障安全，联席会议统筹建立政务信息资源共享管理机制和信息共享工作评价机制，各政务部门和共享平台管理单位应加强对共享信息采集、共享、使用全过程的身份鉴别、授权管理和安全保障，确保共享信息安全。

三是确定三种分类。办法第九条按照信息共享类型，将政务信息资源分为无条件共享、有条件共享、不予共享等三类。可提供给所有政务部门共享使用的政务信息资源属于无条件共享类；可提供给相关政务部门共享使用或仅能够部分提供给所有政务部门共享使用的政务信息资源属于有条件共享类；不宜提供给其他政务部门共享使用的政务信息资源属于不予共享类。

四是落实三项任务。一是编制政务信息资源目录。办法第七条、第八条规定，国家发改委负责制定《政务信息资源目录编制指南》，明确政务信息资源的分类、责任方、格式、属性、更新时限、共享类型、共享方式、使用要求等内容，各政务部门按照《政务信息资源目录编制指南》要求编制、维护部门政务信息资源目录。二是加快共享平台建设。办法第十一条明确，国家发改委负责组织推动国家共享平台及全国共享平台体系建设。各地市级以上地方人民政府要明确政务信息资源共享主管部门，负责组织本级共享平台建设；该条同时要求各部门业务信息系统抓紧向政务内网或政务外网迁移，并接入共享平台。三是推动政务信息资源的共享和使用。办法第十二条规定，各政务部门应充分利用共享信息，使用部门应根据履行职责需要使用共享信息，提供部门在向使用部门提供共享信息时，应明确信息的共享范围和使用用途，原则上通过共享平台提供，鼓励采用系统对接、前置机共享、联机查询、部门批量下载等方式，凡属于共享平台可以获取的信息，各政务部门原则上不得要求自然人、法人或其他组织重复提交。

五是强化五大管理，即五方面监督保障措施。办法第五章从信息共享情况的评估检查、督查审计、网络安全保障、标准体系建设、经费保障等方面提出了具体工作要求。

三、简要评析

《政务信息资源共享管理暂行办法》是我国第一份关于政务信息资源共享的规范性文件。作为当前和今后一个时期国家推进政务信息共享的主要政策依据，该文件明确了政务信息资源共享的原则、范围、权利义务和责任等内容，将改变我国政务信息共享"无据可依"的历史，促进我国政务信息共享的制度化、规范化，发挥政务信息资源共享在深化改革、转变职能、创新管理中的重要作用，有效加快国家治理体系和治理能力现代化进程。

第五节　《关于防范和打击电信网络诈骗犯罪的通告》

一、出台背景

电信网络诈骗是严重影响人民群众合法权益、破坏社会和谐稳定的社会公害。近年来，电信网络诈骗高发频发，不仅给人民群众造成巨额财产损失，也直接危害着人民生命安全，2016年徐玉玉电信网络诈骗致死就是个典型案例。相关资料显示，电信网络诈骗每年发案30万余起，给被害人造成的经济损失达几百亿元；而且，一次被骗数百万、数千万的案件屡屡发生，最高单笔被骗数额高至1.06亿元。为严厉打击电信网络诈骗，切实保障广大人民群众合法权益，根据《中华人民共和国刑法》《中华人民共和国刑事诉讼法》《全国人民代表大会常务委员会关于加强网络信息保护的决定》等有关规定，最高人民法院、最高人民检察院等六部门联合发布《关于防范和打击电信网络诈骗犯罪的通告》。

二、主要内容

2016 年 9 月 23 日，最高人民法院、最高人民检察院、公安部、工信部、中国人民银行、中国银监会等六部门联合发布《关于防范和打击电信网络诈骗犯罪的通告》（以下简称《通告》），主要内容如下：

一是明确了监管主体及相应责任。为避免主体监管责任不清、相互推诿的问题，《通告》明确了公安部、工业和信息化部、商业银行等主体的责任。《通告》明确，公安部门要主动出击，将电信网络诈骗案件依法立为刑事案件；各商业银行要抓紧完成借记卡存量清理工作，严格落实"同一客户在同一商业银行开立借记卡原则上不得超过 4 张"等规定；工信部加强对电信运营商（含移动转售企业）的监管，要求其严格落实电话用户真实身份信息登记制度，开展一证多卡用户的清理。

二是坚决打击泄露、买卖个人信息的违法犯罪行为。贩卖用户个人信息是电信网络诈骗犯罪实施的主要帮凶。《通告》明确，严禁任何单位和个人非法获取、非法出售、非法向他人提供公民个人信息，对泄露、买卖个人信息的违法犯罪行为，坚决依法打击；对互联网上发布的贩卖信息、软件、木马病毒等要及时监控、封堵、删除，对相关网站和网络账号要依法关停，构成犯罪的依法追究刑事责任。

三是严格落实电话实名登记。鉴于实名登记是防范电信网络诈骗中的重要、关键一环，《通告》中再次明确电信企业（含移动转售企业）要严格落实电话用户真实身份信息登记制度，确保到 2016 年 10 月底前全部电话实名率达到 96%，年底前达到 100%；未实名登记的单位和个人，应按要求对所持有的电话进行实名登记，在规定时间内未完成真实身份信息登记的，一律予以停机。《通告》要求，电信企业在为新入网用户办理真实身份信息登记手续时，要通过采取二代身份证识别设备、联网核验等措施验证用户身份信息，并现场拍摄和留存用户照片。

四是要求加强宣传力度。《通告》明确指出各地各部门要加大宣传力度，广泛开展宣传报道，形成强大舆论声势；要运用多种媒体渠道，及时向公众发布电信网络犯罪预警提示，普及法律知识，提高公众对各类电信网络诈骗的鉴别能力和安全防范意识；欢迎广大人民群众积极举报相关违法犯罪线索，对在捣毁特大犯罪窝点、打掉特大犯罪团伙中发挥重要作用的，予以重奖，并依法保护举报人的个人信息及安全。

三、简要评析

《通告》体现了国家整治电信网络诈骗的决心。《通告》明确了各个部门的职责监管范围，提出严格落实电话实名登记、抓紧完成借记卡存量清理工作等切实措施，进一步加强了贩卖个人信息、电信网络诈骗的打击力度，各部门通力合作，将能够更有效地遏制电信诈骗犯罪蔓延的势头，对于维护广大人民群众的合法权益具有重要意义。

第六节　主要地方性法规

一、贵州省大数据发展应用促进条例

（一）出台背景

大数据正成为信息技术的热点，对人类生产生活和经济社会发展产生巨大影响。为了在新一代信息技术和产业变革中取得先机，贵州省早在 2014 年就成立了大数据产业发展领导小组，通过制定战略规划、建立贵阳大数据交易所等推动大数据发展应用。党中央、国务院对贵州省发展大数据给予充分肯定并提出了明确要求。为加快推动大数据发展应用，解决大数据发展创新不够、数据交易不规范、数据安全保障不足等突出问题，贵州省制定了《贵州省大数据发展应用条例》，以法律手段规范大数据发展应用。

（二）主要内容

2016 年 1 月 15 日，贵州省十二届人大常委会第二十次会议通过了《贵州省大数据发展应用促进条例》（以下简称《条例》）。《条例》共六章三十九条，主要对贵州省大数据发展应用的原则、重点、措施、安全管理等作出了规定。

一是以立法形式确定了大数据发展应用的原则和重点。《条例》规定，"大数据发展应用应当坚持统筹规划、创新引领，政府引导、市场主导，共享开放、保障安全的原则"。《条例》明确了政府推动大数据发展应用的三个重点和方向，即："坚持应用和服务导向，推进大数据发展应用先行先试；积极引进和培育优势企业、优质资源、优秀人才，促进大数据产业核心业态、关联业态、衍生业态协调发展；加快推进国家大数据综合试验区和大数据产业发展聚集区、大数据产业技术创新试验区等建设发展，形成大数据资源汇集中心、企业聚集基地、产业发展基地、人才创业基地、技术创新基地和应用服务示范基地。"

二是规定了一系列推动大数据发展应用的制度措施。涉及规划引领、基础设施建设、财税金融支持、用地保障、人才培养引进、标准体系建设等方面。在规划引领方面，为避免重复布局和盲目建设，《条例》规定由省人民政府编制全省统一的大数据发展应用总体规划。在基础设施建设方面，针对存在的突出问题，《条例》规定省人民政府应当推进全省通信骨干网络扩容升级，提升互联网出省带宽能力。在财税金融支持方面，《条例》规定，县级以上人民政府可以设立大数据发展应用专项资金，依法设立大数据发展基金，对大数据企业依法给予税收优惠，对大数据高层次人才或者大数据企业员按照有关规定给予奖励，鼓励金融机构及其他社会资金支持大数据发展应用，支持大数据企业进入资本市场融资。在培养引进人才方面，《条例》要求县级以上人民政府制订大数据人才引进培养计划，鼓励以设立研发中心、技术持股、期权激励等方式积极利用国内外大数据人才资源。在标准体系建设方面，《条例》要求政府推动建立地方、行业大数据发展应用标准体系，鼓励大数据企业研究制定相关标准。在大数据应用方面，《条例》提出要加强产业发展、社会治理、社会保障、精准扶贫等领域大数据应用。

三是建立了大数据采集、共享、开放、交易的规则规范。《条例》规范了数据采集，明确要求省级政府制定公共数据资源分级分类管理办法，依法建立健全公共数据采集制度；任何单位或者个人不得非法采集涉及国家利益、公共安全、商业秘密、个人隐私、军工科研生产等数据，采集数据不得损害被采集人的合法权益。在促进数据交易方面，《条例》规定，数据交易应当依法订立合同，不得损害国家利益、社会公共利益和他人合法权益；鼓励和引导在依法设立的数据交易服务机构进行数据交易，数据交易服务机构应当具备与开展数据交易服务相适应的条件，依法提供交易服务。《条例》还提出要推动公共数据率先共享开放、统一共享开放、最大限度开放和安全开放，相关措施包括：建立统一大数据系统平台"云上贵州"，实行公共数据开放负面清单制度，实行公共数据共享开放风险评估制度等。

四是强化大数据安全管理。从加强政府监管、明晰各方主体责任的角度，《条例》对数据安全管理作出了原则性规定。《条例》明确了政府安全监管职责，规定省人民政府建立数据安全工作领导协调机制，省大数据安全主管部门会同有关部门制定数据安全等级保护、风险测评、应急防范等安全制度，健全大数据安全保障和安全评估体系。《条例》强化了有关各方安全管理主体责任，明确大数据采集、存储、清洗、开发、应用、交易、服务等单位，应当建立数据安全防护管理制度和应急预案，定期开展安全评测、风险评估和应急演练；采取安全保护技术措施，防止数据丢失、毁损、泄露和篡改；发生重大数据安全事故时，应当立即启动应急预案并及时采取补救措施。《条例》还对安全管理技术创新作出了规定。

（三）简要评析

《条例》将中央决策与贵州实际、发展现状与发展趋势、当前需要与长远发展有机结合，对于实施国家大数据战略和贵州省大数据战略行动，促进贵州省大数据发展应用具有积极作用，对于培育和壮大战略性新兴产业，促进经济社会发展、完善社会治理、提升政府服务管理能力、服务改善民生将产生深远影响[①]。《条例》作为全国首个大数据立法，在诸多方面作了积极尝试

---

① 贵州省人大法制委、贵州省人大常委会法工委：《〈贵州省大数据发展应用促进条例〉解读》，2016 年 1 月 25 日，多彩贵州网。

和有益探索，如数据交易规则、公共数据共享开放风险评估等，这些制度对于未来国家层面的大数据立法都具有很好的参考和借鉴意义。

二、安徽省信息化发展促进条例

（一）出台背景

2003 年，安徽省委、省政府作出了建设"数字安徽"的战略决策，明确提出建设基础设施体系、应用体系和支撑体系和分三步走的目标任务①。经过十多年的发展，安徽省信息化取得了长足发展，信息化在各行各业的应用逐步深入，涌现出一批两化融合示范单位、互联网运用优秀案例等。社会各界在推进信息化的实践中，越来越强烈地要求有一部法律来规范信息化建设，解决信息化促进政策、信息资源开发利用、信息安全保障等突出问题。为此，安徽省经济和信息化委员会、安徽省人大积极推进信息化立法，经过不断修改和征求社会意见，终于在 2016 年发布《安徽省信息化发展促进条例》。

（二）主要内容

2016 年 10 月 8 日，《安徽省信息化发展促进条例》（以下简称《条例》）发布。《条例》共八章六十三条，在信息化规划与建设、信息产业发展、信息资源开发利用、信息技术应用与服务、信息安全保障、法律责任等方面做了具体规定。关于信息安全保障的主要规定是：

一是明确了信息安全保障体系建设的管理部门。《条例》规定，县级以上人民政府应当加强信息安全保障体系建设和管理，提高信息网络与政务信息系统的安全风险防御和信息安全事件处理能力；县级以上人民政府信息化管理部门应当会同有关部门和机构，加强信息安全协调管理，建立健全信息安全等级保护、安全预警、风险评估、应急指挥、安全通报和责任认定制度。

二是落实信息网络与信息系统所属单位、运行单位的第一责任人责任。《条例》规定，信息网络与信息系统的所属单位、运行维护单位，应当建立信息安全管理制度，加强信息安全教育，确定信息安全管理人员，保障信息网

---

① 安徽省人民政府：《数字安徽建设规划纲要（2008—2012）》，中国政府公开信息整合服务平台。

络与信息系统安全运行；基础网络和重要信息系统的运营、使用单位，应当按照国家技术规范和标准，定期进行安全检测和风险评估，并根据评估结果，采取相应等级的安全保护措施；信息网络和信息系统的所属单位、运行维护单位，应当根据国家有关规定，确定本单位信息网络和信息系统的安全等级，进行相应的信息安全系统建设，并报公安机关备案；基础网络和重要信息系统的所属单位或者运行维护单位应当制定信息安全事件应急预案，并定期组织演练。

三是禁止对信息基础设施和信息网络的非法利用。《条例》明确，任何单位和个人不得利用信息基础设施和信息网络实施危害国家安全、公共安全的行为，实施造谣、诽谤、诈骗、敲诈勒索、非法经营等行为；信息网络和信息系统的运营、使用单位应当建立和完善信息发送、存储、传播管理制度，发现违法信息，应当立即停止传输，采取技术措施予以清除并报告有关部门。

四是明确了信息持有单位的信息保护责任。《条例》规定，向社会提供公共服务的单位以及其他掌握公众信息的单位，应当采取措施，防止信息的丢失、泄露、损毁和篡改；任何单位和个人不得非法获取、披露、出售所采集的信息或者以其他非法方式将获取的信息提供给他人。

（三）简要评析

《条例》的出台，是安徽省信息化发展历程中的一个重要里程碑，标志着安徽省信息化发展进入了一个有法律保障的新阶段。《条例》坚持实践导向和问题导向，在充分贯彻《国家信息化发展战略纲要》等最新信息化政策文件的同时，紧密地与安徽省的信息化建设现状、工作实际相结合，为信息化工作的进一步推进提供了法律支持和规范。《条例》必将对安徽省信息化推进起到积极的促进作用，使其走向一个更加发达的新境界。

第十三章　2016年我国网络安全重要标准规范

　　2016年我国出台了较多网络安全标准规范，包括政府网络安全标准、信息安全管理体系标准、密码标准和工控安全标准。在政府网络安全标准方面，主要包括《信息安全技术 政府联网计算机终端安全管理基本要求》（GB/T 32925—2016）和《信息安全技术 政府部门信息技术服务外包信息安全管理规范》（GB/T 32926—2016）；在信息安全管理体系标准方面，主要包括《信息技术 安全技术 信息安全管理体系要求》（GB/T 22080—2016）和《信息技术 安全技术 信息安全管理体系审核和认证机构要求》（GB/T 25067—2016）。在密码标准方面，主要包括《信息安全技术 SM2 椭圆曲线公钥密码算法 第1部分：总则》（GB/T 32918.1—2016）、《信息安全技术 SM2 椭圆曲线公钥密码算法 第2部分：数字签名算法》（GB/T 32918.2—2016）、《信息安全技术 SM2 椭圆曲线公钥密码算法 第3部分：密钥交换协议》（GB/T 32918.3—2016）、《信息安全技术 SM2 椭圆曲线公钥密码算法 第4部分：公钥加密算法》（GB/T 32918.4—2016）、《信息安全技术 SM3 密码杂凑算法》（GB/T 32905—2016）、《信息安全技术 SM4 分组密码算法》（GB/T 32907—2016），以及《信息安全技术 祖冲之序列密码算法 第1部分：算法描述》（GB/T 33133.1—2016）；在工控安全标准方面，主要包括《信息安全技术 工业控制系统安全控制应用指南》（GB/T 32919—2016）。

第一节　政府联网计算机终端安全管理基本要求

一、出台背景

　　随着信息技术的发展，政府部门越来越多地采用信息化手段，以加速打造服务型政府、提高为人民服务能力。信息化在促进政府部门工作效率显著提高的同时，也给政府部门的信息安全带来了风险。例如，政府联网计算机终端的信息安全风险，政府部门的联网计算机终端在安全配置、使用、维护与管理工作等方面存在隐患。再如，政府部门信息技术服务外包的信息安全风险，由于政府部门信息技术外包服务机构背景复杂、服务人员流动性大、内部管理不规范等问题，给政府部门的信息安全埋下隐患。这些安全风险如果不及时控制，将给政府部门行政办公、人民群众生产生活，乃至国家安全带来巨大损失。

鉴于此，全国信息安全标准化技术委员会于 2016 年 8 月正式发布了 GB/T 32925—2016《信息安全技术政府联网计算机终端安全管理基本要求》，并于 2016 年 10 月正式发布了 GB/T 32926—2016《信息安全技术政府部门信息技术服务外包信息安全管理规范》。

二、主要内容

《信息安全技术 政府联网计算机终端安全管理基本要求》是《信息安全技术 政府部门信息安全管理基本要求》框架下的政府部门信息安全保障标准体系的组成部分，用于指导各级政府部门对所管辖范围内联网计算机终端的管理和安全检查工作，使其具备一定的安全防护能力。本标准可与各种具体的计算机终端应用场景、操作系统和应用软件的配置指南配合使用。另外，政府部门可根据自身工作特点，按照"综合防护""适度保护"的原则选择使用，在满足基本要求的基础上，选择执行附录 A 中的增强安全要求，以进一步提高本部门联网计算机终端的安全防护水平。本标准共 10 章和 2 个附录。主要内容包括：范围、规范性引用文件、术语和定义、缩略语、计算机终端安全总体要求、人员管理要求、资产管理要求、软件管理要求、接入安全要求、运行安全要求，以及附录 A 政府联网计算机终端安全增强要求、B 政府联网计算机终端安全管理制度要素。

《信息安全技术 政府部门信息技术服务外包信息安全管理规范》用于规范和指导政府部门采购和使用信息技术服务。本标准通过对政府部门服务外包过程进行梳理，建立了政府部门信息技术服务外包信息安全管理模型，在明确了服务外包信息安全管理角色和责任的同时，将管理活动划分为规划准备、机构和人员选择、运行监督、改进完成四个阶段，分别提出信息安全管理规范，为政府部门信息技术服务外包的安全管理提供参考。本标准共 8 章和 1 个附录。主要内容包括：范围、规范性引用文件、术语和定义、综述、规划准备、外包服务机构和人员选择、运行监督、改进和完成，以及附录 A 服务外包基本信息安全控制。

三、标准评析

《信息安全技术 政府联网计算机终端安全管理基本要求》对计算机终端安全提出了总体要求：一是安全策略制定。联网计算机终端的安全策略应是本单位总体信息安全策略的重要组成部分，并为单位的信息安全总体目标服务。安全策略的制定应从人员管理、资产管理、软件管理、接入安全、运行安全、BIOS 配置要求等方面综合考虑。二是安全防护要求。处理或保存敏感程度较低数据的联网计算机终端，如处理一般性公文或访问无敏感信息的政务系统等的联网计算机终端的安全防护应满足本标准正文所提出的安全基本要求；保存或处理较敏感信息的联网计算机终端，如处理敏感公文、访问有敏感信息的政务系统、发布门户网站信息的联网计算机终端，或 GB/T 22239—2008 规定的三级以上信息系统中的计算机终端，在满足本标准正文要求的基础上，还应满足附录 A 所规定的增强要求。三是文件管理要求。应将与联网计算机终端安全管理和支撑日常维护工作的各类软硬件使用相关的规范、流程、操作指导书等制定成文件（文件需考虑要素可参见附录 B）。文件应通过正式有效的方式发布，并确保计算机终端管理和使用人员能够获取、理解和执行。

《信息安全技术 政府部门信息技术服务外包信息安全管理规范》针对政府部门信息技术服务外包信息安全管理，政府部门还应基于本标准提出的规范要求和基本控制措施，结合自身服务外包项目实际，提出与组织机构、人员管理、数据管理、信息技术服务类型等相适应的控制措施，分阶段、有侧重地对服务外包活动实施管理，以便信息安全管理规范的要求能够切实指导不同层级政府部门实际的服务外包信息安全管理工作，提升其服务外包信息安全水平。

第二节　信息安全管理体系要求

一、出台背景

信息安全管理体系（以下简称"ISMS"）是管理思想和方法在信息安全领域的应用。近年来，由英国的 BS7799 标准发展而来的国际标准 ISO/IEC 27001《信息技术 安全技术 信息安全管理体系 要求》迅速被全球接受和认可，成为世界各国组织解决信息安全问题的有效方法。我国直接将国际标准 ISO/IEC 27001《信息技术 安全技术 信息安全管理体系 要求》的内容纳入我国信息安全国家标准体系，形成按照 GB/T 22080《信息技术 安全技术 信息安全管理体系 要求》，伴随着信息安全管理体系国际标准的修订，我国需要对应修订国家标准的内容。此外，按照 GB/T 22080《信息技术 安全技术 信息安全管理体系 要求》开展信息安全管理体系审核和认证工作，有必要在借鉴国际标准 ISO/IEC 17021《合格评定 对提供管理体系审核和认证的机构的要求》的基础上根据我国信息安全管理体系的实际情况补充一些要求。

鉴于此，全国信息安全标准化技术委员会于 2016 年 8 月正式发布了 GB/T 22080—2016《信息技术安全技术 信息安全管理体系要求》（以下简称《信息安全管理体系要求》）和 GB/T 25067—2016《信息技术安全技术 信息安全管理体系审核和认证机构要求》（以下简称《信息安全管理体系审核和认证机构要求》）。

二、主要内容

《信息安全管理体系要求》规定了在组织环境下建立、实现、维护和持续改进信息安全管理体系的要求，还包括了根据组织需求所剪裁的信息安全风险评估和处置的要求，该标准规定的要求是通用的，适用于各种类型、规模或性质的组织。本标准共 10 章和 1 个附录。主要内容包括：范围、规范性引用文件、术语和定义、组织环境、领导、规划、支持、运行、绩效评价、改进，以及附录 A 参考控制目的和控制。

《信息安全管理体系审核和认证机构要求》对信息安全管理体系审核和认证机构规定了要求并提供了指南，以作为对 ISO/IEC 17021 和 GB/T 22080 中相关要求的补充，标准的主要目的是为提供 ISMS 认证的认证机构的认可提供支持。本标准共 10 章和 4 个附录。主要内容包括：范围、规范性引用文件、术语和定义、原则、通用要求、结构要求、资源要求、信息要求、过程要求、认证机构的管理体系要求，以及附录 A 客户组织复杂性和行业特定方面的分析、附录 B 审核员能力的示例、附录 C 审核时间、附录 D 对已实施的 GB/T 22080—2008 附录 A 的控制措施的评审指南。

三、标准评析

我国信息安全管理体系国家标准主要基于国际标准发展而来。GB/T 22080—2016《信息技术 安全技术 信息安全管理体系要求》使用翻译法等同采用国际标准 ISO/IEC 27001：2013《信息技术 安全技术 信息安全管理体系要求》（英文版），GB/T 25067—2016《信息技术安全技术信息安全管理体系审核和认证机构要求》是按照 GB/T 22080，对国际标准 ISO/IEC 17021《合格评定 对提供管理体系审核和认证的机构的要求》的补充完善。其中，GB/T 22080—2016《信息技术 安全技术 信息安全管理体系要求》（对应 ISO/IEC 27001：2013）跟随国际标准的修订代替了 GB/T 22080—2008《信息技术 安全技术 信息安全管理体系 要求》（对应 ISO/IEC 27001：2005）。通过借鉴国外标准，建立完善我国信息安全管理体系国家标准，意义重大。一是提升组织信息安全管理的水平，提高信息管理工作的安全性和可靠性；二是通过与等级保护、风险评估等工作接续起来，有效提高组织对信息安全风险的管控能力；三是通过对信息安全管理体系审核和认证机构的要求，加强对信息安全管理体系的保障；四是通过与国际信息安全管理体系接轨，利于国际化发展与合作。

第三节 SM2 椭圆曲线公钥密码算法

一、出台背景

密码技术是网络安全技术的基石。现代密码学理论根基于美国，美国发明了 DES、3DES、RSA、MD5、SHA 等密码算法体系，并将其发展为国际标准。长期使用国外密码算法，其安全风险毋庸置疑。一方面，国外密码机构在其编制的密码算法中预留了可被其利用的漏洞。例如，微软、IBM 等众多信息技术领域的国际厂商广泛使用了双椭圆曲线随机数生成算法（Dual_ EC_ DRBG），该算法是由美国国家安全局（NSA）编制，并被美国国家标准与技术局（NIST）发布并推荐使用的，然而被曝光存在能轻而易举被 NSA 利用的漏洞，这导致使用该算法的产品存在严重的网络安全隐患。另一方面，我国一些关键信息基础设施领域过分依赖国外密码技术和产品，进一步加剧了安全威胁。以我国银行业为例，我国银行业长期沿用 3DES、SHA – 1、RSA 等密码算法，而这三种国际通行的密码算法体系均为美国机构提出，其中 SHA – 1 是由 NSA 设计。再如，我国三大运营商及很多制造业企业采用 RSA 密码算法，然而这个客户遍布全球，涉及电子商务、银行、政府、电信运营商、航空航天业等领域的美国 RSA 公司早已与 NSA 达成了协议，在部分加密算法中放置后门。这些严重网络安全风险值得我们深思，如果密码算法不可控，那么基于密码算法的网络安全技术和产品的安全可控根本无从谈起。

鉴于此，全国信息安全标准化技术委员会于 2016 年 8 月正式发布了 SM2、SM3、SM4 等一系列密码标准，包括 GB/T 32918. 1—4—2016《信息安全技术 SM2 椭圆曲线公钥密码算法》（总则、数字签名算法、密钥交换协议、公钥加密算法），GB/T 32905—2016《信息安全技术 SM3 密码杂凑算法》、GB/T 32907—2016《信息安全技术 SM4 分组密码算法》。此外，全国信息安全标准化技术委员会于 2016 年 10 月正式发布了 GB/T 33133. 1—2016《信息安全技术祖冲之序列密码算法第 1 部分：算法描述》。

二、主要内容

在 SM2 系列密码标准中，《总则》给出了 SM2 椭圆曲线公钥密码算法涉及的必要数学基础知识与相关密码技术，以帮助实现其他各部分所规定的密码机制，适用于基域为素域和二元扩域的椭圆曲线公钥密码算法①。《数字签名算法》规定了 SM2 椭圆曲线公钥密码算法的数字签名算法，包括数字签名生成算法和验证算法，并给出了数字签名与验证示例及其相应的流程，适用于商用密码应用中的数字签名和验证，可满足多种密码应用中的身份鉴别和数据完整性、真实性的安全需求②。《密钥交换协议》规定了 SM2 椭圆曲线公钥密码算法的密钥交换协议，并给出了密钥交换与验证示例及其相应的流程，适用于商用密码应用中的密钥交换，可满足通信双方经过两次或可选三次信息传递过程，计算获取一个由双方共同决定的共享秘密密钥（会话密钥）③。《公钥加密算法》规定了 SM2 椭圆曲线公钥密码算法的公钥加密算法，并给出了消息加解密示例和相应的流程，适用于商用密码应用中的消息加解密，消息发送者可以利用接收者的公钥对消息进行加密，接收者用对应的私钥进行解密，获取消息④。

在 2016 年发布的其他密码标准中，《SM3 密码杂凑算法》规定了 SM3 密码杂凑算法的计算方法和计算步骤，并给出了运算示例，适用于商用密码应用中的数字签名和验证、消息认证码的生成与验证以及随机数的生成，可满足多种密码应用的安全需求⑤。《SM4 分组密码算法》准规定了 SM4 分组密码算法的算法结构和算法描述，并给出了运算示例，适用于商用密码产品中分组密码算法功能的设计与实现⑥。《祖冲之序列密码算法第 1 部分：算法描述》

---

① GB/T 32918.1—2016《信息安全技术 SM2 椭圆曲线公钥密码算法 第 1 部分：总则》。
② GB/T 32918.2—2016《信息安全技术 SM2 椭圆曲线公钥密码算法 第 2 部分：数字签名算法》。
③ GB/T 32918.3—2016《信息安全技术 SM2 椭圆曲线公钥密码算法 第 3 部分：密钥交换协议》。
④ GB/T 32918.4—2016《信息安全技术 SM2 椭圆曲线公钥密码算法 第 4 部分：公钥加密算法》。
⑤ GB/T 32905—2016《信息安全技术 SM3 密码杂凑算法》。
⑥ GB/T 32907—2016《信息安全技术 SM4 分组密码算法》。

规定了祖冲之序列密码算法，适用于祖冲之算法相关产品的研制、检测和使用[1]。

三、标准评析

我国国家商用密码管理办公室制定了一系列密码标准，其中，SSF33、SM1、SM4、SM7、祖冲之密码是对称算法；SM2、SM9是非对称算法；SM3是哈希算法。2016年国家加紧对国产密码开展研制工作，相关标准取得重大进展，发布的7个国产密码相关的国家标准，包括SM2椭圆曲线公钥密码算法、SM3密码杂凑算法、SM4分组密码算法等，有利于推动国产密码标准体系的建立，实现国家密码算法的自主可控，发挥国产密码标准指导性作用，促进我国网络安全产业健康发展。

第四节　工业控制系统安全控制应用指南

一、出台背景

近年来，工业控制系统广泛应用于冶金、电力、石化、水处理、铁路、航空和食品加工等行业，是国家关键生产设施和基础设施运行的中枢。随着信息化和工业化融合，工业控制系统从单机走向互联，从封闭走向开放，从自动化走向智能化，促进生产力的显著提高。与此同时，工业控制系统越来越多地采用通用协议、通用硬件和通用软件，通过互联网等公共网络连接到业务系统，工业控制系统的脆弱性逐渐显现。近年，针对各国工业控制系统的攻击数量明显增多，攻击造成的后果越发严重，我国工业控制系统面临的信息安全挑战日趋严峻。为应对新时期工业控制系统信息安全形势，加强工业控制系统信息安全，提升工业控制系统信息安全防护水平，我国亟须制定相关标准。

---

[1] GB/T 33133.1—2016《信息安全技术祖冲之序列密码算法第1部分：算法描述》。

鉴于此，全国信息安全标准化技术委员会于 2016 年 8 月正式发布了 GB/T 32919—2016《信息安全技术工业控制系统安全控制应用指南》（以下简称《应用指南》）国家标准。

二、主要内容

该《应用指南》是针对各行业使用的工业控制系统（Industrial Control System，ICS）系统给出的安全控制应用基本方法，是指导组织选择、裁剪、补偿和补充工业控制系统安全控制，获取适合组织需要的应允的安全控制基线，以满足组织对 ICS 系统安全需求，帮助组织实现对 ICS 系统进行有效的风险控制管理。本标准适用于工业控制系统信息安全管理部门和企业，为工业控制系统信息的建设工作提供指导，工业控制系统信息安全的运维以及安全检查工作均可参考使用。

本标准共 5 章和 3 个附录。主要内容包括：范围、规范性引用文件、术语和定义、缩略语、安全控制的应用，以及附录 A、B、C。其中，术语和定义部分界定了工业控制系统、数据采集与监视控制系统、分布式控制系统、过程控制系统、可编程逻辑控制器、主终端设备、远程终端设备、人机界面、安全控制、安全程序、安全控制族、安全控制基线、公用安全控制、补偿、补充、需求分析方法、差距分析方法。安全控制的应用重点介绍了安全控制的应用前提、安全控制的选择与规约、安全控制的应用步骤、安全控制的应用范围和安全控制的监控。附录分别介绍了工业控制系统面临的安全风险、工业控制系统安全控制措施和工业控制系统安全控制基线。

三、标准评析

工业控制系统信息安全是国家网络和信息安全的重要组成部分，是推动中国制造 2025、制造业与互联网融合发展的基础保障。该《应用指南》源于国家标准化管理委员会 2010 年下达的信息安全国家标准制定项目（原名"工控 SCADA 系统安全控制指南"，国标计划号 20100384 - T - 469）。本标准是在研究了 IEC 62443、NIST SP 800 - 82、NIST SP 800 - 53、ISO/IEC 27019 等国际标准的基础上，根据我国石油、电力、供水、燃气、铁路等拥有 SCADA 系统的重点行业的实际情况编制而成的，本标准与国内已有的工业控制系统信息安全标准协调一致。该《应用指南》的发布，对工业控制系统信息安全领域的实施层有着重要的指导意义。

产业篇

第十四章　网络安全产业概述

网络安全产业是指为保障网络安全提供技术、产品和服务的相关行业总称。网络安全产业包含五大部分，基础安全产业、IT 安全产业、容灾备份行业、网络可信身份服务业和区块链等其他信息安全内容。2016 年，我国网络安全市场规模预测为 1066.4 亿元，同比增长 26.3%。网络安全产业高速增长的背后，离不开政策环境优化、产业市场资源整合、民间交流活跃等多方面因素。在政策环境方面，习总书记"4·19""10·9"讲话将网络空间安全提升到国家战略高度，提出了重点行业信息安全自主可控、推动互联网核心技术突破、推动网络安全产业发展等一系列重要论断。2016 年 11 月 7 日，《中华人民共和国网络安全法》发布、12 月 27 日，《国家网络空间安全战略》发布，这些政策法规明确了国家大力发展网络空间安全的决心，为网络安全产业的健康发展提供了良好的政策环境。在市场资源整合方面，网络安全产业市场加速洗牌，融资并购趋势显著，2016 年共有 19 家网络安全初创企业获得上百亿人民币融资，18 家企业挂牌新三板；在民间交流合作方面，网络安全攻防大赛频频举办，各级会议规模及影响力逐渐增加，网络安全领域产业联盟不断成立，这些都标志着网络安全领域企业正加速技术交流与产品合作，行业活力不断增强。

第一节　基本概念

一、网络空间

网络空间即"Cyberspace"，这一概念由西方学者首先提出，逐步得到世界范围的广泛认同，目前已经成为由信息和网络科技及产品构成的数字社会的代名词，是所有可利用的电子信息、信息交换以及信息用户的统称。世界各国给出了不同的定义，美国在其一系列网络空间战略文件中，将网络空间描述为"由信息技术基础设施构成的相互信赖的网络，包括互联网、电信网、计算机系统等以及信息与人交互的虚拟环境"；英国则定义为"由数字网络构成并用于储存、修改和传递信息的人机交互领域，包含互联网和其他用于支持商业、基础设施与服务的信息系统"；德国则明确为"包括所有可以跨越领土边界通过互联网访问的信息基础设施"。

二、网络安全

自从信息技术出现以来，对应的安全问题就受到广泛关注，而在不同发展阶段，安全的概念和范畴也不断发生变化，相继出现了计算机安全、信息安全、网络安全、信息保障等一系列含义和范畴各不相同的词语，相关概念之间的关系也很难厘清。随着信息技术的快速发展，以及国际上一系列网络安全重大事件的发生，网络安全问题的重要性日益凸显，而其概念和范畴也需要进一步明确。当前，网络空间已经成为继陆、海、空、天之后的第五大战略空间，也成为国际各国角逐的新焦点，有必要以网络空间的视角对网络安全这一概念进行重新界定。从狭义角度讲，网络安全是指网络系统的硬件、软件及其系统中的数据受到保护，不因偶然的或者恶意的原因而遭受到破坏、更改、泄露，系统连续可靠正常地运行，网络服务不中断。从广义角度讲，网络安全是指网络空间的安全，涵盖了网络系统的运行安全性、网络信息的内容安全性、网络数据的传输安全性、网络主体的资产安全性等。从国家角度讲，网络安全是国家主权和社会管理的重要范畴，每个国家都有权利并有责任捍卫其网络主权，同时有义务保障其管辖范围内网络空间基础设施及其中数字化活动的安全。

三、网络安全产业

网络安全产业是指为保障网络安全提供技术、产品和服务的相关行业总称。当前社会普遍将 IT 安全产业看作网络安全产业，而实际上 IT 安全只是网络安全的一部分。IT 安全产业主要包括安全硬件、安全软件及安全服务等方面内容，而网络安全产业还包括安全基础电子产品、安全基础软件、安全终端等。

网络安全产业主要分为五部分：一是基础安全产业，主要包括安全操作系统、安全数据库、安全芯片等基础信息安全产品；二是 IT 安全产业，主要涵盖防火墙、IPS/IDS、VPN、UTM 等 IT 安全硬件产品，安全威胁管理软件、防火墙软件等网络安全软件产品，以及培训、咨询等网络安全服务；三是容灾备份行业，主要包括业务连续性服务和容灾备份服务等；四是网络可信身份服务业，主要涵盖可信身份认证服务和电子认证签名服务等；五是包含区块链在内的其他信息安全内容。具体组成部分如图 14-1 所示。

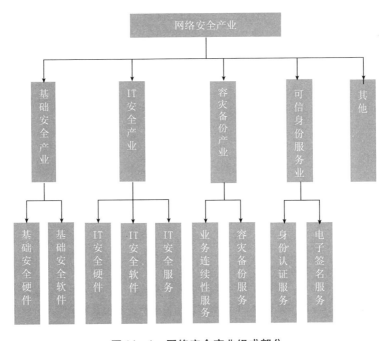

图 14-1　网络安全产业组成部分

数据来源：赛迪智库整理，2017 年 1 月。

第二节　产业构成

一、产业规模

在政策环境与市场需求的共同作用下，网络安全行业迎来高速增长机遇，潜在市场规模巨大。2016年中国网络安全市场规模预测为1066.4亿元人民币，同比增长26.3%，保持较快增长速度。具体数据如表14-1，图14-2所示。

表14-1　2013—2016年我国网络安全产业规模及增长率

	2013年	2014年	2015年	2016年
产业规模（亿元）	536.5	671.1	844.3	1066.4
增长率	23.1%	25.1%	25.8%	26.3%

资料来源：赛迪智库整理，2017年2月。

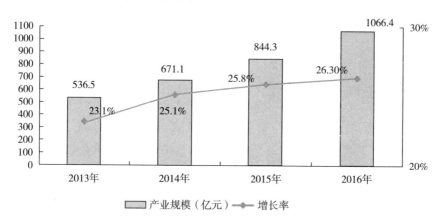

图14-2　2013—2016年我国网络安全产业规模及增长情况

数据来源：赛迪智库整理，2017年2月。

二、产业结构

2016年中国网络安全产业结构变化并不明显，IT安全产业仍为主力，占比达到48.4%，基础安全产业、容灾备份产业和网络可信身份服务业的占比分别为5.6%、13.1%以及32.8%。具体如图14-3所示。

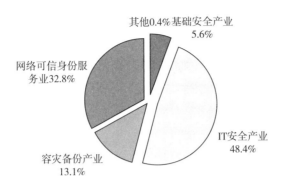

图 14 – 3　2016 年我国网络安全产业结构

数据来源：赛迪智库整理，2017 年 2 月。

三、产业链分析

网络安全产业宏观上主要包含基础软硬件生产厂商、平台数据集成厂商两个角色。两类提供商连同高校科研院所等学术研究机构，以及终端用户，构成了网络安全产业链。其中学术研究机构及基础软硬件生产厂商属于产业链上游，平台数据集成厂商及终端用户处于产业链下游。产业链分布如图14 –4所示。

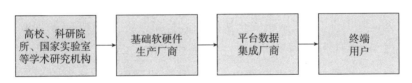

图 14 –4　网络安全产业链分布图

数据来源：赛迪智库整理，2017 年 2 月。

在产业链上游，高校、科研院所、国家实验室等学术研究机构积极开展网络安全相关基础理论研究，攻关核心技术难题，如在基础安全产业方面，研究操作系统底层工作原理、关键芯片制造工艺；在 IT 安全产业方面，研究相关安全标准、技术体系；在数据容灾备份、可信身份服务、区块链产业方面研究数据存储与认证的基础理论。基础软硬件厂商则积极进行科研成果转化，研制基础软硬件，如安全处理器、安全操作系统、中间件等产品。学术研究机构与基础软硬件厂商的有序协同奠定了网络安全产业健康发展的根基。

在产业链下游，平台数据集成商发挥了承上启下的重要作用。集成商根据市场用户不同层次需求将基础软硬件产品进行二次开发，重新打包成功能各异的终端产品，如各类软硬件防火墙等网络防护类产品、终端数据备份产品、数字认证等身份认证类产品。

第三节　产业特点

一、政策加码带动网络安全业务领域不断延伸

受政策利好刺激，2016 年我国网络安全产业持续高速发展，业务领域进一步拓展。2016 年，国家高度重视网络安全建设，接连发布重要文件和讲话。2016 年 4 月 19 日，新华社刊发习近平总书记"在网络安全和信息化工作座谈会上的讲话"（以下简称"讲话"），讲话将网络空间安全提升到国家战略高度，提出了重点行业信息安全自主可控、推动互联网核心技术突破、推动网络安全产业发展等一系列重要论断。6 月 28 日，《网络安全法》二审稿公开征求意见，11 月 7 日，《网络安全法》正式公布，将于 2017 年 6 月 1 日正式实施。12 月 27 日，《国家网络空间安全战略》正式发布。这些政策法规明确了国家大力发展网络空间安全的决心，并从法律层面进一步界定了关键信息基础设施范围，明确提出国家要对关键信息基础设施重点保护、完善网络安全信息收集分析、采取多种措施防御处置网络安全风险和威胁等工作。受国家政策利好的持续影响，2016 年金融、能源、电力、通信、交通等领域国家关键信息基础设施网络安全需求全面提升，市场信心得到提振，网络安全产业发展迎来了新的发展机遇。

二、融资并购趋势不减彰显产业市场洗牌加速

2016 年，随着政策的提升和市场的关注，网络安全资本市场依然活跃，网络安全初创公司明显更受资本青睐，融资额从 500 万元到 5 亿元不等，涉

及安全的各个领域，尤其是云安全与大数据安全领域。启明星辰 6.37 亿收购
赛博兴安，南洋股份溢价 7 倍以 57 亿元收购天融信等超大型并购事件不断发
生说明传统大型安全企业正在吸纳那些提供单点解决方案的同行，丰富产品
线弥补市场空白。2016 年，海天炜业、信元网安、以太网科等具有一定规模
的安全企业在新三板挂牌，安全厂商在各自细分领域专注提升创新能力，增
强市场竞争力。具体情况如表 14 - 2 和表 14 - 3 所示。

表 14 - 2　2016 年我国网络安全行业重大融资并购事件

投资方/被投方	收购/融资金额	时间
宽带资本、红点创投/青藤云安全	6000 万元	2016.01
金浦投资/梆梆安全	5 亿元	2016.01
尚城资本/同盾科技	3200 万美元	2016.04
联想/国民认证	3000 万元	2016.04
启明星辰/赛博兴安	6.37 亿元	2016.06
恒宝股份/瀚思	3000 万元	2016.06
君联资本/安华金和	5500 万元	2016.06
君联资本/杭州邦盛	1.35 亿元	2016.07
南洋股份/天融信	57 亿元	2016.08
永洲创投/安洵信息	1000 万元	2016.10
裕兴投资/椒图科技	3800 万元	2016.11
永洲创投/看雪科技	500 万元	2016.11
航天发展/锐安科技	15 亿元	2016.12
*/威努特	5000 万元	2016
*/上海观安	2000 万元	2016
*/卫达科技	6000 万元	2016
*/默安科技	600 万元	2016
*/中新网安	3.17 亿元	2016
*/中睿天下	2000 万元	2016

注：*代表相关交易方信息及具体融资时间未公开披露

数据来源：安全牛，赛迪智库整理，2017 年 2 月。

表 14 -3 2016 年我国网络安全企业新三板挂牌情况

公司名称	挂牌日期
明朝万达	2015. 12. 31
创谐信息	2016. 01. 07
壹进制	2016. 01. 08
七洲科技	2016. 01. 13
思智泰克	2016. 01. 15
海天炜业	2016. 03. 10
高正信息	2016. 03. 11
信元网安	2016. 03. 18
安信华	2016. 03. 23
瑞星信息	2016. 04. 05
盛邦安全	2016. 04. 14
峰盛科技	2016. 05. 10
以太网科	2016. 05. 17
永信志诚	2016. 05. 23
海加网络	2016. 06. 14
帝恩斯	2016. 06. 15
联软科技	2016. 07. 07
安博通	2016. 12. 07

资料来源：安全牛，赛迪智库整理，2017 年 2 月。

三、合作交流蓬勃开展带动产业活力不断增强

2016 年，信息安全会议活动集中开展，网络安全攻防大赛频频举办，各级会议规模及影响力逐渐增加。第三届"首都网络安全日"和第三届"国家网络安全宣传周"成功举办，体现了从国家层面上在提高信息安全宣传意识及普及工作，加大企业信息安全推广力度。中国互联网发展基金会网络安全专项基金作为首个网络安全领域的专项基金，为信息安全产业发展提供了资金支持。据统计，2016 年大型的安全会议活动有三十多场，另外还有各安全

协会联盟、安全企业召开的学术研讨会、发布会、战略合作会等，会议活动非常火爆，信息安全关注度不断提升。此外，中国网络安全产业联盟、中国网络空间安全协会、中国工业信息系统安全联盟等联盟的正式成立标志着信息安全领域企业正加速技术交流与产品合作。

第十五章　基础安全产业

自从震网病毒、"棱镜门"等事件发生以来，信息技术产品本身的安全可控受到广泛关注，俄罗斯、巴西、印度等国纷纷通过网络安全审查、供应链保障等措施确保关键领域核心技术产品的安全可控程度，我国也开始实施网络安全审查制度，习总书记明确提出要"构建安全可控的信息技术体系"，安全可控的信息技术产品俨然已经成为保障网络安全的重要一环。本章中所述基础安全产业主要包含安全可控的集成电路、操作系统和数据库等基础软硬件产品领域，概述部分详细介绍了基础安全产业相关概念及产业链情况。本章重点介绍了基础安全的发展现状，经过多年的发展，基础软硬件产品的核心技术已经取得一定突破，龙芯中科、申威、天津飞腾、华为海思在各自领域取得令人瞩目的成就，安全可控的基础软硬件产品在市场上也取得一定进展，行业整体实力大幅提升，开放创新成为行业发展的主流声音。但与此同时，基础安全行业发展也面临诸多问题，产业发展的路径仍存在争议，核心技术知识产权仍存在受制于人的情况，产业链的关键环节仍存在缺乏，整体安全可控程度仍待提升。

第一节　概　　述

一、概述及范畴

（一）基础安全

基础安全是指信息系统的基础硬件、基础软件及其他核心设备安全可控，不因核心技术、供应链受制于人等因素而导致系统和数据遭受恶意破坏，系统连续可靠正常地运行，服务不中断。当前，我国基础安全产业主要涉及安全可控的集成电路、操作系统和数据库等基础软硬件领域。

（二）芯片

芯片又称微电路、微芯片，在电子学中是一种把电路（主要包括半导体装置，也包括被动元件等）小型化的方式，并通常制造在半导体晶圆表面上。集成电路概念范畴很大，包括通用 CPU、嵌入式 CPU、数字信号处理器（DSP）、图形处理器（GPU）、内存芯片等。在计算机、手机等信息设备和系统中，CPU 是运算和控制中心，承担着处理指令、执行操作、控制时间、处理数据等功能。

（三）操作系统

操作系统是指用于管理硬件资源、控制程序运行、提供人机界面，并为应用软件提供支持的一种系统软件产品。安全操作系统（也称可信操作系统，Trusted Operating System），是指计算机信息系统在自主访问控制、强制访问控制、标记、身份鉴别、客体重用、审计、数据完整性、隐蔽信道分析、可信路径、可信恢复等十个方面满足相应的安全技术要求。

安全操作系统一般具有以下关键特征：

1. 用户识别和鉴别（User Identification and Authentication），安全操作系统需要安全的个体识别机制，并且所有个体都必须是独一无二的。

2. 强制访问控制（Mandatoy Access Control，MAC），中央授权系统决定哪些信息可被哪些用户访问，而用户自己不能够改变访问权限。

3. 自主访问控制（Discretionary Access Control，DAC），留下一些访问控制让对象的拥有者自己决定，或者给那些已被授权控制对象访问的人。

4. 对象重用保护（Object Reuse Protection，ORP），对象重用是计算机保持效率的一种方法。计算机系统控制着资源分配，当一个资源被释放后，操作系统将允许下一个用户或者程序访问这个资源。

5. 全面调节（Complete Mediation，CM），为了让强制或者自主访问控制有效，所有的访问必须受到控制，高安全操作系统执行全面调节，意味着所有的访问必须经过检查。

6. 可信路径（Trusted Path，TP），对于关键的操作，如设置口令或者更改访问许可，用户希望能进行无误的通信（称为可信路径），以确保他们只向合法的接收者提供这些主要的、受保护的信息。

7. 可确认性（Accountability），可确认性通常涉及维护与安全相关的、已发生的事件日志，即列出每一个事件和所有执行过添加、删除或改变操作的用户。

8. 审计日志归并（Audit Log Reduction，ALR），理论上，审计日志允许对影响系统的保护元素的所有活动进行记录和评估。

9. 入侵检测（Intrusion Detection，ID），与审计精简紧密联系的是检测安全漏洞的能力，入侵检测系统构造了正常系统使用的模式，一旦使用出现异常就发出警告。

（四）数据库

数据库（Database）是按照数据结构来组织、存储和管理数据的建立在计算机存储设备上的仓库。安全数据库通常是指达到美国可信计算机系统评价标准（Trusted Computer System Evaluation Criteria，TCSEC）和可信数据库解释（Trusted Database Interpretation，TDI）的 B1 级标准，或中国国家标准《计算机信息系统安全保护等级划分准则》的第三级以上安全标准的数据库管理系统。在安全数据库中，数据库管理系统必须允许系统管理员有效地管理数据库管理系统和它的安全，且只有被授权的管理员才可以使用这些安全功能和设备，数据库管理系统保护的资源包括数据库管理系统存储、处理或传送的信息，数据库管理系统阻止对信息的未授权访问，以防止信息的泄露、修改和破坏。安全数据库在通用数据库的基础上进行了诸多重要机制的安全增强，通常包括：安全标记及强制访问控制、数据存储加密、数据通信加密、强化身份鉴别、安全审计、三权分立等安全机制。

二、产业链分析

基础安全产业主要包括基础软件提供商、基础硬件提供商和基础技术服务提供商，这些提供商连同上下游的研究机构、企业，以及最终用户，构成了基础安全产业链，如图 15 - 1 所示。基础安全产业链的上游主要包括基础软件、硬件和技术服务提供商，一些高校、研究所等社会研究机构，以及一些配套工具厂商等。下游主要依托基础安全技术产品的信息技术企业，以及最终用户。

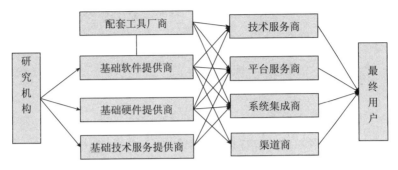

图 15 – 1　基础安全产业链

数据来源：赛迪智库整理，2017 年 2 月。

基础技术和基础软硬件产品的主要服务对象是信息技术平台服务商、系统集成商、技术服务商以及企业用户等，如各类云计算服务平台需要大量的基础软硬件支持，电子认证服务等需要密码算法等基础技术支持。基础软硬件也面向广大普通用户，但一般要通过系统集成商融合，并通过渠道商最终到达各用户手中。

第二节　发展现状

一、基础安全核心技术取得一定突破

在国家政策推动下，企业核心技术能力不断提升。一是自主研发能力提升，2016 年 10 月，龙芯 3A3000 处理器芯片流片成功，该款芯片实测主频突破 1.5GHz 以上，访存接口满足 DDR3 – 1600 规格，芯片整体性能得以大幅提高；2016 年 11 月，搭载申威 26010 高性能处理器的神威·太湖之光超级计算机在 2016 年世界超算大会上登顶榜单之首，成为世界上首台运算速度超过十亿亿次的超级计算机。二是引进消化吸收能力提升，2016 年 8 月，飞腾发布 64 核服务器 CPU——FT2000，其公布的 Spec 2006 测试中，成绩为整数 672，

浮点585，足以和 Xeon E5—2699v3 相媲美，这也是国产服务器芯片第一次在
性能上追平 Intel；2016 年 10 月，华为海思正式发布麒麟960 芯片，将 CPU、
GPU、Memory 等全新升级到 A73、Mali G71、UFS2.1，从测试数据看，麒麟
960 性能达到国际先进水平。

二、基础安全潜在市场规模巨大

（一）产业规模与增长

随着国家对网络安全的重视程度不断提升，安全可控基础软硬件迎来高
速发展机遇，基础安全产业潜在市场规模巨大。2016 年中国基础安全市场规
模为60.2 亿元人民币，同比增长48.2%，保持较快增长速度。相关数据如表
15 - 1 和图 15 -2 所示。

表 15 - 1　2013—2016 年我国基础安全产业规模及增长率

	2013 年	**2014 年**	**2015 年**	**2016 年**
产业规模（亿元）	25.2	31.7	40.6	60.2
增长率	22.8%	25.9%	28.1%	48.2%

资料来源：赛迪智库整理，2017 年 2 月。

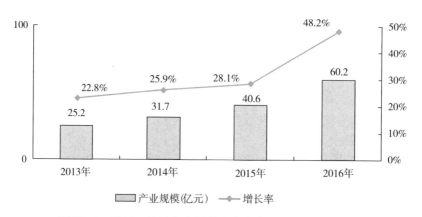

图 15 - 2　2013—2016 年我国基础安全产业规模及增长情况

数据来源：赛迪智库整理，2017 年 2 月。

（二）产业结构

2016 年中国基础安全产业结构变化并不明显，基础安全软件仍为主力，占比达到 76.5%，基础安全硬件占比为 23.5%。相关数据如图 15-3 所示。

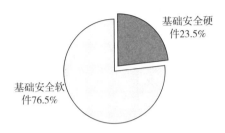

15-3　2016 年我国基础安全产业结构

数据来源：赛迪智库整理，2017 年 2 月。

三、基础安全行业实力快速提升

随着国家重视程度的提升，行业投入不断加大，整体实力快速提升。一是国家投入不断加大，截至 2016 年 9 月，国家集成电路产业投资基金已投资 37 个项目，28 个企业，承诺投资额为 683 亿元，此外 2016 年各地政府还成立了多个集成电路基金，如表 15-2 所示。二是国内产业链不断完善，2016 年 7 月，台积电南京晶圆厂开工建设；2016 年 10 月，中芯国际上海新 12 寸集成电路生产线正式开工；2016 年 11 月，长电先进和星科金朋合力打造 14 纳米先进封装量产平台并实现量产。三是集成电路产业海外并购增多，2016 年 2 月，由华创投资、中信资本和金石投资组成的中国财团宣布完成对数字图像处理方案商豪威科技的收购；2016 年 10 月，因美国政府的干预，福建宏芯的收购德国公司爱思强被德国政府叫停；2016 年 11 月，中资背景的私募股权公司宣布收购美国莱迪思半导体。

表 15-2　2016 年地方政府集成电路基金汇总表

名称	成立时间	目标规模	首期募集资金	用途
上海市集成电路产业基金	1 月	500 亿元	285 亿元	集成电路制造
福建省安芯产业投资基金	2 月	500 亿元	75.1 亿元	集成电路设计、制造、封测、材料、设备和应用等全链条产业生态

续表

名称	成立时间	目标规模	首期募集资金	用途
湖南国微集成电路创业投资基金	3月	30亿—50亿元	2.5亿元	集成电路设计、集成电路应用（消费电子、可穿戴设备、智能装备、智能制造等）、集成电路装备与材料等领域
厦门国资紫光联合发展基金	3月	160亿元	/	IC设计、封测、制造、网络、大数据及产业并购与金融等领域
辽宁省集成电路产业投资基金	5月	100亿元	20亿元	推动辽宁省集成电路产业在建、扩建项目资金需求和建设进度
四川省集成电路与信息安全产业投资基金	5月	120亿元	60亿元	扶持壮大四川省优势的集成电路相关产业
广东省集成电路产业投资基金	6月	150亿元	/	集成电路设计、制造、封测及材料装备等产业链重大和创新项目
深圳市集成电路产业投资基金	6月	50亿—100亿元	/	IC产业链
陕西省集成电路产业投资基金	9月	300亿元	60亿元	集成电路制造、封装、测试、核心装备等产业关键环节的重点项目

资料来源：赛迪智库整理，2017年2月。

四、基础安全开放创新成为行业主流

在自身业务发展和中国市场准入等因素影响下，微软、IBM等跨国企业逐渐加强与国内企业的深层次合作，国内企业的"引进、吸收、再创新"之路成为主流方向。在集成电路方面，国内企业引进国外技术，具有更好的生态环境，可以快速实现产业化。例如，ARM架构是最早采用授权模式发展，我国部分企业已经取得较大成果，展讯和华为海思已经成为全球十大芯片设计企业：展讯公司在移动3G取得快速发展之后，推出了3G TD - SCDMA手机核心芯片、TD - SCDMA/HSDPA/EDGE/GPRS/GSM多模射频单芯片、40纳米低功耗商用TD - HSPA/TD - SCDMA多模手机核心芯片、40纳米TD - LTE基带芯片以及GSM/GPRS基带芯片等世界领先水平的产品，成为移动领域名列前茅的芯片设计厂商；华为海思则成为ARM架构下处理技术引领地位的企业，海思已经成功推出麒麟 925、930、950、960 等芯片，最新的芯片性能与高通等国际先进水平相当，随着华为手机的快速崛起，海思的芯片出货量已经超过 1 亿。

第三节　主要问题

一、基础安全产业发展的路径仍不清晰

当前我国在核心技术发展方面仍存在独立自主和引进创新两种路径之争，产业安全发展的路径应未厘清。一方面，技术方向庞杂而混乱，同质竞争严重。以芯片为例，当前我国的技术方向基本涵盖了国际所有技术方向，如独立自主路线有龙芯（mips）、申威（自主指令集）、飞腾（Sparc）、北大众志（Unicore）共四种路线，加上引进消化吸收的上海兆芯和成都海光（X86）、中晟宏芯（Power）以及天津飞腾（Arm），共有七种技术路线，涉及的企业多达十几家，存在较严重的布局碎片化问题，特别是技术引进混乱，缺乏整体统筹，存在重复引进现象，导致国家资金分散和浪费，加重了国内芯片产业同质化竞争。另一方面，独立自主和引进创新各有利弊，产业安全发展路径尚不确定。对于独立自主路线而言，产品具有自主知识产权，可以自由选择发展方向和技术路线，且不存在因芯片后门等问题造成的安全隐患，安全基础较好，但在产品性能和应用生态上与国外主流产品有较大差距；对于引进创新路线而言，更容易吸收借鉴国外先进技术，兼容国际主流标准，具有良好的生态环境，可以快速实现产业化，具有成熟的应用环境，但存在安全可控前景不明朗、安全隐患突出等问题。

二、基础安全核心技术知识产权仍受制于人

当前，我国在核心技术发展方面取得重大成就，但在核心技术知识产权方面仍面临受制于人的问题。以芯片为例，半导体生产技术成熟度非常高，核心知识产权主要掌握在几家大型跨国公司手中，由于技术基础薄弱，我国

在核心技术知识产权上很难摆脱受制于人的问题。一方面，自主芯片厂商仍面临严重的知识产权问题，以龙芯中科为例，虽然通过掌握 MIPS 架构集新的知识产权，遭 MIPS 诉讼的可能性已经不大，但由于 Intel、AMD、IBM 等国际厂商知识产权布局全面，即使是自主创新的内容仍很可能陷入专利纠纷，面临 Intel 等国际大型企业的诉讼威胁；另一方面，引进厂商面临较严重的知识产权问题，由于合作企业众多，合作条款多样，授权的知识产权存在使用期限、使用范围等方面的限制，很可能存在授权上的漏洞，从而导致引进不完整、技术升级重新引进等问题，特别是很多合作都会限制企业再创新，甚至由于美国在高技术出口管制方面有严格的法规，部分外企可能单方面停止合作，如中兴受到美国制裁甚至可以影响联发科对其供货。

三、基础安全产业链关键环节仍未可控

由于我国在信息领域核心技术发展方面起步较晚，当前取得的成绩尚局限在产业链的部分环节，仍存在关键环节的重大缺失。以芯片为例，当前我国在集成电路设计方面投入资源较多，取得成绩较大，但在集成电路制造装备方面，仍存在较大的缺失，面临严重的核心技术受制于人现象。一方面，国内缺少高端集成电路制造厂商，当前国内高端流片厂商只有中芯国际，高端封装和测试厂商也很少，难以满足国内集成电路设计公司生产要求，华为海思、展讯等设计厂商往往需要到台湾地区等地进行流片，这就为集成电路的供应链增加了不可控的安全风险。另一方面，国内在集成电路制造装备方面存在较大缺失，虽然在国家科技重大专项的支持下，国内集成电路先进封装的部分关键设备取得一定进展，但在集成电路硅片生产设备和集成电路制造装备方面仍存在较大缺失，如光刻机、刻蚀机等。2016 年，国际最先进的光刻机已经到了 7nm 级别，我国自主研发的光刻机仍在 90nm 级别，且由于局部技术能力受限而无法实现量产，与国际先进水平仍存在较大差距。

第十六章 IT 安全产业

IT 安全产业主要包括 IT 安全硬件、IT 安全软件和 IT 安全服务三部分。近年来，我国 IT 安全产业发展较为迅速，2016 年产业规模预计达到 516.4 亿元，较 2015 年同比增长 28.1%。而产业结构仍以安全硬件为主，但近几年安全硬件所占比重逐步减少，软件和服务所占比重不断增加，可以预见未来产业的发展趋势是硬件、软件与服务三体合围共同为信息安全保驾护航。在 IT 安全企业市场定位方面，一方面，大型 IT 安全企业为丰富产品线、做大做全，融资合作频繁；另一方面，中小型 IT 安全企业则谋求专精制胜，聚焦细分专业领域。在 IT 安全基础理论研究方面，受国家网络安全产品技术安全可控政策影响，IT 安全基础理论技术研究与转化受到行业的高度重视，主要表现在：科研院所积极研究网络安全领域颠覆性安全技术；大型企业持续加大在基础网络安全技术的创新投入力度，加速相关技术的产品化、商业化。当前 IT 安全产业发展面临的主要问题，一是 IT 安全产业支撑能力不足，如资金方面，投资目标不清晰，投入效益不显著；人才方面，高端人才缺乏，人才支撑能力不足。二是 IT 安全行业管理不完善，一方面，网络安全资质和市场准入限制加重了企业负担；另一方面，市场竞争不规范。三是 IT 安全自主技术缺乏产业链协作，如基础理论研究不受重视，缺少自主创新根基、核心技术以西方体系为标杆，缺少自主创新环境、引进消化吸收难以实现，缺少自主创新能力等。

第一节 概　述

一、概念与范畴

（一）IT 安全软件

安全软件主要用于保护计算机、信息系统、网络通信、网络传输的信息安全，使其保密性、完整性、不可伪造性、不可抵赖性得到保障，为用户提供安全管理、访问控制、身份认证、病毒防御、加解密、入侵检测与防护、漏洞评估和边界保护等功能。

1. 威胁管理软件

威胁管理软件主要用来监视网络流量和行为，以发现和防御网络威胁行为，通常包括两类的产品：防火墙软件、入侵检测与防御软件。

防火墙软件可以根据安全策略识别和阻止某些恶意行为，包括用户针对某些应用程序或者数据的访问等，这些产品通常可以包括 VPN 模块。

入侵检测与防御软件能够不断地监视计算机网络或系统的运行情况，对异常的、可能是入侵的数据和行为进行检测，并做出报警和防御等反应。该类软件通过建立网络行为特征库，将当前系统的网络行为与特征库样本进行比较，找到恶意的破坏行为。该类软件主要使用协议分析、异常发现或者启发式探测等类似方法来发现恶意行为。入侵检测产品采用被动监听模式，发现恶意行为将做出报警响应，而入侵防御产品一旦发现恶意的破坏行为就会马上实施阻止。

2. 内容管理软件

内容管理软件综合运用多种技术手段，对网络中流动的信息进行选择性阻断，保证信息流动的可控性，可用于防御病毒、木马、垃圾邮件等网络威胁。这类软件产品通常将上述的若干项功能结合起来，增加其统一性。内容管理软件可以划分为终端安全软件、内容安全软件和 Web 安全软件三类。

终端安全软件主要用来保护终端、伺服器和行动装置免受网络威胁及攻击侵扰，具体包括服务器和客户端的反病毒产品、反间谍产品、防火墙产品、文件/磁盘加密产品和终端信息保护与控制产品等。

内容安全软件主要用来过滤网络中的有害信息，具体包括反垃圾邮件产品、邮件服务器反病毒、内容过滤和消息保护与控制等产品。

Web 安全软件主要用来保护各类 Web 应用，具体包括 Web 流过滤产品、Web 入侵防御产品、Web 反病毒产品和 Web 反间谍产品。

3. 安全性和漏洞管理软件

安全性和漏洞管理软件主要用于发现、描述和管理用户面临的各类信息安全风险。涉及的产品包括：制定、管理和执行信息安全策略的工具；检测相关设备的系统配置、体系结构和属性的工具；进行安全评估和漏洞检测的服务、提供漏洞修补和补丁管理的服务、管理和分析系统安全日志的工具；统一管理各类 IT 安全技术的工具等。

4. 身份与访问控制管理软件

身份与访问控制管理软件主要用于识别一个系统的访问者身份，并且根据已经建立好的系统角色权限分配体系，来判断这些访问者是否属于具备系统资源的访问权限。涉及的功能组件包括：Web 单点登录、主机单点登录、身份认证、PKI 和目录服务等。

5. 其他类安全软件

其他类安全软件主要包含一些基础的安全软件功能，如加密、解密工具等。同时，这类软件也包括一些能够满足特定要求，但在市面上尚未标准化和规范化的安全软件。随着信息安全需求的不断变化，这些产品很可能会成长为单独的一类安全软件产品。

（二）IT 安全硬件

1. 防火墙/VPN 安全硬件

防火墙/VPN 安全硬件主要根据安全策略对网络之间的数据流进行限制和过滤，其中 VPN 是防火墙的一个可选模块，可以通过公用网络为企业内部专用网络的远程访问提供安全连接。

2. 入侵检测与防御硬件

入侵检测与防御系统（IDS/IPS）硬件能够不断地监视各个设备和网络的运行情况，并且对恶意行为做出反应。入侵检测与防御系统通常是软硬件配套使用，通过比较已知的恶意行为和当前的网络行为，发现恶意的破坏行为，使用诸如协议分析、异常发现或者启发式探测等方法找到未授权的网络行为，并做出报警和阻止响应。入侵检测与入侵防御硬件产品，通常有着很强的抗分布式拒绝服务攻击（DDoS）和网络蠕虫的能力。

3. 统一威胁管理硬件

统一威胁管理（UTM）硬件产品的目标是全方位解决综合性网络安全问题。该类产品融合了常用的网络安全功能，提供全面的防火墙、病毒防护、入侵检测、入侵防御、内容过滤、垃圾邮件过滤、带宽管理、VPN 等功能，将多种安全特性集成于一个硬件设备里，构成一个标准的统一管理平台。

4. 安全内容管理硬件

安全内容管理硬件产品主要提供 Web 流过滤、内容安全性检测以及病毒防御等功能，能够对信息流动进行全方位识别和保护，全面防范外部和内部安全威胁，如垃圾邮件、敏感信息传播、信息泄露等。

（三）IT 安全服务

IT 安全服务是指根据客户信息安全需求定制的信息安全解决方案，包含从高端的全面安全体系到细节的技术解决措施。安全服务主要涵盖计划、实施、运维、教育等四个方面，具体包括 IT 安全咨询、等级测评、风险评估、安全审计、运维管理、安全培训等几个重点方向。

二、产业链分析

IT 安全产业主要包含 IT 安全软件提供商、IT 安全硬件提供商和 IT 安全服务提供商三个角色，这些提供商连同上下游企业，以及最终用户，构成了 IT 安全产业链，如图 16-1 所示。上游企业主要包括开发工具提供商、基础软件提供商、基础硬件提供商和元器件提供商等。下游主要包括信息安全集成商和最终用户。

当前 IT 安全产业服务化趋势愈发明显，主要体现在各类信息安全解决方案上。信息安全解决方案往往整合多家信息安全企业的软硬件产品，并提供各种培训、教育等方面的信息安全服务，能够解决单一的信息安全软硬件产品无法解决的信息安全问题，充分满足各行业、企业和个人日益增加的信息安全需求。

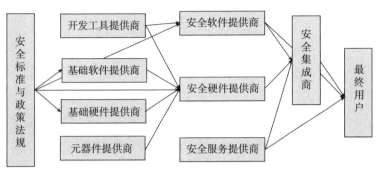

图 16 - 1　IT 安全产业链

数据来源：赛迪智库整理，2017 年 1 月。

我国 IT 安全产业协同度正在逐步提高。首先，信息安全品牌厂商为了获得更好的价格政策和全方位的技术支持，与上游重要硬件厂商和软件厂商合作。其次，与国外大型 IT 综合服务商、IT 咨询公司和国内研究机构等的合作日趋紧密。国外大型综合 IT 服务商、IT 咨询公司和国内行业研究机构对于行业未来发展趋势有着全面的把握，可促使信息安全服务商积淀行业知识，逐步切入客户核心业务系统。而国内的 IT 技术研究机构则可帮助信息安全服务商以更低的成本、更快的速度加强 IT 技术储备。另外，信息安全厂商之间的合作得到重视，开始尝试互为渠道、优势互补的多方共赢模式。

第二节　发展现状

一、IT 安全产业规模保持快速增长

2016 年，随着信息安全逐步上升到国家战略层面，受国家政策的推动，政府、军工行业展开规模性信息安全产品集采，IT 安全产业规模保持快速增

长态势，预计 2016 年产业规模达到 516.4 亿元，比 2015 年增长 28.1%。相关数据如表 16 - 1 和图 16 - 2 所示。

表 16 - 1　2013—2016 年我国 IT 安全产业规模及增长率

年度	2013 年	2014 年	2015 年	2016 年
产业规模（亿元）	265.5	321.3	403.2	516.4
增长率	22.7%	21.0%	25.5%	28.1%

资料来源：赛迪智库整理，2017 年 2 月。

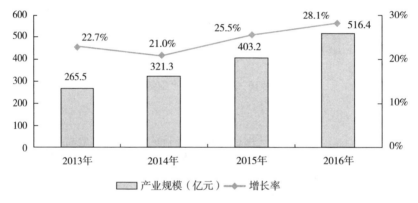

图 16 - 2　2013—2016 年我国 IT 安全产业规模及增长率

数据来源：赛迪智库整理，2017 年 2 月。

二、IT 安全产业结构仍以安全硬件为主

据 2016 年 IDC 统计数据显示，IT 安全硬件占比达 50.50%，市场地位难以撼动。然而，随着信息安全需求逐渐从单一的信息安全技术产品向集成化的信息安全解决方案转变，购买信息安全服务渐渐成为主流，包括专业咨询服务、云安全服务、专业培训服务等在内的中国安全服务市场发展迅速。从近几年 IT 安全产业结构发展情况看，IT 安全硬件所占比重逐步减少，软件和服务所占比重不断增加。通过对 2016 年网络威胁形势的判断，可以预见 IT 安全产业未来的发展趋势是硬件、软件与服务三体合围共同为信息安全保驾护航，我国信息安全软件及服务市场提升空间巨大。

具体数据如图 16 - 3 所示。

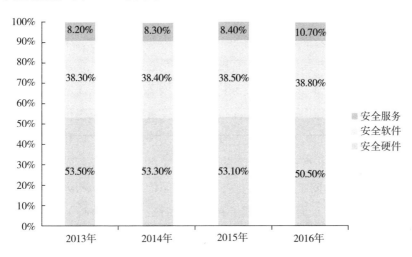

图 16 - 3　2013—2016 年我国 IT 安全产业结构

数据来源：IDC，赛迪智库整理，2017 年 2 月。

三、IT 安全企业市场定位日趋分化

一方面，大型 IT 安全企业为丰富产品线、做大做全，融资合作频繁。2016 年初，立思辰公布重大资产重组方案，拟作价 21.64 亿元并购康邦科技、江南信安，以进一步加码布局教育和网络信息安全业务。2016 年 4 月，绿盟科技 600 万投资逸得大数据，将自身的网络安全的技术与逸得公司在数据中心综合管理的技术优势相结合，在漏洞扫描系统、工业控制、安全监测、配置核查及安全大数据平台等多个产品线实现方案级合作。6 月，启明星辰拟以 6.37 亿元收购赛博兴安，弥补自身在加密解密细分领域的产品线空白。8 月，南洋股份以 7 倍溢价总额达 57 亿元收购天融信，全面进军信息安全产业。12 月，航天发展以 14.94 亿元并购锐安科技，航天央企正式拓展信息安全业务。此外，2016 年，瀚思、微步在线、青藤云安全、椒图科技均获得 3000 万—6000 万元不等的 A 轮融资，全面拓展大数据安全、威胁情报、自适应安全、云安全方面的业务；与此同时，杭州邦盛、梆梆安全则分别获得了 B 轮 1.35 亿元、D 轮 5 亿元融资，全面布局大数据风控和移动安全领域业务。

另一方面，中小型 IT 安全企业则谋求专精制胜，聚焦细分专业领域。目

前国内中小型信息安全企业多达六百余家，在传统信息安全领域行业龙头企业把控市场主导的情况下，这些企业纷纷发挥自身优势，走以小补大、以专补缺、专精制胜的发展道路。例如，部分企业如瑞星公司、江民公司专注于提供技术授权，面向其他安全厂商提供定制版杀毒引擎。部分企业如 CFCA、蓝盾科技等在运营商、金融领域深耕，贴合该类市场特殊需求，定制产品和服务并占据市场优势。还有一批初创型企业发挥专业特长提供高新技术，赢得细分领域市场，如天空卫士，专注于数据防泄露（DLP）和内容安全，历经 2 年潜心研发目前产品具有与国外产品竞争的实力；如炼石网络，专注于云计算安全中 SaaS 安全，该公司在云安全访问代理 CASB 领域技术口碑较佳。当前，国内 IT 安全厂商已经形成一种"百花齐放，百家争鸣"的态势。

四、IT 安全基础理论取得一定进展

受国家网络安全产品技术安全可控政策影响，IT 安全基础理论技术研究与转化受到行业的高度重视。一是科研院所积极研究网络安全领域颠覆性安全技术。如 2016 年 11 月，由邬江兴院士提出设计，解放军信息工程大学、复旦大学、浙江大学和中国科学院信息工程研究所等科研团队联合承担的国家"863 计划"重点项目研究成果"网络空间拟态防御理论及核心方法"通过验证，标志着我国在网络防御领域取得重大理论和方法创新，将打破网络空间"易攻难守"的战略格局，改变网络安全游戏规则。二是大型企业持续加大在基础网络安全技术的创新投入力度，加速相关技术的产品化、商业化。如绿盟科技在终端防护领域第一代包过滤技术、第二代应用代理技术基础上，积极开展第三代状态检测技术研究，并迅速将该技术转化成相关产品，应用该技术的绿盟入侵防护系统通过了 NSS Labs 的最高级别安全认证，安全解决方案荣获 NWA（Network World Asia）杂志颁发的"最具潜力网络安全解决方案"称号。

第三节 主要问题

一、IT 安全产业支撑能力不足

资金方面，投资目标不清晰，投入效益不显著。目前，国家在网络信息安全技术领域实施了"核高基"重大科技专项、"863 计划"等大量科技项目，各省市也出台多项促进网络信息安全产业和技术发展的政策，力图解决核心技术受制于人、产品严重依赖国外的问题。但项目多采取"撒胡椒面"或低水平重复资助方式，如同时支持多款同类操作系统产品的研发，以确保成功概率，没有集聚优势资源支持具有核心竞争力的龙头企业。尽管投入了大量人财物，但由于资金投入分散、难以形成合力，资金支持效果不理想，反而为后续的产业化应用推广带来弊端：一是难以发挥资金的规模效益，削弱了对单个产品的支持力度，不利于集中资源实现产品技术创新突破；二是不利于产业化应用推广，政府支持的重大技术产品形成不必要的竞争，不利于通过市场竞争打造品牌产品，夺取国内产品市场。

人才方面，高端人才缺乏，人才支撑能力不足。我国网络信息安全人才供需矛盾突出。据统计，我国信息安全人才需求高达 90 万，并以每年 11% 左右的需求增加，到 2020 年我国网络安全人才需求数量将达到 140 万。然而，目前我国网络安全专业毕业生仍维持在 1 万人/年的水平，人才供给数量远远不能满足网络信息安全保障的需求和产业持续、快速发展的需要。同时，高校网络信息安全课程起步晚、相关技能培养训练过于基层、缺乏实战经验等因素导致网络信息安全专业类毕业生的能力素质普遍不高，更加剧了网络信息安全人才的供需矛盾。此外，人才的大量流失也加剧了我国网络安全人才短缺的困境。在国际大公司的争夺下，高端网络安全人才往往流向欧美等发达国家的企业。为了高额的经济回报，一些优秀的网络安全相关专业人才也流向了黑色产业链。

二、IT 安全行业管理不完善

一方面，网络安全资质和市场准入限制加重了企业负担。目前，过多的网络安全资质以及相对较高的市场准入条件给企业带来了沉重的经济负担和时间成本，造成了我国 IT 安全市场的分割，阻碍了产业的应用和发展。典型的是，对于业界反映强烈的网络信息安全产品进入不同行业的重复检测、重复收费问题，一直有待解决。

另一方面，市场竞争不规范。我国 IT 安全市场竞争不规范，某些企业在项目招标过程中采取不正当手段排挤对手、恶意降低产品价格扰乱市场、攻击他人抬高自己取得市场份额，甚至暗箱操作、盗用不实资质、采用国外技术和产品等参与市场拓展，严重影响了国内的产业发展和创新动力，扰乱了市场竞争秩序。据不完全统计，2004—2014 年间共发生近 20 起影响较大的 IT 安全行业的不正当竞争的案件，涉及行为包括阻碍软件安装、阻碍软件运行、破坏软件、诱导卸载软件、恶意卸载软件、安装恶意插件、诋毁商誉等，腾讯、奇虎360、百度、金山安全、瑞星等企业多次卷入不正当竞争的相关诉讼。

三、IT 安全自主技术缺乏产业链协作

长期以来，我国 IT 安全产业发展过度重视经济效益，对网络安全问题认识不足，忽视了在基础核心技术方面的自主创新，形成了对国外信息技术产品的体系性依赖。

一是基础理论研究不受重视，缺少自主创新根基。信息技术实现体系性突破应从基础理论研究入手，但基础研究往往门槛较高、周期较长、投入较大、出成果较难，我国 IT 安全领域从事信息技术基础研究的人员相对较少，导致从理论研究层面就落后于西方。

二是核心技术以西方体系为标杆，缺少自主创新环境。作为信息技术领域的后来者，我国一直处于模仿和学习阶段，特别是在基础网络协议和核心技术标准方面，由于西方国家的限制和自身重视程度不足，往往全盘接收，远没有达到引进消化吸收再创新的目的。

　　三是引进消化吸收难以实现，缺少自主创新能力。我国部分 IT 企业研发能力较弱，能否真正消化吸收国外技术都无法保证，是否具备再创新能力则更是未知，如部分企业引进的 Kaspersky 杀毒引擎，却无法分析出其高查杀率、高准确率的根源，只能是贴牌再销售。在创新驱动环境下，IT 安全核心技术的突破是当前企业面临的新挑战，对企业未来的成长发展也是新的机遇。

第十七章　灾难备份产业

近些年来，我国灾备行业有关政策频出台，中央和地方政府共同发力。中央高度重视灾备基地建设，地方高度重视灾备能力建设；灾备领域国家标准正在积极推进过程中，灾备领域行业标准发展速度较快；灾备市场迅速发展，成为未来具发展潜力的市场；灾备技术逐步积累，已经具备提供创新产品和服务的能力，如我国一些厂商已经研制出一些创新型灾备产品并提供相应的服务；同时灾备领域已建成工程实验室并拥有相关专业认证。但是，我国灾备行业发展仍面临诸多问题，主要表现在：存在灾备产业发展缺乏政策引导。涉及灾难备份产业发展的政策零散分布在国家和地方宏观政策之中，网络强国战略的实施急需灾备产业出台与之呼应的有关政策；灾备标准尚未呈现体系化。灾难备份产业有关的国家标准体系尚未建立，灾难备份产业有关的行业标准也有待发展，团体标准也没有建立；灾备技术研发力量较为分散。我国对于灾备技术的研究尚处于起步阶段，灾备相关技术的研究力量还十分分散，没有进行有效的整合，灾备产业链还不完善，难以在灾备产业的发展上形成较大的推动力。

第一节　概　　述①

一、概念及范畴

（一）数据中心

数据中心（DC）主要为客户提供基于数据中心的服务（其中不包括客户

---

① 樊会文主编：《2015—2016 年中国网络安全发展蓝皮书》，人民出版社 2016 年版，第 146 页。

自己建设的数据中心)。数据中心是集中化的资源库,可以是物理的或虚拟的,它针对特定实体或附属于特定行业的数据和信息进行存储、管理和分发。

数据中心服务提供商(SP)是提供基础数据中心服务的第三方数据中心提供商或运营商,服务类型包括数据中心、机柜和服务器的租赁、虚拟主机、域名注册,以及其他增值服务等。相关服务类型如表 17 – 1 所示。

表 17 – 1　数据中心服务类型

服务类型	细分类型	服务名称
基础服务	资源相关的基础业务	专用机房、服务器租赁、宽带租赁等
	其他基础服务	域名服务、虚拟主机、企业邮箱等
增值服务	网络管理	KVM、流量监控、负载均衡、网络监控等
	安全	硬件防火墙、网络攻防、病毒扫描等
	数据备份	数据备份、专用数据恢复机房、业务连续性服务
	其他增值服务	IT 外包、企业信息化、CDN 等

资料来源:赛迪智库整理,2017 年 2 月。

(二)企业数据中心

企业数据中心(EDC)是数据中心的一种,主要基于数据中心为大中型企业提供生产经营系统的运行场所,以及相应的增值服务。企业数据中心主要面向高端客户,与通常的互联网数据中心(IDC)相比,在建设标准、服务等级等方面要求更高。

(三)灾备服务

灾备服务,即容灾备份与恢复,是指利用技术、管理手段以及相关资源确保关键数据、关键数据处理系统和关键业务在灾难发生后可以恢复的过程。一个完整的灾备系统主要由数据备份系统、备份数据处理系统、备份通信网络系统和完善的灾难恢复计划所组成。

灾备服务一方面包括基于灾备中心的灾难恢复和业务连续性服务,另一方面也包括灾备中心建设咨询、灾备基础设施租赁、业务连续性计划、灾备中心运行维护等相关第三方外包服务。

二、产业链分析

第三方数据中心及灾备服务提供商,连同上下游企业和最终用户,构成了第三方数据中心及灾备服务产业链。上游企业主要包括软件提供商、硬件提供商、系统集成商和电信运营商等。下游主要是最终用户，包括个人和企业级用户。

从业务类型上看，第三方数据中心及灾备服务主要包括互联网数据中心服务、企业数据中心服务和灾备服务三类，而服务提供商主要包括互联网数据中心服务提供商和企业数据中心及灾备服务提供商两类。互联网数据中心服务一般面对中小企业及个人客户，基础设施建设和服务要求较低，而企业数据中心与灾备服务一般面对大型企业，基础设施和服务要求比较高，两类服务提供商的业务也存在交叉。

网络和电信环境是第三方数据中心和灾备服务的重要基础设施，从这个角度讲，电信运营商具有得天独厚的优势，电信、联通和移动三大电信运营商在行业中占据重要地位，由于其数据中心主要使用自己的网络和电信环境，一般称之为非电信中立服务提供商，其他可提供多家运营商网络环境的服务提供商则称为电信中立服务提供商。

电信运营商自身拥有带宽资源和大量数据中心空间资源的所有权，所以他们在利用自身的资源为用户提供服务的同时，也为一些第三方数据中心和灾备服务提供商提供资源。目前电信运营商主要向用户提供基础服务，包括专用机房、服务器租赁等，与此同时，电信运营商也开始拓展一些增值服务，主要包括网络管理、网络安全、数据备份等。相关产业链如图 17 - 1 所示。

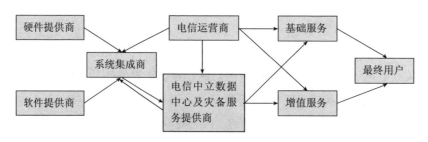

图 17 - 1　第三方数据中心及灾备服务产业链

数据来源：赛迪智库整理，2017 年 2 月。

电信中立第三方数据中心和灾备服务提供商是该市场的重要力量，他们需要电信运营商提供的通信网络带宽等资源，二者保持密切的合作关系，而在服务市场上，二者又存在一定的竞争关系。电信中立第三方数据中心服务提供商提供的服务包括基础服务和增值服务。除此之外，为客户提供建设数据中心咨询和灾备解决方案等服务也是第三方数据中心服务提供商的一项重要业务，这部分业务可能涉及与系统集成商之间的合作。

由于信息化的快速发展，数据中心市场的最终用户已经扩展到政府以及各行业的企业，其中互联网企业是主要的客户群。在这些用户中，政府和大型企业对于数据中心的等级要求往往更高。

第二节 发展现状

一、灾备有关政策频出台，中央和地方政府共同发力

随着社会各界对灾难备份产业关注程度的提升，中央和地方政府在 2016 年加大对灾备产业的重视力度，陆续出台相关政策，召开相关会议。

中央高度重视灾备基地建设。2016 年 5 月 24 日，工业和信息化部办公厅发函，同意授予贵州省"贵州·中国南方数据中心示范基地"称号，并要求其实现数据中心应用服务水平提升、绿色节能降耗、保障安全可靠，建设成为全国领先的数据存储灾备基地和大数据应用服务基地；7 月 1 日，工信部发布第七批国家级军民结合产业基地，重庆两江新区工业开发区，在基地未来建设规划提出，建设军民结合大数据存储、灾备、分析应用中心；12 月 15 日发布《"十三五"国家信息化规划》，在打造网信军民深度融合发展体系中提出，统筹推进军警民一体指挥系统、军民兼容的国家大型计算存储和灾备设施、量子通信网络发展等重大工程建设。

地方高度重视灾备能力建设。2016 年 4 月 1 日，青海省人民政府办公厅印发《2016 年宽带青海信息消费工作实施方案》，提出支持大数据产业：积极申请扩大已批准立项的互联网数据中心项目建设规模，推动中国电信、中国移动、中国联通区域性或全国性灾备中心落户青海省；11 月 23 日，《天津市工业经济发展"十三五"规划》明确指出在"十三五"期间形成了包括云灾备在内的"六云"产业；12 月 5 日，黑龙江省通信管理局举办"数据中心安全建设的国际标准与良好实践——哈尔滨峰会"，以普及数据中心行业最新的安全防范措施和灾备能力建设等方面内容。

二、灾备标准加紧制定，已形成国家标准和行业标准

灾备领域的国家标准正在积极推进。2016年，形成2份灾难备份领域的国家标准草案：中国信息安全认证中心制定《信息安全技术 信息系统灾难备份与恢复服务要求与评估方法》（草案）。中国信息安全评测中心、北京万国长安容灾备份服务有限公司、万国数据服务有限公司等联合制定的《灾难恢复服务资质规范》（草案）。

灾难备份领域已形成具代表性的国家标准。截至2016年底，灾难备份领域共发布4个国家标准：GB/T 20988—2007《信息安全技术 信息系统灾难恢复规范》、GB/T 30285—2013《信息安全技术 灾难恢复中心建设与运维管理规范》、GB/T 30146—2013《公共安全 业务连续性管理体系 要求》、GB/T 31595—2015《公共安全 业务连续性管理体系 指南》。

灾难备份领域行业标准发展较快。特别是，通信行业的灾备标准发展迅速，2016年底，已形成了一系列标准，有YD/T 2334—2011《灾备数据一致性测试方法》、YD/T 2390—2011《通信存储介质（SSD）加密安全技术要求》、YD/T 2391—2011《IP存储设备安全技术要求》、YD/T 2392—2011《IP存储设备安全测试方法》、YD/T 2393—2011《第三方灾备数据交换技术要求》、YD/T 2440—2012《通信虚拟磁带库（VTL）安全技术要求》、YD/T 2494—2013《通信虚拟磁带库（VTL）安全测试方法》、YD/T 2665—2013《通信存储介质（SSD）加密安全测试方法》。在关键信息基础设施的金融行业也形成了灾备的行业标准《JR/T 0044—2008 银行业信息系统灾难恢复管理规范》。

三、灾备市场迅速发展，成为未来具发展潜力的市场

目前我国第三方数据中心和容灾备份服务市场规模整体较小，但是发展速度非常快，发展潜力巨大。下面从数据中心市场和容灾备份服务市场两方面介绍。

（一）数据中心市场

目前我国企业级数据中心市场规模虽然整体比较小，但发展潜力巨大。2016年，中国企业级数据中心市场规模达到259.1亿元，总体保持稳定的增长

态势。在国际市场上，企业级数据中心占据较大比例，但我国目前国内企业数据中心比例还比较小，大中型企业一般自己建设数据中心，但是随着企业观念的逐步转变，企业级数据中心市场规模将快速增长。相关规模如图17－2所示。

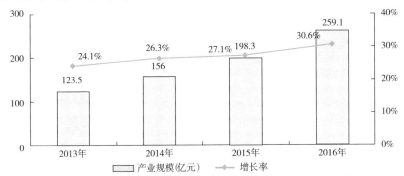

图 17－2   2013—2016 年我国数据企业级中心市场规模及增长率

数据来源：赛迪智库整理，2017 年 2 月。

（二）容灾备份服务市场

容灾备份服务可以看作是数据中心的增值服务部分，我国灾备服务市场规模在整体数据中心服务中的占比仍然比较小，但随着市场对灾备外包服务的逐步认可，灾备服务市场将进入快速增长期。2016 年，国内灾备服务市场规模达到 139.8 亿元，总体保持良好的上升趋势。相关市场规模如图 17－3所示。

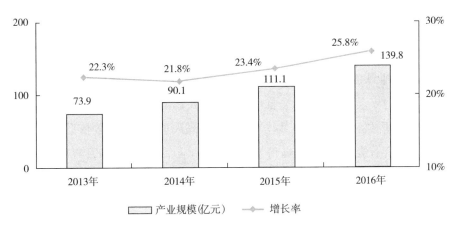

图 17－3   2013—2016 年我国容灾备份服务市场规模及增长率

数据来源：赛迪智库整理，2017 年 2 月。

四、灾备技术逐步积累，具备提供产品和服务的能力

灾备领域已具有一些技术、产品和服务能力。随着国家对灾备的重视，中国一些厂商开始关注灾备，并研制出一些灾备相关产品并提供相应的服务。主要厂商包括：华为已成功为政府、企业等建立云灾备系统；中科院计算所蓝鲸公司研发的蓝鲸系列产品（包括蓝鲸集群存储系统 BWStor、蓝鲸数据备份系统 YOM、蓝鲸网络存储系统 BWStor 等）；北京同友飞骥科技有限公司推出的 NetStor 系列产品（包括存储系统、备份系统和数据安全系统等）；创新科存储技术有限公司推出的灾备存储系统等；西安三茗科技有限公司推出的三茗快速恢复平台、数据备份专家 MagicBox 等软件产品；杭州华三通信技术有限公司推出的 IP 存储系列产品等。

灾备领域已建成工程实验室。2008 年 8 月国家发改委批准的全国唯一一个灾备领域国家级工程实验室"灾备技术国家工程实验室"（National Engineering Laboratory for Disaster Backup and Recovery）已于 2014 年顺利验收，该实验室是由北京邮电大学牵头，联合清华大学、中国科学院计算技术研究所和中国邮政集团公司共同建设。实验室主要研究方向为数据备份技术、数据恢复技术、数据可靠性技术、灾备标准体系和灾备技术测试验证等。与国内高新技术企业创新科联合建立"北邮—创新科云存储与云灾备技术联合实验室"，建立深圳与北京互联的容灾系统，加快对国内相关企业的产业化进程推动。

灾备领域拥有专业认证。目前，我国已拥有"中国信息安全与灾难恢复"（CISDR）专业认证，是由灾备技术国家工程实验室、教育部网络攻防重点实验室、中国信息安全认证中心联合推出的。CISDR 认证将是信息安全与灾备企业申请服务资质所必备的，是评定其技术人员和管理人员资质的重要依据，至今我国已形成一批拥有信息系统容灾备份与恢复服务资质企业，具体如表 17 - 2 所示。

表 17 - 2　信息系统容灾备份与恢复服务资质企业一览表

序号	证书编号	获证单位名称	服务类别	证书状态	级别	获证日期
1	ISCCC - 2014 - ISV - DR - 001	万国数据服务有限公司	容灾备份与恢复	有效	一级	2014. 12. 16
2	ISCCC - 2014 - ISV - DR - 002	南京南瑞集团公司	容灾备份与恢复	有效	一级	2014. 12. 16

续表

序号	证书编号	获证单位名称	服务类别	证书状态	级别	获证日期
3	ISCCC – 2014 – ISV – DR – 003	太极计算机股份有限公司	容灾备份与恢复	有效	一级	2014. 12. 16
4	ISCCC – 2014 – ISV – DR – 004	首都信息发展股份有限公司	容灾备份与恢复	有效	二级	2014. 12. 16
5	ISCCC – 2014 – ISV – DR – 005	山东九州信泰信息科技有限公司	容灾备份与恢复	有效	三级	2014. 12. 16
6	ISCCC – 2014 – ISV – DR – 006	北京盛世全景科技有限公司	容灾备份与恢复	有效	三级	2014. 12. 16
7	ISCCC – 2014 – ISV – DR – 007	山东万高电子科技有限公司	容灾备份与恢复	有效	三级	2014. 12. 16
8	ISCCC – 2014 – ISV – DR – 008	国网信通亿力科技有限责任公司	容灾备份与恢复	有效	一级	2015. 7. 22
9	ISCCC – 2014 – ISV – DR – 009	成都思瑞奇信息产业有限公司	容灾备份与恢复	有效	三级	2015. 12. 30

资料来源：中国信息安全认证中心，2017 年 1 月。

第三节　主要问题

一、灾备产业发展缺乏政策引导

一方面，涉及灾难备份产业发展的政策零散分布在国家和地方宏观政策之中。随着国际国内宕机等网络安全事件频发，灾难备份受到社会各界的广泛关注，从关键信息基础设施角度，国家部委和地方政府出台的政策文件中都重点指出要建设灾备基地，然而，从引导灾备行业发展的角度目前我国暂未出台针对灾难备份产业整体布局的相关政策，灾难备份产业的发展缺乏顶层设计，急需国家宏观层面对灾备产业发展的宏观指导。

另一方面，网络强国战略的实施急需灾备产业出台与之呼应的有关政策。随着"互联网＋""大数据战略"等战略的实施，信息技术不断转化为生产力，灾备领域面临的新的形势，需要出台适应新兴技术发展的灾备政策。例如，《促进大数据发展行动纲要》《大数据产业发展规划（2016—2020年）》的发布，我国加速建立大型数据中心，目前我国建成跨地区经营互联网数据中心（IDC）业务的企业达到295家。未来大数据发展将伴随前所未有的信息安全隐患，需要灾难备份产业随之快速发展，规范和引导灾难备份产业快速健康发展成为当务之急。

二、灾备标准尚未体系化

灾难备份产业的发展需要完善的标准体系，然而国家标准和行业标准在发展中面临很大的短板。一是灾难备份产业有关的国家标准体系尚未建立。目前，灾难备份领域的国家标准推进较为缓慢，发布的国家标准仅有四个，制定的草案仅有两个。二是灾难备份产业有关的行业标准也有待发展。虽然通信行业标准中涉及了一系列灾备标准，然而涉及关键信息基础设施的灾备标准还有待发展。三是团体标准也没有建立，国家鼓励团体标准的建立，然而目前的灾难备份企业还未形成有关的团体标准。此外，尤其是随着云灾备的不断普及，需要制定更多灾备产业的国家标准。

三、灾备技术研发力量较为分散

由于灾备技术是一个综合的技术，它集信息存储、信息传输、数据安全等多个方面于一体，完善的灾备技术必须依赖几方面的技术的整体配合，缺一不可。然而，中国对于灾备技术的研究尚处于起步阶段，灾备相关技术的研究力量还十分分散，没有进行有效的整合，灾备产业链还不完善，难以在灾备产业的发展上形成较大的推动力。从总的情况看，目前容灾备份与恢复的核心技术主要由国外一些跨国企业所掌控，我国容灾备份与恢复难以实现自主可控。目前国内98%以上的容灾备份和恢复系统都是由IBM、HP、Symantec、EMC和Oracle等国际大厂商提供，国内一些企业的产品，如浪潮、华为、达梦等，在可用性、易用性和产品性能等方面都很难与国外产品相媲美，导致其产品在市场上没有销路，从而进一步恶化了国内厂商的生存空间。政府和企业对数据资产的价值认识不足，对容灾、备份并不重视，IT管理人员对容灾、备份的理解和掌握不足等导致我国灾备核心技术缺失。我国目前从事第三方容灾备份和恢复业务的企业，都没有自己的核心技术产品，只能实现系统集成或者基础设施外包。核心技术缺失，加重了我国信息安全风险。我国重要的基础设施和重要领域的信息系统都需要通过容灾备份来保证其业务连续性，若容灾备份系统自身技术的安全性不能保证，可能导致这些系统的安全性难以保障，甚至影响国家安全。

第十八章　网络可信身份服务业

　　网络可信身份是指网络主体身份由现实社会的法定身份映射而来，可被验证及追溯，或者网络身份由其网络活动或商业信誉担保，具有良好的网络信誉，可被验证符合特定场景对身份信任度的要求。近年来，网络可信身份相关工作得到了国家的高度重视，中央网信办、工业和信息化部、国家密码管理局等主管部门都组织开展了网络可信身份相关研究和实践工作，取得了一定的成效，发布了多个有关网络主体身份的法律、行政法规、部门规章以及规范性文件。与此同时，我国网络可信身份服务业快速成长，已经初具规模。截至2016年底，相关产业规模已超过350亿元，同比增长21%。其中我国电子认证服务机构签发证书超过3.38亿张，收入突破190亿元；网络可信身份标准体系基本形成，截至2016年底，我国共制定了152项与网络可信身份相关的标准。但是我国网络可信身份服务业发展仍面临很多问题，具体表现在：一是缺少国家层面的顶层设计，网络身份管理尚未纳入国家安全战略，在政策法律、技术路线、应用模式等方面缺少统筹规划和布局；二是网络可信身份法律保障体系已不能适应新的形势要求，没有充分体现主动防御的方针，法律法规严重滞后，阻碍了网络可信身份服务发展和应用；三是由于缺乏顶层设计和统筹规划，我国网络可信身份基础设施建设相对滞后；四是网络可信身份应用行业监管有待提升。

第一节　概　　述

一、概念及范畴

（一）网络主体身份

在现实社会中，身份是指在社会交往中识别个体成员差异的标识或称谓，它是维护社会秩序的基石。在互联网时代，网络主体是指具有网络行为的实体，包括参与各类网络活动的个人、机构、设备、软件、应用和服务等，它是现实社会主体的数字化映射。网络主体身份是指具有网络行为的实体身份，也称网络身份。

（二）网络可信身份

网络可信身份是指网络主体身份由现实社会的法定身份映射而来，可被验证及追溯，或者网络身份由其网络活动或商业信誉担保，具有良好的网络信誉，可被验证符合特定场景对身份信任度的要求。符合以上条件的身份被称为网络可信身份，其真实性在签发、撤销、挂起、恢复、应用、服务和评价等全生命周期过程中能够得到有效的管理和控制。

（三）网络可信身份标识

可信标识是根据一定技术规范产生的具有唯一性、不可仿冒性以及可鉴别性的数据对象。网络可信身份的标识是基于网络主体身份的属性衍生出的电子身份凭证，用于网络身份的管理和控制。网络可信身份标识由标识序列号、属性域和凭据字段组成。标识序列号是数字或字符串组成的序列号，可以对外展示，用于区分主体；属性域包含跟网络主体身份绑定的法定身份证件信息、网络行为、商业信誉等属性，如自然人的身份证号、护照号、手机号码、用户名、电子邮箱、企业的社会信用代码等；凭据字段是为部分或完整身份提供凭证的一组数据，用于验证网络主体与属性域内的身份信息的真实性。常见的凭据可以是基于法定身份证件衍生的凭证，如身份证、数字证书、银行账号、手机号码、Kerberos 票据和 SAML 断言等；也可以是人体生物特征信息，如指纹、虹膜、人脸特征等；还可以是主体的网络属性，如电子邮箱、网络行为特征等。

二、产业链分析

网络可信身份服务产业链主要包括硬件提供商、软件集成商、认证系统服务商、身份服务商、身份属性服务商、依赖方和网络主体用户等。其中，网络可信身份服务相关的软、硬件提供商和认证系统服务商位于产业链上游，提供搭建网络可信身份服务业务所需要的软硬件产品和系统集成服务；可信身份服务机构位于产业链中游，向用户和依赖方提供网络身份验证服务，是产业链的核心；产业链的中游还包括基础设施/平台提供商和应用产品提供商，前者提供网络身份服务的技术支持、后者面向终端用户提供各类网络身份应用产品，帮助用户建立网络身份的应用环境；位于产业链下游的是应用单位（依赖方）和终端用户（网络主体）。产业链示意图如图 18 – 1 所示。

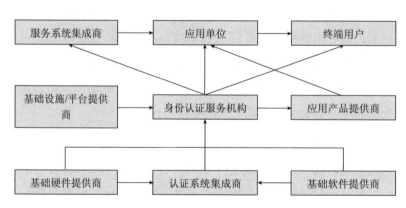

图 18 – 1　网络可信身份服务产业链示意图

第二节 发展现状

一、网络可信身份相关工作取得一定成效

近年来，网络可信身份相关工作得到了国家的高度重视，中央网信办、工业和信息化部、国家密码管理局等主管部门都组织开展了网络可信身份相关研究和实践工作，取得了一定的成效。中央网信办组织开展了国内外网络可信身份相关理论、政策及应用研究，并指导开展了网络可信身份项目试点工作。工业和信息化部在域名管理方面，推行域名实名注册登记制度。公安部组织直属机构和科研院所加强对网络身份认证技术、标准的研究和探索。人力资源和社会保障部主要面向社会公众发行社保卡，用于服务对象网上办理社会保险、就业等人社业务，目前社保卡持卡人数超过 9 亿。中国人民银行监管的各金融机构已建立客户身份识别制度，并有效落实执行了账户实名制，通过"面签"的形式确认客户的真实身份，并依据实名认证的结果给用户发放身份凭证。工商总局建设了市场经营主体电子营业执照识别系统，采用统一标准发放的包括社会信用代码、市场主体登记等信息的电子营业执照，具有市场主体身份识别、防伪、防篡改、防抵赖等信息安全保障功能，主要解决企业法人网络身份的识别问题。国家密码管理局组织研制了一批网络空间实体身份认证的基础产品和系统，包含各类智能 IC 卡近 100 款，智能密码钥匙 340 余款，动态令牌芯片、动态令牌及认证系统 150 余套等，广泛用于居民健康卡、社会保障卡、交通 ETC 卡、校园一卡通等持卡人身份认证；还组织研制了近 30 款电子签章系统，用于各类法人组织的身份认证。

二、网络可信身份有关法律法规陆续出台

随着网络空间主体身份服务和应用的推进，我国高度重视网络空间可信有关法律体系建设，制定和颁布了多个有关网络主体身份的法律、行政法规、部门规章以及规范性文件。2005 年 4 月起正式施行的《中华人民共和国电子

签名法》，明确了电子签名人身份证书的法律效力，为确定网络主体身份的"真实性"提供法律依据。2012 年 12 月，《全国人民代表大会常务委员会关于加强网络信息保护的决定》提出"网络服务提供者为用户办理网站接入服务，办理固定电话、移动电话等入网手续，或者为用户提供信息发布服务，应当在与用户签订协议或者确定提供服务时，要求用户提供真实身份信息"。2014 年 8 月颁布的《最高人民法院关于审理利用信息网络侵害人身权益民事纠纷案件适用法律若干问题的规定》，规范了审理利用信息网络侵害人身权益民事纠纷案件。2016 年 11 月第十二届全国人民代表大会常委会通过的《中华人民共和国网络安全法》，明确提出"国家实施网络可信身份战略，支持研究开发安全、方便的电子身份认证技术，推动不同电子身份认证之间的互认"。此外，有关部委也相继出台一系列规定和管理办法。

三、网络可信身份服务业快速成长

随着网络空间主体身份管理与服务的不断深入，我国网络可信身份服务业快速成长，已经初具规模。截至 2016 年底，相关产业规模已超过 350 多亿元，同比增长 21%。其中我国电子认证服务机构签发证书超过 3.38 亿张，收入突破 190 亿元，主要应用在电子政务、电子商务、电子医疗、网络教育、电子金融等领域；基于 RFID 的电子身份识别相关产业规模已突破 60 亿元，主要应用于网络中人和设备的身份识别；网站可信认证服务收入约 10 亿元；依托全国公民身份信息库的电子身份副本和 eID 证书累计发放超过 5500 万张，作为公民的网络身份证使用，带动相关产业超过 15 亿元。通过各类电商平台实名认证的电商企业超过 1000 万家、微信公众账号已超过 800 万个、企业微博实名认证也近百万，相关认证服务收入超过 120 亿元。此外，基于手机号、用户名 + 密码、生物特征等的各种认证方式较为普及，并带动了相关产业的发展。

四、网络可信身份标准体系基本形成

我国政府和相关机构十分重视网络可信身份标准研究制定工作，基本形成了包含基础设施、技术、管理、应用等方面内容的网络可信身份标准体系。

截至 2016 年底，我国共制定了 152 项标准，其中，基础设施类标准基本成熟，相关标准有 28 项；技术类标准较为完备，相关标准有 61 项；管理类标准发展较快，有 37 项；应用支撑类标准取得一定进展，有 26 项。已在全国信息安全标准化技术委员会立项在研的电子认证相关国家标准约 40 项。

第三节 主要问题

一、网络可信身份体系顶层设计缺失

我国的网络可信身份体系建设缺少国家层面的顶层设计，还未明确将网络身份管理纳入国家安全战略，在政策法律、技术路线、应用模式等方面缺少统筹规划和布局，责任主体不明确，政府部门及企业职责分工不清晰，责任落实难，没有形成清晰的技术路线和标准体系。当前我国网络可信身份建设各项政策措施滞后，经济驱动效果不显著，网络可信身份服务市场还处于无序发展状态。

二、网络可信身份法律体系有待健全

目前，网络可信身份法律保障体系已不能适应新的形势要求，没有充分体现主动防御的方针，法律法规严重滞后，阻碍了网络可信身份服务发展和应用，需要进一步加强网络可信身份管理相关法律与传统法律的衔接，及时修改、补充《电子签名法》《合同法》《公司法》《拍卖法》《消费者权益保护法》等法律中涉及的电子身份凭证、电子签名、电子举证的相关内容，更好支持网络可信服务应用和管理。

三、网络可信身份基础设施亟待完善

由于缺乏顶层设计和统筹规划，我国网络可信身份基础设施建设相对滞后。目前，公安、工商、税务、质检、人社、银行等部门的居民身份证、营业执照、组织机构代码证、社保卡、银行卡等基础可信身份资源数据库还未实现互通共享，且缺少护照、台胞证、驾驶证等有效证件的对比数据源，导致数据核查成本较高、效率低；现有的网络可信身份认证系统基本上由各部门、各行业自行规划建设，各系统各自为战，网络身份重复认证现象严重，并且"地方保护""条块分割"现象严重，阻碍了网络可信身份服务业的快速发展。

四、网络可信身份应用行业监管有待提升

我国网络空间可信身份应用行业管理存在较大不足，一些系统性、全局性的问题亟待解决。一是目前无论是自然人的身份证还是法人的营业执照等尚不能有效支持网络化远程核验，在初次核验用户身份后，实际业务开展中缺乏必要的后续验证，难以保证用户网络身份与真实身份的持续一致性；二是不同部门、不同地区的网络身份管理各自为政，部门间和地域间可信身份互认互通困难；三是网络可信身份服务市场自发性、随意性较大，缺乏必要的规范和引导，导致服务质量良莠不齐；四是网络可信身份监管不到位，身份伪造、冒用、盗用等问题较多，地下身份黑色产业庞大，打击和治理身份不良违法行为任务急重。

第十九章　区块链产业

　　区块链来源于比特币，在很长一段时期内一直饱受争议，但随着区块链技术体系不断完善，应用场景不断扩展，受到各方广泛关注，认可度也得到大幅提升，基于区块链的电子货币等应用已经呼之欲出，区块链未来甚至可能成为网络空间信任的基础协议，其应用前景不可估量。区块链的核心是利用分布式数据库、共识机制等手段构建去中心化的信任机制，这与基于 PKI 的网络可信身份服务在功能上具有一定的重叠，为解决当前广泛存在的网络诈骗、网络攻击等网络犯罪行为提供了一种保障手段，同时区块链作为一种技术框架，可以融合数字签名、生物特征识别、网络行为分析等多种技术手段，随着应用的不断深入，区块链必将成为保障网络安全的重要组织部分。本章重点介绍了区块链相关的基本概念和特性，分析了区块链的产业链情况，梳理了区块链的发展现状，区块链方兴未艾，但整体发展环境已得到优化、技术研究取得一定进展，新的商业模式不断兴出现，应用推广已初见成效，最后分析了区块链存在的主要问题，包括区块链自身仍存在的安全隐患、区块链与政策监管之间的矛盾以及尚未形成统一的区块链标准等。

第一节　概　　述

一、概述及范畴

（一）基本概念

　　区块链（Blockchain）起源于"中本聪"在 2008 年发表的论文《比特币：一种点对点电子现金系统》。狭义来讲，区块链是一种按照时间顺序将数据区块以顺序相连的方式组合成的一种链式数据结构，并以密码学方式保证的不可篡改和不可伪造的分布式账本。广义来讲，区块链技术是利用块链式数据结构来验证与存储数据、利用分布式节点共识算法来生成和更新数据、利用密码学的方式保证数据传输和访问的安全、利用由自动化脚本代码组成的智能合约来编程和操作数据的一种全新的分布式基础架构与计算范式[①]。区块链主要涉及 P2P 网络技术、非对称加密算法、数据库技术等。

区块链系统根据应用场景和设计体系的不同，一般分为公有链、联盟链和专有链。其中，公有链的各个节点可以自由加入和退出网络，并参加链上数据的读写，运行时以扁平的拓扑结构互联互通，网络中不存在任何中心化的服务端节点；联盟链的各个节点通常有与之对应的实体机构组织，通过授权后才能加入与退出网络，各机构组织组成利益相关的联盟，共同维护区块链的健康运转；专有链的各个节点的写入权限收归内部控制，而读取权限可视需求有选择性地对外开放，专有链仍然具备区块链多节点运行的通用结构，适用于特定机构的内部数据管理与审计。

智能合约是一种使用计算机语言取代法律去记录条款的合约，是一套以数字开工定义的承诺，包括合约参与方可以在之上执行这些承诺的协议。智能合约是区块链最重要的特性，也是推动区块链广泛应用的基础。

区块链产业主要涵盖涉及区块链技术应用的相关领域。

（二）区块链的特性

去中心化（Decentralized）：整个网络没有中心化的硬件或管理机构，任意节点之间的权利和义务都是均等的，且任一节点的损坏或丢失都不会影响整个系统的运行。

去信任化（Trustless）：参与整个系统的每个节点之间进行数据交换都是无须互相信任的，整个系统的运行规则是公开透明的，所有的数据内容也是公开的，因此在系统指定的规则范围和时间范围内，节点之间是不能也无法欺骗其他节点的。

集体维护（Collectively maintain）：系统中的数据块由整个系统中所有具

[①] 中国区块链技术和产业发展论坛：《中国区块链技术和应用发展白皮书（2016）》，2016 年 10 月。

有维护功能的节点来共同维护，而这些具有维护功能的节点是任何人都可以参与的。

可靠数据库（Reliable Database）：整个系统将通过分数据库的开工，让每个参与节点都能获得一份完整的数据库副本，除非能够同时控制整个系统中超过51%的节点，否则单个节点对数据库的修改是无效的，也无法影响其他节点上的数据内容，因此参与系统中的节点越多、计算能力越强，该系统中的数据安全性越高。

二、产业链分析

区块链产业链的参与者可分为3个层次：应用层、中间层、基础层。其中，应用层的开发者聚焦于服务最终的用户（个人、企业、政府）、中间层服务聚焦于帮助客户二次开发各种基于区块链底层技术的应用、为客户使用区块链技术改造业务流程提供便捷的工具和协议，基础层构成整个区块链生态的基础协议和底层架构。产业链结构图如图19-1所示。

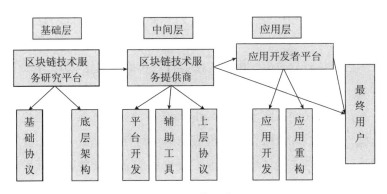

图19-1　区块链产业链

数据来源：赛迪智库整理，2017年2月。

第二节　发展现状

一、区块链发展环境得到优化

社会各界对区块链认识不断加深，国家政策对区块链转向支持。一方面，社会各界不断拥抱区块链。2016 年 2 月，世纪互联公司联合清华大学、北京邮电大学、中国通信学会、中国联通研究院、集佳、布比网络等企事业单位发起的中关村区块链产业联盟正式成立；8 月，全球共享金融 100 人论坛、《当代金融家》杂志等联合主办中国区块链产业大会，组织区块链技术领域的专家、学者和投融资机构代表等探讨区块链底层技术、应用创新、产业化进程以及资本动向等问题；9 月 19—24 日，由万向区块链实验室、区块链智能合约平台以太坊及区块链铅笔联手打造的第二届区块链全球峰会正式在上海拉开序幕；10 月，中国电子技术标准化研究院与乐视金融、万向控股等联合成立中国区块链技术和产业发展论坛。另一方面，国家层面对区块链由反对转向支持。在比特币诞生至今，我国政府一直没有承认其法律地位，但对于区块链技术已经持开放态度。中国人民银行行长周小川于 2016 年 2 月称，区块链技术是一项可选的技术，并提到人民银行部署了重要力量研究探讨区块链应用技术，而人民银行则于 2016 年选择在票据业务场景搭建区块链技术应用原型系统，验证其在金融行业规模应用的可行性；10 月，在工业和信息化部的指导下，中国区块链技术和产业发展论坛成立大会暨首届开发者大会正式召开，会议还发布了《中国区块链技术和应用发展白皮书》，建议及时出台区块链技术和产业发展扶持政策，重点支持关键技术攻关、重大示范工程、"双创"平台建设、系统解决方案研发和公共服务平台建设等；11 月，由大同市人民政府、北京航空航天大学主办，智慧能源投资控股集团承办，北京大同区块链技术研究院独家赞助的中国区块链技术创新与应用联盟成立大会暨区块链蓟门论坛举行。

二、区块链技术研究取得进展

区块链技术研究机构不断增多，技术完善程度得到提升。一方面，区块链技术研究团队不断增多。2016 年 6 月，中国互联网金融协会宣布成立区块链研究工作组，将充分发挥其贴近市场和科研组织的优势，深入研究区块链技术在金融领域的应用；6 月，大同市政府投资建立北京大同区块链技术研究院；11 月，众安科技与复旦大学计算机科学技术学院设立了"区块链与信息安全联合实验室"，专注于区块链相关技术的底层理论研究；12 月，由南方科技大学大数据创新中心、招商证券、前海人寿、比银集团、华大基因、信元资本作为共同发起单位的"区块链研究院"在深圳市南方科技大学正式成立。另一方面，国内研究团队在区块链技术方面取得重要成果。自 2009 年比特币出现以来，区块链的概念正式出现，而随着应用的深入引出了新的需求，2015 年发布的以太坊对比特币进行了拓展，也为区块链的广泛应用打下基础。2016 年 8 月，Qtum 开源社区发布《量子链白皮书——价值传输协议及去中心化应用平台》，这是国内首个原创区块链技术方案。

三、区块链商业模式不断涌现

区块链已经成为资本的重要方向，各类商业模式不断推出。一方面，区块链投资热潮不减。2015 年，国内先后涌现了多家巨头公司开始布局区块链项目，全球十大区块链投资机构中国也占了三席：国内 IDG 资本、万向区块链实验室和数贝投资，以 BAT 为代表的互联网巨头也已率先布局区块链技术。2016 年 6 月，百度战略投资 Circle，双方达成新的战略合作伙伴关系，该公司 D 轮融资共获得投资 6000 万美元；7 月，蚂蚁金服在全球 XIN 公益大会上表示区块链技术即将上线，并会首先应用于支付宝的爱心捐赠品平台；9 月，万向控股与分布式资本共同斥资 1.5 亿元人民币投资区块链初创企业钜真金融，该公司正在联合国内多家金融机构自主研发区块链底层架构协议，以及现券全额交易及结算、区块链股权交易系统、物联网安全认证区块链等应用。另一方面，产业合作联盟等商业运作模式不断形成。5 月，中国版的 R3——金融区块链合作联盟（简称金链盟）在深圳正式成立，金链盟由来自银行、证券等领域的 25 位成员发起，腾讯、华为等 6 家机构作为成员单位加入，旨在整合及协调金融区块链技术研究资源，形成金融区块链技术研究和应用研究的合力与协调机制，提高成员单位在区块链技术领域的研发能力，探索、研发、实现适用于金融机构的金融联盟区块链；8 月，由 Onchain、微软（中国）以及法大大等多个机构参与建立和运营的商用电子存证区块链的联盟——"法链"宣告成立，"法链"是一个多方参与的开放式区块链联盟，其中 Onchain 提供底层区块链技术，微软将为"法链"各成员提供高可用的弹性计算资源，法大大则提供电子证据司法鉴定相关服务。

四、区块链应用推广初见成效

我国区块链关注度大幅提升，但仍处于探索阶段，逐渐出现一些实际应用案例。2016 年 4 月，国内区块链技术服务商太一云科技研发设计的全球金信商品交易中心上线试运营，是全球第一家区块链端口交易中心，区块链在商品交易领域主要提供区块链征信、区块链资产登记、数字资产无损交易服务、区块链安全、智能合约等技术基础设施，可以为各类商品交易所、电商、物流等大型平台提供多种交易解决方案；5 月，国内区块链技术服务商布比网络技术有限公司与互联网金融平台钱香达成战略合作，共同打造区块链技术的黄金珠宝终端供应链金融平台；6 月，北方工业股权交易中心称，将采用区块链技术进行股权登记，太一云科技为北方工业股权交易中心搭建了基于太一金融云开发的区块链股权登记系统 TERS 系统；2016 年底，中国央行推动的基于区块链的数字票据交易平台测试成功，由央行发行的法定数字货币已在该平台试运行。

第三节 主要问题

一、区块链自身仍存安全隐患

区块链技术产生时间尚短，仍面临较多的安全隐患。一方面，区块链技术本身仍存在安全问题。一是密钥安全问题，区块链的去中心化消除了第三方的参与，每个用户要自己生成并保管自己的私钥，私钥安全出现问题则会直接影响用户的财产安全，而区块链的匿名性则导致这种财产损失无法追溯，事实上，比特币交易平台已经出现过多起因黑客攻击而造成的重大损失，如 Mt. Gox 和 Bitfinex 等；二是协议被攻击，比特币的成功与其强大的算力基础分不开，而目前的其他区块链应用的算力都还无法与比特币相比，因此也难以有足够的算力来保证系统的稳定性，理论上也越容易受到 51％ 算力攻击这样的在基础协议层面的攻击，如 Krypton 平台就遭受到这种攻击，这种攻击方法被认为是攻击以太坊的一个有效手段。另一方面，区块链技术实现上仍存在大量安全漏洞。即使理论上很完备的算法，也会有各种实现上的错误，区块链大量使用各种密码学技术，出现错误也在所难免，前面所述的比特币交易平台被黑客攻击也都因为其自身实现的缺陷。2016 年 10 月，国家互联网应急中心通过对区块链领域的知名开源软件进行安全检测发展，开源区块链软件存在着不容忽视的严重安全风险，在代码层面发现高危安全漏洞和安全隐患共 746 个。

二、区块链仍面临政府监管危机

区块链去中心化思想与物理世界的中心化管理仍存在冲突，区块链的广泛应用仍存在诸多障碍。一是政府对区块链应用的监管仍存在障碍，虽然区块链技术所提出去中心化思想受到广泛认可，被认为是未来网络空间信任的基础，代表了互联网治理的新方向，但目前各国社会治理都是中心化的，很多国家不承认比特币也是由于其无法实施有效的监管，私有链和联盟链等也是业界为适应国家监管而逐步出现的，但仍存在隐私保护、效率等多方面的问题；二是政府对技术可靠性仍存疑问，区块链短期内无法获得法律认可，区块链的优势是其通过技术方式构建了信任机制，但同时也引入了一系列技术风险，如 P2P 网络的安全稳定性、共识机制的交易回滚风险、交易数据的信息安全风险、信用的技术背书风险等，比特币交易平台频繁出现被黑客攻陷的现象也加剧了这种担心，各国政府对区块链的应用仍持谨慎态度，通过法律认可其效力仍需要较长时间的验证。

三、区块链仍未形成统一的标准

目前国内外在区块链领域还没有通用的标准，急需在国际层面形成统一的标准。一方面，统一标准是区块链应用推广的基础，区块链当前有比特币、以太坊等多种技术框架，具有公有链、私有链和联盟链等应用模式，而对于区块链技术而言，系统拥有的算力与系统的健壮性有很大关系，缺少统一标准，区块链碎片化将会给应用推广带来较大影响。另一方面，缺少统一标准给区块链应用带来一系列现实问题，由于区块链开发的部署缺乏统一的标准引导，导致市场上出现的各种去中心化应用的兼容性和互操作性较差，与此同时，缺乏统一的标准也使得区块链应用的具体实现多样化，实现过程中可能引入潜在的安全漏洞和风险，容易被经济犯罪活动利用。因此，为促进区块链应用的有序、健康和长效发展，很有必要及早推动开展区块链的标准化工作，推动形成国际区块链标准体系。

企业篇

第二十章 北京神州绿盟信息安全
科技股份有限公司

成立于 2000 年的北京神州绿盟信息安全科技股份有限公司主要从事网络安全产品的研发、生产、销售，以及专业安全服务的提供。近年来，公司通过收购、参股等多种方式，不断整合产业资源，增强在大数据安全、基于大数据的风险管理和威胁预测、金融支付安全、工业控制系统安全防护等领域的能力，完善业务布局；紧跟技术发展趋势，聚焦云安全领域，与"腾讯云""华为云""绿网""云杉""青云""阿里云"等达成战略协议，为使用云服务的客户提供全面的安全防护；努力拓展海外市场，设立海外子公司和分支机构进行产品销售，投资境外公司，加速全球战略布局；制定了 2016 年限制性股票激励计划（草案），实施员工激励计划，以吸引和留住优秀人才，促进公司的长远发展。经过多年努力，公司成为国家重点发展的网络安全企业，拥有多项专利技术，产品和服务多次获得国际标准组织、国内政府机构等的权威资质认证，具有强大的技术实力，拥有较完整的网络安全产品和服务链条，形成了以政府、运营商、金融、能源、互联网、医疗、教育等领域优质客户为主的客户群体。

第一节 基本情况

北京神州绿盟信息安全科技股份有限公司（以下简称"绿盟科技"），成立于 2000 年 4 月，主要从事网络安全产品的研发、生产、销售，以及专业安全服务的提供，形成了包括防御系统、网络入侵检测、抗拒绝服务系统、远程安全评估系统等在内的网络安全产品及服务体系。公司总部位于北京，在国内外设有 40 多个分支机构，并成立了北京神州绿盟信息技术有限公司、

NSFOCUS 日本株式会社、NSFOCUS Incorporated、绿盟科技（香港）有限公司 4 家子公司[1]。

2014 年，绿盟科技在深圳证券交易所创业板上市，募集资金扣除发行费后净额为 3.5 亿元。根据公司 2016 年三季度财报，前三季度实现营业收入 5.15 亿元，同比增长 40.79%；实现归属上市公司净利润 1449.90 万元，同比增长 206.30%[2]。

第二节 发展策略

一、通过投资并购整合产业资源，打造安全巨头

绿盟科技在原有业务基础上，通过收购、参股等多种方式，不断整合产业资源，完善业务布局，打造覆盖不同安全领域、拥有完整产品和服务体系的安全巨头。一是投资企业终端防护产品，扩大在中小企业市场的影响力。公司投资了国内专注于防病毒业务的企业终端安全防护厂商金山安全并持有其 19.91% 的股权，通过两家公司之间安全数据的联动，有效实现威胁的取证、处置或阻断，打造安全大数据解决方案。二是布局金融支付安全领域，2015 年参股杭州邦盛 11.56%。三是加大工业控制系统安全防护领域投入，2015 年收购力控华康 11.63% 的股权。四是进军数据安全领域。2015 年收购亿赛通 100% 的股权加强数据泄露防护和网络内容安全管理，2016 年参股阿波罗云 15.89% 的股权，参股 NopSec9.57% 的股权，增资逸得公司至 15% 的股权，进一步增强了公司在数据安全、基于大数据的风险管理和威胁预测、数据中心各类型基础信息的关联分析等领域的能力。

---

[1] 绿盟科技官网，见 http://www.nsfocus.com.cn/About_ NSFOCUS/overview.html。
[2]《信息安全业务升级在即 绿盟科技抢占云安全先机》，东方财富网，见 http://www.howbuy.com/news/2017-01-08/4910169.html。

二、紧跟技术发展趋势，聚焦云安全领域

云安全是网络安全发展的重点领域。绿盟科技瞄准市场先机，优先向国内同行提供云安全服务，是国内最早在云安全领域布局并提供服务的企业。公司云安全服务体系建设已经取得阶段性成果，继与"腾讯云""华为云""绿网""云杉""青云"签署云安全战略合作协议后，2016年公司又与"阿里云"达成战略协议，将其安全服务在阿里云市场正式上线，为使用云服务的客户提供全面的安全防护。截至目前，绿盟云已可提供包括"网站安全"解决方案、"极光自助扫描""网站安全监测"等在内的 Web 安全、安全检测、数据安全、移动安全、邮件安全、威胁情报、流量清洗等 7 个大类共 9 个安全服务。公司计划未来继续完善云服务体系，为客户提供开放的、操作简单的、全方位的安全防护服务。

三、努力拓展海外市场，加速全球战略布局

绿盟科技早在 2007 年已率先意识到国内网络安全市场技术水平和规模的局限性，一直努力拓展海外市场。一方面，公司积极在海外设立子公司或分支机构，目前在中国香港地区、美国、日本、新加坡、英国和德国已经设立海外团队，海外团队以市场拓展、销售为主，主要销售公司的抗拒绝服务、Web 应用防火墙等产品，并提供安全服务。另一方面，公司积极投资境外企业，2016 年绿盟科技投资了美国 NopSec 公司，为公司海外发展提供了具有市场竞争力的产品。公司设立的海外团队或投资的海外企业，在拓展全球安全市场的同时，可以第一时间了解和把握全球信息安全行业发展的最新动态，从而促使公司在技术、战略上紧跟行业发展趋势，缩小与国际领先企业的差距，逐步实现公司海外战略布局。

四、实施员工激励计划，提升长期发展潜力

绿盟科技一直注重通过人才激励促进公司长期发展。2016 年，为充分调动公司管理人员及核心技术（业务）人员的积极性，提升员工凝聚力、激发员工创新活力，绿盟科技按照收益与贡献对等原则，制定了 2016 年限

制性股票激励计划（草案），拟向包括高管、中层、核心技术人员及董事会认为需要激励的其他人员授予限制性股票。该激励计划于 2016 年 10 月 14 日经公司第三次临时股东大会审议通过，董事会据此实施并完成了限制性股票的授予登记工作，授予的激励对象共 576 名，约占公司总人数的 45%，授予的限制性股票数量为 721.95 万股，授予价格为 20.01 元/股。该激励计划是绿盟科技建立健全长效激励机制的重要举措，未来一段时间，绿盟科技将持续实施该激励计划，以更好地吸引和留住优秀人才，促进公司的长远发展。

第三节　竞争优势

一、拥有强大的技术实力

绿盟科技的前身是中国最大的黑客组织"绿色兵团"，一直是技术主导型公司，具有强大的技术实力。一是拥有多项专利技术。公司拥有 140 余项计算机软件著作权、68 项国内发明专利和 14 项国外发明专利。二是产品和服务多次获得国际标准组织、国内政府机构等的权威资质认证。公司通过了 ISO/IEC27001 管理体系等认证，获得了国家高技术企业、北京市工程技术服务中心等多项资质；公司的远程安全评估系统、网络入侵防护系统等安全产品通过了国际知名测评机构 West Coast Labs、NSS Labs 等专项测试，多次获得 Frost & Stablelivani 颁发的奖项。三是在漏洞挖掘与分析、恶意软件和攻击行为分析和检测、蜜罐和蜜网等具有较高的技术水平。公司是国家信息安全漏洞库一级技术支撑单位，截至 2016 年第三季度，其维护的安全漏洞库共收纳漏洞 32128 条，累计发布紧急通告 139 个，是国家漏洞库的重要贡献者；公司在 2013 年和 2014 年连续两年获得微软 Mitigation Bypass Bounty 项目提供的顶级奖金，并因为研究发现并分享漏洞，多次获得微软、谷歌等公司的顶级奖励和感谢；公司参与了 2008 年奥运会和残奥会的安全保卫、中共十八大网络安全应急处置等重大网络安全保障任务，并参与了云计算安全运营平台、移动智能终端、恶意行为检测与取证研究等多项国家研究课题。

二、具备完整的网络安全产品和服务链条

绿盟科技是国家重点发展的网络安全企业，拥有较完整的网络安全产品和服务链条。在产品方面，绿盟科技网络安全产品涵盖安全评估、检测防御、安全监管等领域，其中：安全评估类产品包括抗拒绝服务系统、数据泄露防护系统、防火墙系统、工控入侵检测系统、工业安全隔离装置等；安全评估类产品包括安全配置核查系统、远程安全评估系统、网站安全监测系统、工控漏洞扫描系统等；安全监管类产品包括网络安全审计系统、数据库安全审计系统、工控安全审计系统。在安全服务方面，绿盟科技提供贯穿信息系统完整生命周期的专业安全技术服务、安全咨询服务和安全培训服务等，其中：安全咨询服务包括信息系统安全风险评估服务、信息安全保障体系设计规划咨询服务、信息安全管理体系建设咨询服务等；安全培训服务聚焦企业客户，提供具有行业针对性的安全管理培训和安全技术培训。目前，绿盟科技的产品和服务已经应用于金融、政府、能源、运营商等重点行业，拥有超过2000家客户。

三、拥有优质的客户群体

依托领先的技术、质量过硬的产品和专业的服务，绿盟科技形成了以政府、运营商、金融、能源、互联网、医疗、教育等领域优质客户为主的客户群体，并与上述客户保持了长期稳定的合作。公司通过与客户长期密切的合作，积累了丰富的网络安全项目实施经验，及时了解客户对于网络安全的技术需求及发展趋势，并持续改进和完善公司产品性能、服务质量。与此同时，公司对主要领域客户需求深入分析和总结，将实践经验应用于其他行业，在拓展市场空间的同时，进一步为客户提供更为全面的优质服务。

第二十一章 北京启明星辰信息技术
股份有限公司

成立于1996年的北京启明星辰信息技术股份有限公司是一家综合网络安全服务提供商，业务范围包括网络安全产品、可信安全管理平台、安全服务与解决方案等。公司十分重视技术和产品研发，建立了多个网络安全研究基地和实验室，积极参与国家科研项目，多项成果填补了我国网络安全领域的空白；结合当前网络安全发展的新需求，不断完善产品体系，推出医疗卫生信息系统安全防御系统、提出动态赋能的工控安全新体系；与华为、腾讯、东方电气等公司进行合作进入多个技术产品领域和试产，并通过一系列并购和参股加强在数据技术、加密认证、电子政务和数字图书领域等信息细分领域中的技术优势和市场优势。经过多年发展，启明星辰形成了较为完善的产品线，并密切关注云计算、大数据、移动互联、工业控制系统、物联网等新领域的安全趋势和技术走向，安全产品在政府、军队，以及电信、金融、能源、交通、军工、制造等领域有着广泛应用，具有较高的市场占有率。凭借其技术实力，公司荣获了"中国自主创新品牌20强""国家规划布局内重点软件企业"等多项荣誉。

第一节 基本情况

北京启明星辰信息技术股份有限公司（以下简称"启明星辰"）成立于1996年，是一家综合网络安全服务提供商，业务范围包括网络安全产品、可信安全管理平台、安全服务与解决方案等。启明星辰集团现有员工3000余人，在北京、上海、深圳、成都等地设有研发中心，初步形成了覆盖全国的销售和服务网络，于2010年6月在深圳证券交易所中小企业板上市。2016年上半年实现营业收入 5.72 亿元，净利润为 569.57 万元。

第二节　发展策略

一、注重打造技术创新能力

启明星辰十分重视技术和产品研发，建立了研发中心、积极防御实验室（ADLab）、网络安全博士后工作站，并组建了高水平的技术团队、安全咨询专家团（VF 专家团）、安全系统集成团队等。而且，启明星辰还建立了国家级网络安全研究基地，参与近百项国家科研项目，参加了众多国家及行业网络安全标准的制订，多项成果填补了我国网络安全领域的空白。

二、积极开展合作与并购

启明星辰积极与其他组织进行合作，并通过一系列的并购和参股进入多个技术产品领域和市场。一是与华为合作推出联合创新案例，助力华为基于 SDN 的敏捷网络生态体系构建；二是与腾讯达成战略合作，建立国内强强联合的企业安全服务战略联盟，为"互联网＋"国家战略落地提供终端安全服务；三是与东方电器集团有限公司携手推出工业控制系统漏洞发现工具，填补了我国在该领域的技术空白；四是收购杭州合众、书生电子、赛博兴安等企业，加强大数据技术、加密认证等信息细分领域中的技术优势和市场优势，与党政机关、军队和军工企业建立良好的合作关系，增强了在电子政务和数字图书领域等信息细分领域的技术优势和市场优势。

三、不断完善产品体系

启明星辰结合当前网络安全发展的新需求，不断推出新产品，完善产品体系。一是推出医疗卫生信息系统安全防御系统，从态势感知、监测预警、主动防御、快速处置等方面增强医疗卫生系统的安全监控检测能力。二是启明星辰提出了动态赋能的工控安全新体系，通过专业化、智能化、精确化、可视化和共享化的工控安全防护，保障工业控制系统的网络与数据安全，为工业生产稳定发展保驾护航。三是启明星辰推出的天清 Web 应用安全防护系统（简称天清 WAF），已完成设备端（地）云联动接口与腾讯云（空）的完美对接，利用腾讯云（空）海量的木马样本、恶意 URL 以及威胁情报等资源库，提升设备端（地）网站安全防御能力，共同构建网站安全的地空协同防御体系。

第三节　竞争优势

一、具有较高的市场占有率

启明星辰的安全产品在政府、军队，以及电信、金融、能源、交通、军工、制造等领域有着广泛应用，具有较高的市场占有率。据启明星辰 2016 年年报披露，在政府和军队部门，公司产品的市场占有率约为 80%，在金融领域，公司为约 90% 的政策性银行、国有控股商业银行、全国性股份制商业银行提供产品和服务。目前，世界五百强中的中国企业约有 60% 是启明星辰的客户。启明星辰在防火墙（FW）、统一威胁管理（UTM）、入侵检测与防御（IDS/IPS）、安全管理平台（SOC）市场占有率保持第一，同时在安全性审计、安全专业服务方面保持市场领先地位。据《2015—2016 年中国信息安全产品市场研究年度报告》中显示，启明星辰在中国信息安全产品市场份额排名第一，在防火墙/VPN、IDS/IPS、UTM、安全管理平台（SOC）、数据安全等几个细分市场排名中均位居前列。

二、形成了较完善的产品线

经过多年发展，启明星辰已经形成了较为完善的产品线，在防火墙/UTM、入侵检测管理、网络审计、终端管理、加密认证等领域有百余个产品型号。目前公司积极响应中央战略，持续打造信息安全生态链，密切关注云计算、大数据、移动互联、工业控制系统、物联网等新领域的安全趋势和技术走向，从传统网络安全、密码安全向移动智能设备安全、工控安全、大数据安全、云安全、电磁安全等方面延伸。主要产品线有，威胁管理类包括：入侵检测、入侵防御、WEB 应用安全网关、无线安全引擎、APT 检测等产品；安全网关类包括：防火墙、一体化安全网关、异常流量管理与抗拒绝服务、安全隔离、ADC 安全应用交付等产品；安全工具类包括：脆弱性扫描与管理系统、安全配置核查管理系统、远程网站安全检查服务；应用监管类包括：网络安全审计系统（业务网审计类、互联网行为审计、安全域流监控）、内网安全风险管理与审计系统；管理平台类包括：信息安全运营中心系统（日志审计、业务支撑安全管理系统、ADM Detector、工控信息安全管理系统）、信息网络行为分析系统 TSOC、虚拟威胁检测系统、同时在态势感知、舆情分析方面积极探索；数据安全类包括：面向数据的安全产品、包括安全数据交换、大数据（大数据分析系统、分布式数据库系统、云服务总线系统、大数据安全管理系统、大数据资源管理系统、数据集成系统等）、电子签名/印章、DLP 等。

三、拥有较强的技术实力

启明星辰在系统漏洞挖掘与分析、恶意代码检测与对抗等上百项安全产品、管理与服务技术方面形成拥有完全自主知识产权的核心技术积累，拥有包括国家发明专利、计算机软件产品著作权、国内外注册商标等在内的自主知识产权 240 余项，参与制订国家及行业网络安全标准 10 多项。根据 CCID、IDC 权威统计数据显示，启明星辰公司的天阗入侵检测与管理系统 IDS 和天清入侵防御系统 IPS 连续 14 年在国内入侵检测/防御市场占有率第一；启明星辰公司的统一威胁管理系统 UTM 2007—2015 年连续在国内统一威胁管理市场排名第一。启明星辰凭借技术实力荣获"中国自主创新品牌 20 强""国家火炬计划软件产业优秀企业""国家规划布局内重点软件企业""中关村国家自主创新示范区核心区重点创新型企业""中关村十百千工程企业""中国电子政务 IT100 强"等企业资质和荣誉。

第二十二章　北京数字认证股份有限公司

　　成立于 2001 年的北京数字认证股份有限公司（原北京数字证书认证中心）是国内领先的网络安全解决方案提供商，于 2016 年 12 月 23 日在深圳创业板上市。公司以"帮助用户建立安全可信的网络空间"为使命，不断完善公司的产品研发体系、技术服务体系和管理体系，加强品牌能力建设；重点加强可靠电子签名类产品、可信数字身份管理类产品的研发，打造数字证书服务体系，着力强化电子认证服务能力；注重人才培养和管理，以建设人才分层分类管理体系为基础，加强中高层管理者与核心人才队伍的建设，全面提高员工能力和素质。经过十余年的发展，公司已具备行业领先的技术水平，能够提供"一体化"电子认证解决方案，建立起覆盖全国的电子认证服务网络和较完善的电子认证产品体系，可支撑全国范围内的证书服务交付。公司业务领域覆盖政府、金融、医疗卫生、电信等市场，在电子政务领域的市场占有率位居行业前列，并已在医疗信息化、网上保险等重点新兴应用领域建立了市场领先优势。

第一节　基市情况

　　北京数字认证股份有限公司原北京数字证书认证中心（以下简称"北京CA"）成立于 2001 年 2 月，是北京市国有资产经营公司控股的国有企业，是国内领先的网络安全解决方案提供商，下设全资子公司北京安信天行科技有限公司。2016 年 12 月 23 日，北京 CA 在深圳创业板上市。北京 CA 主要提供电子认证服务，电子认证产品及可管理的网络安全服务，开发了数字证书服务、电子签名服务、电子认证基础设施产品、数字身份管理产品、电子签名产品、安全集成服务、安全咨询和安全运维服务等一系列产品和服务。

经过十余年的发展，北京 CA 已形成提供"一体化"电子认证解决方案的能力，建立起覆盖全国的电子认证服务网络和较完善的电子认证产品体系。公司业务领域覆盖政府、金融、医疗卫生、电信等市场，在电子政务领域的市场占有率位居行业前列，并已在医疗信息化、网上保险等重点新兴应用领域建立了市场领先优势。

第二节 发展策略

一、不断加强品牌能力建设

北京 CA 以"帮助用户建立安全可信的网络空间"为使命，秉承"以服务求生存，用创新谋发展"的发展理念，不断完善公司的产品研发体系、技术服务体系和管理体系，全面提升公司的核心竞争力。按照"立足北京，服务全国"的发展思路，进一步巩固和提升公司在优势领域的领先地位，并以重点行业为突破口，会同行业和区域市场合作伙伴的力量，不断提升公司在行业内的市场份额和品牌形象，致力于成为全国最大的电子认证解决方案提供商，用户最信赖的信息安全解决方案提供商。

二、着力强化电子认证服务能力

充分利用募投资金，通过募投项目的有效实施，全面提升公司"一体化"电子认证解决方案提供能力。在电子认证产品方面，重点加强可靠电子签名类产品、可信数字身份管理类产品的研发，保证公司此类产品在功能、性能和应用环境适应性方面的领先优势；在电子认证服务方面，重点打造数字证书服务体系，形成在全国范围向海量用户提供数字证书服务的能力，为开拓海量个人用户市场奠定基础，同时，对电子签名服务的业务模式进行探索，全面优化公司安全服务模式和服务能力。

三、注重人才培养和管理

北京 CA 以建设人才分层分类管理体系为基础，加强中高层管理者与核心人才队伍的建设，全面提高员工能力和素质。一是结合任职资格要求，实施中高层管理人员进修培训，以提高核心管理团队的管理能力、战略决策能力等；二是完善核心技术骨干培养机制，确定差异化的培养目标与培训内容，不断增强公司的人才竞争力；三是面向基层员工，开展基本技能和基本素质培训。公司将持续进行管理创新，调整组织结构，优化管理流程，加强风险防控，以适应信息安全市场快速发展的需要。

第三节　竞争优势

一、行业领先的技术水平

北京 CA 具有较强的电子认证产品的自主研发能力，是行业内少数整合电子认证服务和电子认证产品，能够为客户提供"一体化"电子认证解决方案的公司之一，保持技术领先是北京 CA 提升竞争力的重要手段。目前，北京 CA 拥有实力较强的技术研发团队，掌握电子认证基础设施系统、电子认证服务、电子认证产品等核心技术，在电子认证中间件技术、数据电文签名保护技术、网络系统身份认证技术、时间戳技术、跨信任域的授权管理技术、单点登录技术、移动签名技术等关键技术方面处于业界领先水平。北京 CA 还率先开展了以用户为核心、可运营、可管理的服务体系建设，推动了行业服务模式的创新，并在安全事件分析技术、渗透技术、Web 安全保护技术等方面形成了较强的竞争优势。

二、面向全国的电子认证服务能力

北京 CA 建立了以自主研发技术为基础、以用户为中心的电子认证服务体系，包括电子认证基础设施、数字证书服务交付系统、数字证书服务支持系统、安全管理体系和应用支撑体系等主要内容。经过十余年的发展，北京 CA 的电子认证服务体系日趋完善，在基础设施、服务交付、服务支持等方面显示了较强的竞争优势。目前，北京 CA 的服务交付系统具备完善的策略管理、服务管理、渠道管理与业务流管理系统，建立了支持在线与现场受理点相结合的灵活交付模式，实现与第三方支付、物流、鉴证系统的无缝对接，可支撑全国范围内的证书服务交付。

三、优质的客户群体及良好的企业声誉

北京 CA 电子认证业务应用领域覆盖政府、金融、医疗卫生、彩票、电信等市场，在电子政务领域，北京 CA 市场占有率位居行业前列，在医疗信息化、网上保险、互联网彩票等新兴应用领域也已建立起市场领先优势。

北京 CA 的产品和服务获得了政府及客户的广泛认可，也为公司带来了众多荣誉，形成了良好的企业声誉。公司相继获得了"奥运政务网络和信息安全优秀服务企业""2012 亚洲 PKI 联盟创新奖""2012 中国信息安全技术突出成就企业""2013 年中国信息产业年度影响力企业""2013 中国信息产业安全行业年度领军企业奖""2014 中国计算机行业发展成就奖之最具成就企业""2014 中国计算机信息产业年度影响力企业""2015 中国信息产业电子认证十年领袖企业奖""2015 中国信息产业年度电子认证服务杰出应用支撑奖"等荣誉。

第二十三章　国民认证科技（北京）有限公司

　　成立于 2015 年的国民认证科技（北京）有限公司是由联想创投集团成功孵化的专注于身份认证的联想集团子公司。公司致力于利用基于 FIDO 联盟 UAF/U2F 国际标准协议的先进技术，开发了利用用户的指纹、人脸和虹膜等生物特征的身份认证技术，研发统一身份解决方案；致力于 FIDO 身份认证标准在中国的落地，并联合上下游企业，建立基于统一标准的身份认证生态体系，推动身份认证产业的健康有序发展；瞄准市场重点发力在线安全支付身份认证，提供支持国密算法的安全移动支付身份认证方式。公司拥有联想全球化的市场、研发、供应链等资源，整体发展具有一个较高的起点，在身份认证前沿技术研发方面具有领先优势，具有较强的产业资源整合能力。公司获得 2016 年墨提斯（METIS）奖移动信息化领域"统一身份认证平台创新奖"等多项荣誉，在身份认证领域具有较广阔的发展前景。

第一节　基本情况

　　国民认证科技（北京）有限公司（以下简称"国民认证"），成立于 2015 年，是由联想创投集团成功孵化的专注于身份认证的联想集团子公司。公司自成立以来，致力于利用基于 FIDO 联盟 UAF/U2F 国际标准协议的先进技术，并通过多种技术创新，研发符合中国市场及管理规范的身份认证系统，满足国内市场需求与监管要求，向中国主流互联网服务商、金融机构、硬件制造商、生物认证技术商提供从客户端到服务端完整的身份认证解决方案，构建和确保真实的人与虚拟世界的可信连接，为用户打造安全便捷的网络服务基础①。

目前，公司已经研发出国民认证统一身份解决方案，该方案的应用方包括银行、第三方支付、保险、证券、航空航天、政府机构等。公司还与支付宝、京东钱包、翼支付、百度钱包等在指纹认证安全解决方案领域展开了深入的合作。

2016 年，国民认证被清科评为 2016 年中国最具投资价值企业新芽榜之 50 强，又在移动智能终端峰会上获得了 2016 年墨提斯（METIS）奖移动信息化领域"统一身份认证平台创新奖"。

第二节　发展策略

一、开发基于国际先进标准的身份认证技术

FIDO 联盟，即线上快速身份验证联盟，是 2012 年 7 月成立的国际身份认证行业协会，其开放协议是全球首个在线与数码验证领域的开放行业标准，代表国际业界领先水平，在国外基于 FIDO 的身份认证解决方案已经非常成熟。国民认证基于 FIDO 开放协议，开发了利用用户的指纹、人脸和虹膜等生物特征的身份认证技术，研发了统一身份解决方案，把用户身份识别过程限定在独立隔离区域保证认证方式的安全性，同时增加了辅助的安全管理、策略配置及日志监控功能，加强安全性和易用性。该统一身份解决方案实现了与基于该国际标准的硬件设备厂商开发的认证技术的互操作，是全球领先的新型身份认证技术。

二、通过 FIDO 标准本地化构建身份认证产业生态

国民认证是 FIDO 联盟中国工作组主席单位，国民认证总经理柴海新先生

① 国民认证官网，见 http：//www. noknoklabs. cn/index. php？catid＝10。

223

也是 FIDO 联盟中国工作组主席。作为 FIDO 联盟在中国的"传道者",一方面,国民认证致力于 FIDO 身份认证标准在中国的落地,为在中国本土市场上推广 FIDO 方案,提升 FIDO 知名度做着坚持不懈的努力。随着 FIDO 联盟影响力的扩大,越来越多的企业加入联盟,目前 FIDO 中国工作组已有 24 家中国公司,其中中国电子标准化院以政府会员身份加入联盟。另一方面,国民认证积极与阿里巴巴、华为、中国信通院、飞天诚信等联盟成员展开交流合作,并联合生物识别技术厂商、设备制造商以及应用商等上下游企业,共同助力建立基于统一标准的身份认证生态体系,推动身份认证产业的健康有序发展。

三、瞄准市场重点发力在线安全支付身份认证

随着用户支付习惯的改变以及支付平台的快速扩张,中国移动支付市场迅速扩张,2016 年第一季度,中国第三方移动支付市场交易规模达 59703 亿元人民币。国民认证在公司发展初期瞄准市场先机,优先发力在线安全支付,提供快捷安全的移动支付身份认证方式。从 2015 年成立至今的短短两年,国民认证的身份认证解决方案在包括微众银行、百度钱包、翼支付、京东钱包等在内的多家主流在线支付平台得到了应用。目前,国民认证已经联合在线安全支付产业上下游企业,如指纹、虹膜以及人脸等生物识别技术厂商,联想、三星、华为等智能终端设备制造商,以及百度钱包、京东钱包等应用方,将在线身份认证方案集成在设备终端中,从而加速其统一身份认证技术和解决方案的普及化。更重要的是,基于中国移动支付市场的现状和安全要求,国民认证的在线身份认证解决方案支持国密算法,高度符合我国对在线安全支付领域的信息安全监管要求。

第三节　竞争优势

一、母公司对其的资金和资源支持力度较大

国民认证是联想创投成功孵化的科技型创新公司,是联想创投的子公司

之一。其母公司联想创投是与 PC、手机、企业级服务并列为联想四大业务集团，专注于为初创团队提供启动资金及后期的投融资对接服务，向其开放联想的前沿技术和全球化的市场、研发、供应链等资源，帮助初创公司建立高效的团队等。与其他初创公司相比，国民认证不仅可以从联想创投获得较稳定的资金投入，还可以有效利用联想全球化的市场、研发、供应链等资源，整体发展具有一个较高的起点。

二、在身份认证前沿技术研发方面具有领先优势

国民认证是专注于身份认证前沿技术研究的公司。针对传统身份认证方式安全风险大、易用性不足的问题，国民认证基于 FIDO 的 UAF/U2F 国际标准协议，结合中国市场需要，率先开发出统一身份认证解决方案。该解决方案具有如下优势：一是方便用户使用。通过统一的 FIDO 协议进行身份认证，实现了快速认证客户身份，易用性大大提高。二是生物特征安全存储。用户生物特征（如：指纹、声纹、虹膜、脸谱等）等关键信息，被存储在用户设备的独立隔离安全区域中。三是密钥安全存储。依据 FIDO 联盟协议规范，在服务器端保存的只是用户的公钥信息及认证器的公钥，杜绝了被黑客入侵或者被管理人员窃取所造成的风险。四是支持国密算法，保证了身份认证技术及安全性不再受制于其他国家的技术和产品。

三、主导中国 FIDO 身份认证生态体系构建

FIDO 中国工作组是 FIDO 联盟建立的第一个区域性工作组，主要致力于满足中国身份认证市场的技术发展需求和政策监管要求，并进一步促进中国身份认证产业链内的交流与合作，最终构建一套满足中国本土化需求的统一的安全技术标准。国民认证的柴海新先生是 FIDO 联盟中国工作组主席，在其和国民认证的努力推动下，FIDO 协议在中国市场获得了日渐广泛的应用，基于 FIDO 的身份认证生态也在加速形成。国民认证在 FIDO 中国工作组的领头羊角色，凸显出其较强的产业资源整合能力，未来基于对整个产业生态的掌控，国民认证的市场发展前景将十分广阔。

第二十四章　北京匡恩网络科技有限责任公司

　　成立于2014年的北京匡恩网络科技有限责任公司是一家专注于工业物联网安全和工业关键信息基础设施安全的公司。公司以客户需求为导向，专注智能工业网络安全解决方案，广泛服务于水利、电力、交通、燃气、供水等关键基础设施保护，以及其他国家重点行业和领域；致力于打造多维度的深度安全保护整体解决方案，提出本体安全、结构安全、行为安全、基因安全和时间持续性的"4＋1"工控安全技术体系，实现从网络安全到功能安全到基础设施安全的综合防护能力；面向工业互联网和物联网安全，布局安全大数据及安全芯片，提供自主可控的解决方案。目前，匡恩网络已申请专利80多项，独创了工控系统全生命周期自主可控的安全保障技术与解决方案；拥有8大系列近20条产品线，建成了多个安全态势中心和感知平台，为工业互联网各层面网络提供全方位安全监测与防护；安全产品和解决方案已实现多行业深度定制化，实力得到各界用户的认可。

第一节　基本情况

　　北京匡恩网络科技有限责任公司（以下简称"匡恩网络"）专注于工业物联网安全和工业关键信息基础设施安全。匡恩网络成立于2014年，注册资金1.05亿元，总部位于北京，在上海、杭州、深圳等16个地区设有研发中心和分支机构，拥有覆盖全国的营销体系与技术支持中心，主营业务包括：工业控制网络检测及安全防护产品研发及销售、工业物联网大数据平台运营服务、工业物联网安全解决方案提供、工业物联网咨询与评估、工业信息系统安全集成与定制化培训服务等。

　　匡恩网络的企业愿景为"中国制造2025"保驾护航，植根工控安全领域，坚持技术创新，致力于构建可持续发展的智能工业安全行业大平台，营造健康的产业生态环境，推动智能工业安全的划时代发展。

第二节　发展策略

一、以客户需求为导向，专注智能工业网络安全解决方案

匡恩网络秉承"万物互联 安全先行"的发展理念，以为工控企业提供安全解决方案为使命，广泛服务于水利、电力、交通、燃气、供水等关键基础设施保护，以及石油化工、冶金、烟草、智能汽车、智能制造等国家重点行业和领域，以客户需求为向导，提供覆盖设备检测、安全服务、威胁管理、安全数据库、智能保护、监测审计的自主、可控、安全的全生命周期解决方案，改变传统安全产品简单堆砌的被动防御模式，实现了风险提前预知、设备纵深联动、管理精准及时的主动防御策略，加强工业安全防范及治理的可控度和精准度。

二、以工业控制安全防护为根本，创新驱动引领行业未来

匡恩网络紧抓两化融合过程中工业控制系统安全问题亟待解决的发展机遇，以工业控制安全防护为根本，致力于打造多维度的深度安全保护整体解决方案，保护工业控制领域和关键基础设施的信息安全。匡恩网络充分吸收现有工控安全体系的精髓，在结构安全方面吸纳专网专用、隔离认证等技术，在本体安全方面吸收设备加固与白名单控制等技术，在行为安全方面引入工业大数据技术，基因安全方面引入可信可控，时间持续性方面引入管理持续化等技术与管理体系，实现对现有工控安全体系的融合与发展。提出本体安全、结构安全、行为安全、基因安全和时间持续性的"4＋1"工控安全技术体系，使智能工业网络安全和智能工业生产安全深度融合，实现从网络安全到功能安全到基础设施安全的综合防护能力。

三、面向工业互联网和物联网安全，布局安全大数据及安全芯片

匡恩网络以工业控制系统安全技术为核心，从工业控制系统安全检测和深度安全防护产品研发，到工业云计算安全服务、工业大数据安全态势感知分析服务和工业大数据分析服务等体系的建立，业务发展逐步覆盖工业互联网和工业物联网安全领域。同时，该公司已布局核心安全芯片领域，未来将全力打造自主、可控、安全的软件和硬件平台。凭借着齐全的产品种类、强大的技术研发能力实力、自主可控的解决方案及不断加强工业物联网安全综合服务能力，匡恩网络致力于成为专业的工业物联网安全解决方案和服务提供商。

第三节　竞争优势

一、具有自主知识产权的安全检测和防护技术

在工业控制安全领域，匡恩网络已申请专利 80 多项，其中发明专利 42 项，获得软件著作权 40 项。匡恩网络在智能学习白名单规则部署、工业控制协议还原和深度包解析技术、工业控制漏洞库部署与管理、广泛的工业控制协议解析等技术方向研究较为深入，在实践探索中创新性地提出了"4＋1"安全保障体系，从结构安全性、本体安全性、行为安全性、基因安全性和时间持续性五个层面，独创了从设备检测、安全服务到威胁管理、监测审计、智能保护再到安全运维的全生命周期自主可控的安全保障技术与解决方案。

二、拥有较为完整的安全产品和服务体系

匡恩网络拥有 8 大系列近 20 条产品线，其中检测类产品包括：漏洞挖掘检测平台、威胁评估平台、漏洞挖掘云服务平台；保护类产品包括：IAD 智能保护平台、监测审计平台、安全数据采集保护平台、可信工控卫士、USB

安全防护系统等。另外还有管理与审计类产品，以及终端安全类产品等。在工业物联网的智能计算处理层的安全业务方面，已建成工业互联网安全态势中心、工业互联网安全控制中心、基于工业互联网的威胁态势感知平台等，为工业互联网各层面网络提供全方位安全监测与防护。

三、企业实力得到各界用户的广泛认可

匡恩网络的安全产品和解决方案已在电网电力、水利、燃气、智慧城市、智能制造、轨道交通、港口航运、石油石化、煤炭、烟草、冶金、军工制造等行业深度定制化，并完成了大规模应用，尤其在工控网络安全整体规划、城市地铁线网络安全工程、国家级网络空间安全靶场、石化智能工厂安全保障体系建设、智慧城市安防一体化工程等领域展现了匡恩网络的企业实力。2016 年，匡恩网络荣获中国工业网络安全行业标杆企业奖，中国网络安全产业最具竞争力领军企业，更是斩获 CPCC "专家特别提名奖" "2016CAMRS" 两项大奖。另有多项产品获得创新产品奖、自主可控优秀平台等奖项。

第二十五章　北京威努特技术有限公司

成立于 2014 年的北京威努特技术有限公司由奇虎 360 战略投资，是国内专业的工控安全解决方案供应商。公司致力于为客户提供全方位的工控安全整体解决方案与产品服务，同时积极参与国家工控安全标准制定工作；公司客户群体涵盖电力、石油、石化、水利等上百家关键行业客户，并组建了专业售后团队强化服务质量；与合作伙伴、高校科研院所、公安部一所、其他安全厂商等开展广泛的合作，谋求合作共赢。现在，公司已拥有包括防护和检测产品在内的较为完整的产品线，并深入相关的各行各业学习工控系统安全防护，制定最为合适的解决方案，向电力、石油等重要行业提供安全服务，并拥有由工控安全技术专家、信息安全专家、前沿技术研发人才以及安全检测和风险评估人才等组成的安全团队。公司在 2016 年被公安部授予工控安全技术支撑单位，应邀保障 2016 杭州 G20 峰会网络安全工作。

第一节　基本情况

北京威努特技术有限公司（简称"威努特"）是国内专业的工控安全解决方案供应商。公司成立于 2014 年 9 月，由奇虎 360 战略投资。威努特致力于为客户提供全方位的工控安全整体解决方案与产品服务，客户群体涵盖电力、石油、石化、水利、化工、军工、冶金、轨道交通、市政以及燃气等上百家关键行业客户。2016 年成为国家高新技术企业，被公安部授予工控安全技术支撑单位，应邀保障 2016 年杭州 G20 峰会网络安全工作，成为国家信息安全漏洞库（CNNVD）支撑单位。

第二节 发展策略

一、聚焦工控安全

威努特业务主要聚焦工控网络安全，在人力、物力、财力等方面的投入重点围绕工控安全展开，扎实做好企业基础业务，一定时期内暂不涉足其他安防领域，全心全意为国家关键工业信息基础设施提供安全保障。继 2015 年形成工业防火墙、工控主机卫士、监控审计平台和漏洞挖掘平台等产品体系后，2016 年，威努特又相继发布工业网络安全态势感知平台、漏洞扫描平台、工业防火墙、监控审计平台等产品，产品体系更加完整。此外，威努特还积极参与国家工控安全标准制定工作。

二、强化服务质量

威努特认为企业的成功是获得客户的认可，解决客户问题、提供高质量服务是威努特的基本宗旨。目前，超过 500 台威努特工控安全防护产品部署在石油、电力、煤炭、化工等过程自动化行业以及市政燃气领域，为更好地为客户做好安防服务，威努特专门组建了一支专业的售后服务团队，并分别在上海、山东、河南等地设立办事处，就近为客户提供全天候安全保障服务。

三、谋求合作共赢

威努特本着合作共赢的模式，与产业链上下游企业保持良好的合作，力主构建工控安全行业和谐发展的生态链。在产业链上、下游，威努特与合作伙伴开展广泛的合作，与高校科研院所合作开展行业定制化产品的研制工作，与公安部一所合作制定"工业主机安全产品标准"，与安全厂商合作维护工控系统安全、开展安全态势监测，在全国范围内拥有几十家合作单位，协力为客户提供工控安全产品和服务。

第三节　竞争优势

一、拥有较为完整的产品线

威努特的产品可以分为两大类——防护和检测，两大类产品相辅相成。自成立之初，威努特就开始了完整的产品线规划，认为工控安全防护首先要做好风险评估和安全检测，其次才是安全防护产品。基于此，威努特在两年时间内就研发出了漏洞挖掘平台、可信边界网关、可信工作站卫士、工控安全监测与审计系统等一系列安全产品，做到了防护和检测齐头并进发展，成为威努特快速发展的基石。

二、面向重要行业提供安全服务

工控安全作为工业控制和信息安全的融合领域，国内不过刚刚起步，无论是客户还是厂商都在摸索前行，学习能力非常重要。威努特深入相关的各行各业学习工控系统安全防护，制定最为合适的解决方案。两年来在电力、石油石化等流程行业实施众多解决方案，取得了丰富的实战经验；在电力、煤炭等能源领域也加紧业务拓展，得到客户的一致赞誉；在离散制造、智能制造的解决方案也实现了突破。威努特通过深入的与客户沟通，感知对方的真正需要，赢得了客户的认可。从销售额上能得到有力佐证。

三、注重人才培养

作为创新型企业，威努特坚持"人才是第一生产力"，注重培养工控安全技术专家、信息安全专家、前沿技术研发人才以及安全检测和风险评估等各领域人才，着力打造一支人员构成"丰富"、结构"合理"的团队。

第二十六章　北京知道创宇信息技术有限公司

北京知道创宇信息技术有限公司由多位网络安全专家于 2007 年联合创办，是国内最早提出云监测与云防御理念的网络安全公司。公司坚守互联网 Web 安全业务方向，致力于为客户提供基于云技术支撑的下一代 Web 安全解决方案，集中解决中国恶意网站泛滥、网络欺诈猖獗、网站安全事件层出不穷等问题；联合多家知名企业成立了首个互联网"安全联盟"，充分利用联盟等社会资源加速企业发展；借助资本市场力量助力企业成长，先后获得神州数码、百度、腾讯等公司的数亿元投资，有力支撑公司发展壮大。目前，公司拥有国际一流的专业技术团队，在业界内享有极高知名度；具有强大的云安全防御监测能力，在云防御市场占有率方面以 41.67% 位居榜首；掌握大量黑产数据、诈骗信息、运营商脱敏数据、公安数据等，具有较强的反欺诈大数据风控基础。截至 2016 年底公司估值已超过 20 亿元，成为网络安全领域一只独角兽。

第一节　基本情况

北京知道创宇信息技术有限公司（以下简称"知道创宇"）成立于 2007 年 8 月，注册资本 6166.72 万元。公司总部设在中国北京，在香港地区设有分公司，在上海、成都、广州设有分支机构，客户及合作伙伴涵盖中国、美国、日本、韩国。知道创宇由多位网络安全专家联合创办，并拥有近百位国内一线安全人才的核心安全研究团队，员工规模已突破 600 人，于 2015 年再次获得腾讯战略投资。

知道创宇是国内最早提出云监测与云防御理念的网络安全公司，经过多年的积累，利用在云计算及大数据处理方面的行业领先能力，为客户提供具备国际一流安全技术标准的可视化解决方案，提升客户网络安全监测、预警及防御能力。凭借在行业中领先的技术实力及影响力，知道创宇被 CIO 杂志评选 2009 年度国内除阿里巴巴之外唯一一家入选亚洲最具价值企业名单。在 2016 年上半年中国网络安全企业 50 强榜单中，知道创宇列第 14 位。

第二节　发展策略

一、坚守互联网 Web 安全业务方向

自成立以来，知道创宇围绕互联网 Web 安全业务方向精耕细作，不断推出具有较强竞争力的服务和产品，提升公司互联网 Web 安全解决综合能力。知道创宇是国内最早提出网站安全云监测及云防御的高新企业，始终致力于为客户提供基于云技术支撑的下一代 Web 安全解决方案。知道创宇云安全作为知道创宇全力打造的一站式网站服务平台，始终致力于为企业 Web 业务系统打造坚实的防护网，集中解决中国恶意网站泛滥、网络欺诈猖獗、网站安全事件层出不穷等问题。知道创宇从最初的单一产品已经发展为包括"加速乐、创宇盾、抗 D 保、品牌宝"四大核心产品在内的 Web 问题综合解决方案。包括政府机关、金融、电子商务、教育、媒体等行业重点网站都在采用知道创宇云安全的产品和服务提升自身 Web 系统的在线流畅性和安全性。

二、充分利用联盟等社会资源助力企业发展

知道创宇的成功不仅得益于企业创始人的技术精湛、经历丰富、团队实力强等因素，更得益于公司积极借助各种社会团体平台资源开拓市场。早在 2012 年 9 月 10 日，知道创宇作为发起单位，联合腾讯、金山、瑞星、小红伞等知名企业成立了首个互联网"安全联盟"。此外，知道创宇先后加入了中国网络空间安全协会、中国网络安全产业联盟、广州互联网金融协会等数十家社会组织。通过这些平台，知道创宇快速高效整合了网站安全服务上下游资源，推动了公司市场开拓，加速了企业发展。

三、借助资本市场力量助力企业成长

知道创宇作为一个新兴创业型公司，成立之初完全凭借创始人的热情和技术的领先，但做大做强企业单靠技术和热情是远远不够的。借助资本力量实现企业的人员扩展和市场拓展是企业发展无法绕过的路径，知道创宇也不例外。知道创宇多年来都处于找资金的状态，因为监测、新技术研发、修补漏洞处处都需要投入不小的资金。知道创宇在企业前期融资方面遇到了不少阻碍，直到腾讯战略投资的进入，知道创宇才开始得到真正的发力，壮大。知道创宇先后获得了神州数码的天使投资，百度的 A 轮投资以及腾讯的 A、B、C 三轮投资，先后募集到数亿元。这些资本的加入不仅解决了知道创宇资金上的困难，同时也为公司带来了客户和市场销售渠道，有力支撑了公司发展壮大，截至 2016 年底公司估值已超过 20 亿元，成为网络安全领域一只独角兽。

第三节　竞争优势

一、拥有一流的专业技术团队

知道创宇拥有国际一流的专业技术团队，拥有多位国内著名安全专家，团队成员曾从业于国际、国内多个著名网络安全厂商，平均拥有 8 年以上安全研究及开发经验。其创始人赵伟曾为迈克菲（McAfee）高级安全研究人员，多次被包括微软的一线企业邀请作安全技术演讲，成功入选福布斯"中美 30 位 30 岁以下创业者"榜单，以及创新型综合服务平台"i 黑马"发布的"2016 企业服务 TOP 50 人"名单。公司开展零日安全威胁与云安全技术方面研究的团体，在业界内享有极高知名度。公司每年举办 KCon 黑客大会，通过高质量的闭门培训和议题演讲，持续提升公司专业人才的技术能力，同时不断指引着安全爱好者投身安全产业，提升能力做好安全。

二、具有强大的云安全防御监测能力

知道创宇是国内最早提出云监测与云防御理念的网络安全公司，建设了由创宇盾、抗 D 保、加速乐、品牌宝组成的云安全防御平台，形成了从网站防护到加速，再到品牌线上商业保护的一整套解决方案，形成了从区域资产，到漏洞威胁，再到攻击态势全面的获取能力，具有云安全防护方面领先的技术优势。知道创宇产品提供强大的云安全防御监测服务，能有效对来自网络空间的威胁提前预知、提前部署防范、实时抵御攻击。在云防御市场占有率方面，知道创宇以 41.67% 位居榜首，成为行业领头羊。

三、具有较强的反欺诈大数据风控基础

知道创宇通过其"创宇盾、抗 D 宝、安全联盟"等云安全产品的长期运行，采集了千万级的黑产数据；通过对互联网黑市的渗透，掌握了百万级的被黑产利用的高危账号信息；整合了百万级的欺诈信息，亿级的地理位置、设备数据，千万级的恶意 IP；通过第三方数据的挖掘，掌握了亿级的征信数据、支付数据，十亿级的运营商脱敏数据，百万级的公安数据。此外，知道创宇还通过互联网收集公开数据以及购买第三方数据，再加上自有业务数据，形成了知道创宇的大数据资源池，同时也保证了这些数据的持续更新。这些大数据支撑知道创宇产品和服务能力能够为信贷理财、电商 O2O、运营商等行业，量身定做业务反欺诈行业解决方案，实时监控主要业务节点异常，防止业务欺诈行为发生，为行业业务安全保驾护航。

第二十七章　北京瀚思安信科技有限公司

　　成立于 2014 年的北京瀚思安信科技有限公司是一家致力于利用大数据技术解决企业面临的庞杂、分立的信息安全问题的大数据安全公司。公司确立了由"被动防御"到"主动智能"的网络安全战略，通过基于大数据框架实现对访问行为等数据的分析，检测异常行为，以此来抵御新型外部攻击和内部人员恶意窃取；注重打造大数据安全明星产品，于 2016 年推出了瀚思用户行为分析系统、瀚思安全威胁情报和安全易三款重量级产品；积极推进商业融资和战略合作，累计获得融资额近 1 亿元，并与 Hortonworks、华为等众多公司签署战略合作协议，共同打造国内最大的大数据商业生态圈。目前，公司具备资深的安全专家团队，拥有数位世界级专家，掌握机器学习、异常检测和用户行为分析等核心技术和多项美国专利，产品及解决方案逐渐进入政府、公安、金融等关键领域，拥有大型企业及政府部门等优质的客户群体。公司凭借自身在企业级信息安全领域的技术优势，逐步赢得了业内人士和企业用户的认可。

第一节　基本情况

　　北京瀚思安信科技有限公司 HanSight（以下简称"瀚思"）成立于 2014 年，是一家以"数据驱动安全"为愿景，致力于利用大数据技术解决企业面临的庞杂、分立的信息安全问题的大数据安全公司。瀚思以大数据收集、处理与分析技术为核心，能有效发现并降低企业面临的内外部信息安全威胁，加快信息安全事件的处理效率，维护企业信息资产安全。

　　凭借自身在企业级信息安全领域的技术优势，瀚思逐步赢得了业内人士和企业用户的认可。2015 年，瀚思获得"2015 红鲱鱼亚洲 100 强"和"2015

红鲱鱼全球 100 强"奖项，成为 2015 年度亚洲信息安全领域的唯一获奖企业。2016 年，瀚思被国内知名媒体安全牛评为"2016 年度最具发展潜力"的初创企业。

第二节　发展策略

一、确立"主动智能"的网络安全战略

当前，传统以防御为核心的网络安全策略已难以有效应对网络安全新威胁，需要对大规模的安全数据进行有效的关联、分析和挖掘。为此，瀚思确立了由"被动防御"到"主动智能"的网络安全战略路径，通过基于大数据框架实现对企业系统、应用和用户访问行为等数据的分析，并据此检测异常行为，以此来抵御新型外部攻击和内部人员恶意窃取。在此基础上，充分运用深度挖掘与学习技术，对海量数据进行分析，使企业适应不断变化的网络安全威胁，形成主动智能的防御能力。

二、注重打造大数据安全明星产品

为有效抵御 APT 攻击，防范内部威胁，提升物联网安全，瀚思于 2016 年 6 月推出了瀚思用户行为分析系统（HanSight UBA）、瀚思安全威胁情报（HanSight TI）和安全易三款重量级明星产品。其中，瀚思用户行为分析系统是国内第一款 UBA 产品，不仅比肩国外的顶级 UBA 产品，同时提供了基于实际安全场景的多维度异常检测功能。瀚思安全威胁情报能对网络数据、主机数据、登录认证数据、威胁情报数据等相关数据进行联动分析，形成威胁情报。安全易具备对海量日志和安全事件信息的快速分析和挖掘能力，能帮助中小型企业快速发现威胁，并在安全事件发生后第一时间告警。此外，瀚思着力打造的新一代安全架构的核心平台——HanSight Enterprise，通过海量数据的实时分析，能实现企业安全的"可见、可控、可管"。

三、积极推进商业融资和战略合作

进行商业融资并加强与其他机构的战略合作是瀚思做大做强的重要发展策略。早在瀚思成立之初，瀚思就与全球领先的提供 Apache Hadoop 大数据平台开发、咨询和支持服务的公司——Hortonworks 签署战略合作协议，成为 Hortonworks 大中华地区认证合作伙伴。2015 年 12 月，瀚思与华为签订《大数据业务战略合作框架意向协议》，在技术、产品、渠道等各方面展开紧密合作，共同打造国内最大的大数据商业生态圈。2017 年，瀚思正式牵手思科，加入 Cisco pxGrid 全球合作伙伴计划，成为国内第一家入驻的企业，有助于实现不同供应商平台间感知环境的安全信息的共享。此外，瀚思还与亚信安全、汉柏科技、清华大数据联合会、先进数通等业内重要合作伙伴签订了合作协议，深入推进瀚思产品技术生态发展。2014 年，瀚思获得光速中国创投（lightSpeed）首轮千万融资，2016 年 6 月，瀚思 A 轮融资 3000 万人民币。截至目前，瀚思的累计融资额近 1 亿。

第三节　竞争优势

一、具备资深的安全专家团队

瀚思的主创团队均为趋势科技、微软、甲骨文等国际知名安全与 IT 厂商的精英成员，行业经验丰富，且熟知企业安全架构与 CSIO 需求。其中，瀚思创始人兼首席执行官高瀚昭是信息安全与大数据领域的连续创业者和全球资深技术领导者，过去 15 年间曾在中国、北美、东南亚、日本从事核心研发与技术管理工作，帮助企业和云上的用户实现从"被动防御"到"主动智能"的转变。瀚思联合创始人兼首席运营官董昕曾是云基地旗下超云公司（宽带资本与美国超微联合投资）的联合创始人兼资深副总裁，提出"云服务器"概念，并成功地带领团队发布了一系列云计算创新基础设施，包括业界首台 Hadoop 优化服务器、CDN 超低功耗服务器等。瀚思联合创始人兼首席科学家万晓川是核心安全算法、APT 沙箱、异常检测（Anomaly Detection）和用户行为分析（User Behavior Analysis）的世界级专家，拥有 10 项安全行业美国专利并长期积极倡导将机器学习应用于信息安全，曾是趋势科技中国研发中心技术级别最高的核心技术人员，也曾担任趋势科技专利委员会中国区主席。

二、掌握技术先发优势

瀚思是国内较早将大数据与安全分析有效结合的团队之一，掌握机器学习、sandbox 领域以及异常检测（Anomaly Detection）和用户行为分析（User Behavior Analysis）的核心技术，并在反钓鱼、脚本自动分析、高级沙箱、机器学习等安全领域拥有多项美国专利。公司拥有 5 年以上、超过 1000 台物理节点的 Hadoop / Spark 生产集群开发运维经验，以及大量基于数据的安全行为分析、关联分析与安全智能经验积累。目前，公司已发布了瀚思用户行为分析系统（HanSight UBA）、瀚思安全威胁情报（HanSight TI）和安全易等大数据安全产品，积极抢占市场，并获得了客户的一致好评。

三、拥有优质的客户群体

随着瀚思在大数据安全领域技术优势的逐渐显现，瀚思的产品及解决方案逐渐进入政府、公安、金融等关键领域，当前，招商银行、建设银行、中国联通、国家电网、太平洋保险、国家新闻出版广电总局、北京燃气、某市公安局等多家对信息化依赖程度大、对信息安全投入意愿较大，且具有自己安全理念的大型企业及政府部门等优质客户都已成为瀚思的客户群体。

热 点 篇

第二十八章　网络攻击

随着物联网、智慧城市的发展和普及，网络攻击的渠道更为广泛，手段更加多样，受害规模越来越大，带来的危害已经逐渐深入扩展到政治、法律、军事、经济、民生等各个层面，进而影响着整个社会的稳定运转。2016 年，网络攻击事件在世界范围内在呈上升态势，波及银行、工业、电力、交通等各个部门和领域，比利时银行遭 BEC 攻击损失 7000 万欧元，孟加拉银行被黑客转走 8100 万美元，德国核电厂遭受网络攻击，美国民主党国家委员会被黑客入侵，达美航空被入侵，域名服务商 Dyn 遭遇 DDoS 攻击致使美国西海岸大规模断网等事件接连发生，勒索软件日益猖獗，DDos 规模和数量激增，商业邮件欺诈屡试不爽，网络攻击规模和破坏力显著增长，造成严重的经济损失和社会危害，日益危机国家安全。从国内看，我国面临的攻击威胁尤为严重，漏洞攻击事件、网络扫描窃听事件、网络钓鱼事件、网络干扰事件不断发生。国家互联网应急中心发布的《2016 年我国互联网网络安全态势综述》称，2016 年大流量攻击事件数量全年持续增加，10Gbps 以上攻击事件数量第四季度日均攻较第一季度增长 1.1 倍，全年日均达 133 次，另外 100Gbps 以上攻击事件数量日均达到 6 起以上，并监测发现某云平台多次遭受 500Gbps 以上的攻击。

第一节　热点事件

一、清华大学教学门户网页疑遭 IS 黑客攻击

2016 年 1 月 18 日，清华大学发布消息称，1 月 17 日晚间 10 时左右，清

华大学教学门户网页遭受黑客攻击。点击部分页面后会自动播放带有伊斯兰教经文的音乐，大意为"真主伟大，我不惧死亡，牺牲是我最终的目标"。被攻击页面上的信息显示，黑客来自极端组织"伊斯兰国"（IS）。被攻击网站仅限于存放公告的网站，包括清华主页在内的其他站点均未受到影响，基本可以排除学生内部为篡改成绩而作案的可能，而且站点数量较小且分布无规律，初步推测攻击方式是弱口令扫描。事件发生后，清华大学迅速关闭了服务器，阻止进一步传播。

二、数十家国内大型机构遭遇勒索软件新变种 Locky 侵害

2016 年 2 月中旬，一种名为"Locky"新型病毒开始伪装成电子邮件附件的形式，在全世界各地迅速传播，并很快成为最流行敲诈者病毒之一。黑客向受害者邮箱发送带有恶意 Word 文档的邮件，Word 文档中包含有黑客构造的恶意宏代码，一旦电脑用户点击携带病毒的附件，主机会主动连接指定的 Web 服务器，下载 Locky 恶意软件到本地 Temp 目录下，并强制执行。Locky 恶意代码被加载执行后，主动连接黑客 C&C 服务器，执行上传本机信息，下载加密公钥。Locky 遍历本地所有磁盘和文件夹，找到特定后缀的文件，将其加密成".locky"的文件。这样，计算机上的办公文档、照片、视频等文件就会被恶意加密。用户要想重新解开数据的密码，就必须向这款病毒的发布者缴纳一定数量的赎金。爆发后短短几天内就有数十家国内大型机构陆续受到侵害，其中，国内某央企一周内连续三次中招，所安装安全软件无法防御，最终导致该企业部分终端用户瘫痪，给该企业造成不可逆的严重损失。

三、国内 600 个党政机关、企事业单位网站被挂马攻击

4 月 1 日，国家互联网应急中心（CNCERT）发出公告称网页恶意代码"Ramnit"被挂载在境内党政机关、企事业单位网站上，该代码是一个 VBScript 蠕虫病毒，可通过网页挂马的方式进行传播，一旦用户访问网站有可能受到挂马攻击，对网站访问用户的 PC 主机构成安全威胁。根据 CNCERT 的监测，境内共有近 600 个网站被检测发现仍有该恶意代码驻留，约 1250 台境内 Web 服务器被挂载过该恶意代码，被入侵的服务器主要类型为 Microsoft IIS

（占比69.3%）和 Apache 系列服务器（占比19.2%）。

四、香港卫生署信息系统遭黑客入侵

7月20日，香港地区卫生署临床信息管理系统的免疫接种记录系统怀疑被黑客入侵，约17000个病人档案被曝光且存在外泄危险。调查显示，黑客曾在7月10日至11日期间破解系统的信息保安设施，将外来可疑档案上载至服务器内入侵系统。随后，卫生署实时暂停运作该计算机服务器，并通知警方、个人资料私隐专员公署和政府资讯科技总监办公室。香港地区卫生署发言人指，黑客有可能曾浏览临床信息管理系统在运作期间所产生约17000个临时档案，包括公务员诊所和家庭医学深造培训中心、家庭健康服务（产前健康检查）、牙科服务及医学遗传服务4个临床服务单位的就诊人士的个人及临床资料，受影响人士可能高达10万人。

五、魅族 Flyme 系统遭黑客攻击

9月，有大量魅族用户反映手机出现了自动被锁定的问题，弹出的窗口显示需联系某QQ号并向他支付80到几百元不等的费用才能解锁。锁定状态下用户手机上出现的登录账号并非用户本人先前使用的账号，手机被锁定的用户试图联系客服找回 Flyme 账号，但提醒显示其 Flyme 账号不存在，通过官方申诉等渠道也无法完成。攻击范围几乎覆盖到魅族的所有机型。魅族官方回应称，确认部分用户手机被他人远程恶意锁定，导致无法正常使用。经分析，此次事故是一次恶意撞库行为，即违法分子通过收集互联网中已泄露的用户和密码信息，尝试登录系统以达到盗号目的。随后，魅族在技术上增加"异地登录验证码校验"流程以进一步加强系统安全性，同时建议用户注意保护好自己的个人信息。

六、香港多家知名机构遭病毒攻击被敲诈

10月，中国香港地区电脑保安事故协调中心共接到277宗有关敲诈者病毒的报告，较上年同期激增5.6倍，受害者多为中小企业及非营利机构。敲诈者病毒一般隐身于邮件附件内，伪装成账单、发票等诱使收件人点击，执

行后加密所有本地文件及部分共享服务器中的文件。其中，香港海事处电脑系统中招后遭遇黑客数万元比特币的赎金勒索，德勤会计师事务所也成为受害者。

<h1 style="text-align:center">第二节 热点评析</h1>

随着物联网、智慧城市的发展和普及，网络攻击的渠道更为广泛，手段更加多样，受害规模越来越大，带来的危害已经逐渐深入扩展到政治、法律、军事、经济、民生等各个层面，进而影响着整个社会的稳定运转。从热点事件来看，2016 年，网络攻击热点事件呈现以下几个特点：

一是关键基础设施、重点行业信息系统、政府机构以及高校依然是威胁攻击的主要目标。从上述热点事件看，香港地区卫生署信息系统、香港地区海事处、山东省淄博市淄川区委老干部局信息网等政府部门网站和清华大学教学门户网站等教育机构网站都遭到攻击。

二是全球性网络攻击对我国的影响程度日益加深。随着网络空间的无限延伸，网络攻击所带来的威胁在全世界蔓延，其引发的全球性效应日益凸显，各国成为网络攻击的"受难共同体"，我国也不可避免地深陷全球性网络攻击的包围。如"Locky"新型病毒这种全球性病毒给我国的有关机构、企业带来了严重的损害和不可预计的损失。

三是带有经济目标的网络攻击激增。一方面针对大型企业和公共服务机构大数据等高价值目标的攻击逐步增多。凯悦酒店集团恶意软件入侵和香港卫生署入侵都是为了窃取信息。另一方面恶意勒索性质的攻击愈发猖狂。360互联网安全中心发布的《2016 敲诈者病毒威胁形式分析报告》显示，2016年，全国至少有 497 万多台电脑遭遇敲诈者病毒攻击；10 月，中国香港地区电脑保安事故协调中心共接到 277 宗有关敲诈者病毒的报告，较上年同期激增 5.6 倍；在全世界广泛传播的"Locky"新型病毒也是一种敲诈者病毒。

第二十九章　信息泄露

伴随着大数据时代的到来，数据和信息成为实现价值创造的基础资源，蕴藏着巨大的利益，诱发了数据的过度收集和激烈争夺，加剧了数据泄露的隐患，数据泄露事件层出不穷，数据泄露的规模和范围也不断扩大，严重侵犯公民的合法权益和社会公共利益。2016 年，信息泄露问题依然十分严峻，并呈现愈演愈烈的趋势。世界范围内，网站数据和个人信息泄露事件多发频发，泄露体量日益加大，对政治、经济、社会的影响逐步加深，甚至威胁生命安全。如美国大选候选人希拉里邮件泄露，直接影响到美国大选的进程；雅虎两次账户信息泄露涉及约 15 亿的个人账户，致使美国电信运营商威瑞森 48 亿美元收购雅虎计划遭阻。另外，美国有线电视公司时代华纳 32 万用户数据被盗，土耳其发生重大数据泄露，总统的个人信息被挂上暗网平台，轻博客网站 Tumblr 超 6500 万邮箱账号密码惨遭泄露，LinkedIn 超 1.67 亿个账户在黑市被公开销售，世界最大反恐数据库在暗网出售等大体量数据泄露事件频繁发生。从国内看，数据泄露事件造成的财产损失和民生隐患正在急速加剧，暴露出从管理到技术层面的一系列问题。

第一节　热点事件

一、我国 22 家凯悦连锁酒店财务数据泄露

2016 年 1 月 18 日，凯悦酒店集团称，从 2015 年 8 月 13 日到 12 月 8 日，凯悦集团旗下 318 家酒店遭到恶意软件入侵，有些连锁酒店甚至更早前就已被入侵。根据已公布名册显示，美国、英国、中国、德国、日本、意大利、

法国、俄罗斯和加拿大等在内的全球 54 个国家的凯悦酒店都在被入侵之列。其中，我国有 22 家凯悦酒店受害。调查发现，在一些凯悦经营的场所，客户的支付卡使用数据有被越权访问的痕迹。这些恶意软件入侵的主要目的是窃取客户财务方面的数据，例如持卡人的姓名、卡号、到期时间和内部认证代码。恶意入侵事件虽均在酒店被曝光，但也不能排除温泉浴场、停车场、高尔夫商店、前台接待系统和销售办事处遭遇入侵的可能性。

二、淘宝千万账户信息泄露

2016 年 2 月，浙江警方通报了一起网络黑产案件，犯罪团伙利用互联网上非法流传的用户账号和密码对淘宝账号进行"撞库"匹配，用于抢单等灰黑产行为，贩卖账号等涉案金额高达 200 余万元。警方通过侦查发现，该团伙于 2015 年 10 月 14 日至 16 日通过租用阿里云服务器进行"撞库"，犯罪团伙利用手中已有的非淘宝账号对淘宝网进行了 9900 多万次比对，匹配后发现有 2059 万账户真实存在。专案组根据该线索经进一步审查发现，该团伙自编了 58 个黑客扫号软件，并通过地下数据黑市获取用户名和密码 32 亿组，涉及浙江、江苏、上海、山东、四川、福建、安徽等全国 20 余个省份用户。

三、济南 20 万儿童信息被打包出售

2016 年 4 月 6 日，"齐鲁壹点"网站一篇题为《济南 20 万孩童信息被打包出售！每条信息价格一两毛》的文章透露，只需花 32000 元就能买到济南市 20 多万条 1—5 岁的婴幼儿信息，顾客还可以选择信息范围。这一消息随即引发社会广泛关注。通过技术勘察，发现犯罪嫌疑人网上出售的孩童信息由黑客攻击数据库窃取。经查，犯罪嫌疑人叶某、苏某明、苏某华三人通过购买计算机入侵软件及系统管理破解密码等方式获取包括儿童免疫信息在内的公民个人信息，在网上非法出售获利。

四、马云等人个人敏感信息疑遭泄露

2016 年 5 月 13 日，根据《彭博社》报道，数十位中共官员和工商界领袖的个人信息被一位 Twitter ID 为"shenfenzheng"的用户发在 Twitter 上，包括

阿里巴巴董事会主席马云、万达集团董事长王健林及其儿子王思聪、腾讯控股董事会主席马化腾、小米公司创始人兼 CEO 雷军等互联网或商界巨头和政府、银行界、科技界和工商界等领域多位著名人物都在名单之列，内容涉及身份证、家庭住址等详细信息，但关于信息的真实性无法确认。该用户已经被 Twitter 官方冻结。

五、安徽 5767 个新生儿视频泄露

2016 年 7 月 11 日，有网友称在 56 视频网站上看到众多新生儿的视频，共计 5767 个。视频中的孩子都是在安徽妇幼保健院出生的。这些新生儿的视频，很多名字直接用"某某"之子、"某某"之女标注。点开后，视频里的孩子眼睛被蒙着，但相关信息非常清晰，就连诊断症状"黄疸""早产"等也能看清。记者调查发现，这些视频的上传时间跨度接近两年，大部分视频中有孩子的出生卡，上面有姓名、出生日期、诊断结果等详细信息。安徽省妇幼保健院称，视频是医院为住院宝宝的父母远程查看孩子的治疗状态录制的，出现在视频网站上是因为有黑客入侵了数据库。泄露新生儿视频的是 56 视频网的一个名为"安徽妇幼论坛"的用户。

六、百度云遭撞库 50 万账号被盗

2016 年 8 月，多名百度云用户发现自己的账号被盗，网盘内所存的大量文件消失，有的甚至被塞满黄片。百度威胁情报部门监测到大量外部恶意 IP 持续对百度账号进行撞库，大量百度账号被成功登录。经查，嫌疑人胡某一年间购买和免费获取近 3000 万条账户密码信息，后通过网购撞库软件将这些信息批量登录百度账户，从而筛选出 50 余万条正确账号密码，并在网上出售有现金的账号获利。这一事件引发用户对百度云产品安全性的质疑。

七、5·26 侵犯公民个人信息案

2016 年 10 月 14 日，绵阳市公安局网络安全保卫支队称绵阳警方最近破获公安部挂牌督办的"5·26 侵犯公民个人信息案"，抓获包括银行管理层在内的犯罪团伙骨干分子 15 人，查获公民银行个人信息 257 万条、涉案资金

230万元。经调查发现，该案系由湖南一银行支行行长出售自己的查询账号所引发。该黑色产业链由"号主"团伙、"中间商"团伙、"出单渠道"团伙、"非法软件制作团伙"四层架构组成。"号主"团伙即为涉案农商银行支行行长夏某和姚某某，夏某将账号出售给姚某某，再由姚某某将账号卖给胡某等"中间商"团伙，胡某等人又将账号卖给"出单渠道"团伙邹某等人，由邹某等人伙同另外一家银行的员工戴某某、韩某某利用职务便利大肆窃取公民个人信息。随后，他们再将查询到的信息卖给"中间商"团伙。

八、京东12G用户数据泄露

2016年12月11日，有消息称京东数千万用户信息疑似外泄，一个12G的数据包在黑市上流通，其中包括用户名、密码、邮箱、QQ号、电话号码、身份证等数千万条数据。京东称这些数据源于2013年Struts2的安全漏洞问题，在Struts2的安全问题发生后，虽然京东迅速修复了系统并进行了有针对性的安全升级提示，但确实仍有极少部分用户并未及时升级账号安全，埋下安全隐患。

九、国家电网APP海量用户数据外流

国家电网面向4亿用户推出的掌上电力APP提供充值、报修等电力便民服务，已拥有9000万用户。随着国家电网各地电力公司规模推广掌上电力，滋生出大量市场需求，淘宝上涌现大批提供关注、注册和绑定等服务的店铺。在淘宝店铺提供绑定服务的过程中，地方供电公司需要向淘宝店主提供消费者的客户编号、查询密码，部分店铺还要求提供详细地址。淘宝店铺为各省掌上电力增加用户量的同时也掌握了大量用户数据，包括消费者的客户编号、查询密码、手机号、微信号、户号、密码等大量敏感个人信息，涉及用户规模已经超过千万级，如今正成为数据黑色产业链觊觎的对象，如有信息泄露并流入黑市，危害将持续扩大。

第二节　热点评析

伴随着大数据时代的到来，数据和信息成为实现价值创造的基础资源，蕴藏着巨大的利益，诱发了数据的过度收集和激烈争夺，加剧了数据泄露的隐患，数据泄露事件层出不穷，数据泄露的规模和范围也不断扩大，严重侵犯公民的合法权益和社会公共利益。2016年，信息泄露热点事件呈现如下特点：

一是大体量的信息泄露事件频繁发生。个人信息泄露在空间上和时间上已经呈现出广泛性和持续性的特征，银行、医院等掌握公民敏感个人信息、关系国计民生的重要部门和数据密集度高的大型互联网企业成为信息窃取的主要对象。如国家电网掌上电力APP信息泄露事件中涉及9000万用户信息，包括客户编号、查询密码、手机号、微信号、户号、密码等大量敏感个人信息，涉及用户规模超过千万级；京东信息泄露事件涉及数千万用户信息，包括用户名、密码、邮箱、QQ号、电话号码、身份证等多个维度，数据多达数千万条。"5·26侵犯公民个人信息案"查获公民银行个人信息257万条；淘宝账户泄露事件也涉及千万账户。越来越多的互联网企业采取各种商业模式或诱导手段吸引用户注册，从而掌握海量用户信息，过度信息收集使得用户数据面临的隐患日益增大。值得注意的是，大型互联网企业数据泄露事件反复发生，一定程度上说明企业的数据防护管理水平和能力还有待提高，如网易、淘宝、京东数据泄露已成为经常性事件，对企业带来了严重的经济损失和信任危机。

二是信息泄露手段多样化。这些信息泄露事件已不局限于黑客攻击，内部人员窃取、撞库等手段因实施容易且成本低廉成为提高窃取成功率和准确率的重要手段，如淘宝账户泄露事件中犯罪团伙就是利用互联网上非法流传的非淘宝用户账号和密码对淘宝账号进行"撞库"匹配而窃取信息的，5·26侵犯公民个人信息案则是源于湖南一银行支行行长出售自己的查询账号。因此，除了加强技术防护手段，企业还需要加强管理，建立严格的网站管理规章制度、运行规程、监管体系，形成内部相互制约和监督关系，开展经常性的安全教育、规范化的安全培训机制并签署保密协议,加强安全责任意识,同时建立良好的故障应急处置机制。

三是地下市场的市场响应能力日益增强。获利已经成为个人信息买卖和泄露的重要推手,信息泄露者之间已经形成了稳定的产业链,不法分子获取公民的个人信息后可通过产业链以贩卖、加工、销售的方式迅速获取暴利。在巨大利益的推动和催促下,地下市场正在生成一个复杂和动态的生态系统,随市场对不同信息类型的需求而迅速应变,提供全面而精确的信息。这些信息几乎覆盖了一个人全部的经济社会生活,而且因供过于求获取成本日益低廉。如安徽妇幼保健院新生儿视频泄露和济南20万孩童信息泄露事件指向婴幼儿信息,包括姓名、出生日期、诊断结果等敏感信息,售卖价格极其低廉。

四是受害主体十分广泛,民生影响大。无论是成年人还是学生、婴幼儿,无论名人信息还是普通公众,不同年龄阶段、不同职业背景的人们都已经受到个人信息泄露的困扰。信息泄露的主体不仅限于商业机构,还有关系国计民生的重要部门;泄露的信息更为精确和敏感,不仅局限于静态信息,也包括动态信息,如"手机定位查询""个人轨迹查询"等。个人信息的泄露严重侵犯了公民的隐私权,同时也大大增加了通信信息诈骗等下游犯罪的隐患,给公民的人身财产安全埋下难以估量的巨大隐患。

第三十章　新技术应用安全

下一代互联网、物联网、云计算、大数据、移动互联网等新技术快速发展，并正在加快应用到电力、电信、石油、交通等重要行业。作为一种新兴事物，新技术应用仍处于快速发展和变动之中，很多技术目前仍然尚未完全成熟，加上新技术应用对基础核心技术的依赖性，其自身的安全隐患愈加突出。从全球范围看，各类新技术应用引发的问题层出不穷，美国东海岸网站集体瘫痪使得物联网安全问题引发全球关注。从国内看，云计算、移动互联网、物联网引发的安全问题日益凸显，并呈现多样化趋势。国家互联网应急中心发布的《2016 年我国互联网网络安全态势综述》称，2016 年，CNCERT 通过自主捕获和厂商交换获得移动互联网恶意程序数量 205 万余个，较 2015 年增长 39.0%。

第一节　热点事件

一、云同步应用导致 PC 间恶意软件感染数增加

2016 年 2 月，云安全分析师发现越来越多的恶意软件从一台 PC 传播到另一台，而这主要归咎于文件分享和同步应用的流行。根据云访问安全代理 Netskope 发布的 2016 年 2 月份报告，在云账户间传播的恶意软件类型，从简单的蠕虫到复杂的勒索软件不等。在大多数情况下，它们仅是被复制，等待用户执行触发。Netskope 表示，在其扫描的基于云端的应用中，4.1% 都含有某种类型的恶意软件。此外，它们仅扫描了被批准（官方）的云应用，这只占云应用总数的大约 5%，因而云应用中含有的各种恶意软件（或导致的恶意

软件的传播），或远高于4.1%。

二、小米 MIUI 合作版 ROM 存漏洞可任意篡权

2016年4月消息，小米官网所有 MIUI 合作版 ROM 均存在系统权限漏洞，任意 APK 都可利用此漏洞篡夺与 ROM 厂商相同的权限和数据，从而窃取系统应用数据（如短信、通讯录、照片等）、窃取小米账号密码（危及小米钱包和云端备份的资料）、执行静默安装，甚至 OTA 升级系统。所有 MI-UI 合作版 ROM 都使用了 Android 开源密钥签名系统 APK，其签名指纹与 Android 开源代码中附带的密钥一致，而密钥可通过 Android 官网公开取得。恶意 APK 使用公开密钥签名后可在 MIUI ROM 中获取任意系统权限，权限及数据与 ROM 厂商相同。

三、三菱欧蓝德混合动力 SUV 易受黑客攻击

2016年6月，英国广播公司报道，PTP 安全专家表示，欧蓝德混合动力 SUV 上的电池可以远程遥控进行放电，整个报警系统可以被禁用，更严重的是，黑客可轻易给欧蓝德混合动力 SUV 精确定位。PTP 表示，虽然大多数汽车系统使用 GSM 与移动应用通信，三菱这款车辆使用的却是 Wi-Fi，这不仅使得它的用处少于 GSM 连接，而且也增加了安全风险。欧蓝德混合动力 SUV 的 Wi-Fi 预共享密钥写在用户手册上，PTP 安全专家使用4颗 GPU 并行不到四天就破解了密匙，如果使用云服务器或者更多的 GPU，还能进一步缩短破解所需时间。PTP 专家表示，欧蓝德混合动力 SUV 捕获身份验证完全有可能完成，这使得黑客能够关闭报警，如果有人知道如何停用报警和打开轿车，车辆更多功能将会暴露给黑客，比如访问车载诊断端口。三菱官方建议用户使用手机连接欧蓝德混合动力 SUV，在系统选项当中选中"取消注册 VIN"选项，直到三菱通过新的固件或一个全新系统修复全部问题。

四、Uber 司机和乘客信息存在泄露风险

2016年6月，来自葡萄牙安全咨询和审计公司 Integrity 的研究人员在优步网站和服务中发现十多个漏洞，其中一些漏洞可被用于访问司机和乘客信

息。研究人员发现 riders. uber. com 网站并未部署任何针对暴力攻击的保护措施，攻击者能够不断尝试生成优惠代码直到成功为止。研究人员找到了 1000个有效优惠代码是通过暴力攻击方式获取的。在分析优步 APP 时，专家发现当用户想要跟别人分摊车费时，服务器返回的回应中包含司机和被邀请分摊用户的唯一识别码。通过这个唯一识别码，研究人员设法通过 APP 的"帮助"功能向优步服务器发出请求，获取关联用户的私人邮件地址。任何人都可以下载并安装优步司机 APP，但这款 APP 仅能够通过公司激活的账户被访问。Integrity 公司发现将参数"isActivated"的值从"false"修改为"true"，这款 APP 便可被轻易访问。获得对司机 APP 的访问权限后，安全专家就能获悉司机的姓名、车牌号以及最后一位乘客的行程信息。这一切都源于目标司机的唯一识别号码，通过向车辆发出请求并取消订单的方式就能获取这个唯一识别码。此外，研究人员还设法访问了司机行程的完整路径。发现的另外一个漏洞可被攻击者用来访问唯一识别码被暴露的用户的整个行程明细，包括司机的详细信息、车费及地理位置。

五、百度云遭撞库 50 万账号被盗

2016 年 8 月，多名百度云用户发现自己的账号被盗，网盘内所存的大量文件消失，有的甚至被塞满黄片。百度威胁情报部门监测到大量外部恶意 IP持续对百度账号进行撞库，检测结果显示有大量百度账号被成功登录。经查，嫌疑人胡某一年间购买和免费获取账户密码信息近 3000 万条，网购撞库软件将这些信息批量登录百度账户，筛出正确账号密码 50 余万条，并将有现金的账号在网上出售，获利 5 万余元。这一事件引发用户对百度云产品安全性的质疑。

六、国内 88 个金融类 APP 被爆 10 大隐患

2016 年 8 月 19 日，一个由移动互联网系统与应用安全国家工程实验室 4人、中国信息通信研究院信息产业通信软件评测中心 3 人和上海掌御信息科技有限公司 4 人所组成的检测团队对 88 个互联网金融类移动应用 APP 的检测结果以《移动互联网金融 APP 信息安全现状白皮书》（以下简称《白皮书》）

形式正式发布。《白皮书》内容显示,通过对互联网金融安全平台"网贷之家"中2015年发展指数前100名的互联网金融公司旗下的Android移动应用进行信息安全评估,并对样本中的88个互联网金融类移动应用APP进行深入测试,发现当前国内移动互联网金融APP信息安全存在着以下十大安全隐患:信息数据明文发送、通信数据可解密、敏感数据本地可破解、调试信息泄露、敏感信息泄露、密码学误用、功能泄露、可二次打包、可调试、代码可逆向等。《白皮书》指出,构建权威性的安全标准、政策推动、构建企业广泛参与的安全生态、提高国民信息安全意识等都成为实现网贷信息安全的重点。

七、支付宝实名认证信息漏洞导致关联认证

2016年10月10日,有用户反映支付宝实名认证存在漏洞,登录支付宝后打开支付宝实名认证页面,用户的实名认证信息下多出了5个未知账户,而且用户没收到任何形式的确认或是告知信息、短信、邮件,登录后的站内信息也无显示,完全因偶然点击实名认证的链接才发现自己有5个未知账户。支付宝方面表示,该问题是因账户持有人自身身份证等个人隐私信息泄露导致被关联认证所致。

第二节　热点评析

作为一种新兴事物,新技术应用仍处于快速发展和变动之中,很多技术目前仍然尚未完全成熟,加上新技术应用对基础核心技术的依赖性,其自身的安全隐患愈加突出。2016年,新技术应用安全热点事件呈现以下特征。

一是安全漏洞成为新技术应用安全的最重要隐患。新技术应用的研发和推广过于看重经济效益致使新技术应用自身仍然存在很多技术薄弱和不成熟的问题,尤其大量新技术新应用的基础核心技术由国外把控,基层核心技术自主创新能力不足,产业链不健全,仍处于全球产业链的下游,由此形成了对国外信息技术产品的体系性依赖,安全漏洞特别是基层核心系统漏洞成为新技术应用安全的难以控制和预防的最重要隐患。安卓系统因其基础开放特

性成为安全漏洞的重灾区，如小米官网所有 MIUI 合作版 ROM 的系统权限漏洞源于 Android 开源密钥签名系统 APK，联通沃邮箱无密码登录问题也是发生在部分 Android 客户端。

二是移动互联网安全威胁和风险日渐突出。互联网技术、平台、应用、商业模式与移动通信技术的紧密结合推动了移动互联网的飞速发展，随着移动支付、手机银行、移动理财工具、手机购物客户端等各类移动金融工具的不断涌现，移动金融成为丰富金融服务渠道、创新金融产品和服务模式、发展普惠金融的有效途径和方法，交易量与支付额更是不断刷新纪录。与此同时，移动金融应用暗藏风险，账户密码被窃取、手机绑定银行卡被盗刷、资金被转移，手机被植入木马病毒等安全问题层出不穷。《移动互联网金融 APP 信息安全现状白皮书》爆出当前国内移动互联网金融 APP 存在的十大安全隐患，因适用的便利性和普遍性，移动金融的安全性问题成为广大手机用户最为担忧的一个问题；支付宝的实名认证信息漏洞导致关联认证问题更是一度引发用户对移动金融应用安全的担忧。

三是云服务安全问题暴露出严重安全风险。云应用在日益发挥积极作用的同时也沦为恶意软件和不良信息传播的载体，云同步应用使得恶意软件在 PC 间的传播更加便捷。

四是管理漏洞亟须填补。人为因素也是新技术新模式应用安全的一大隐患，新模式往往在带来巨大效益的同时也因管理经验的不足和风险防控意识的缺乏给不法分子留下可乘之机。两司机利用刷单软件从优步打车平台刷单事件反映了企业对于其经营模式漏洞的预测和准备不足，不能有效应对其所带来的损失和风险。

第三十一章　信息内容安全

随着网络平台为普通用户提供了越来越便利的信息发布环境，新技术新业务不断催生出新的信息传播方式，信息在自媒体类平台间的跨平台传播更为快捷，信息传播的及时性、互动性和便捷性使得网络信息内容具有更大的不可控性和更强冲击力，非法有害信息以多种形式和渠道充斥于网络空间，严重污染了网络生态环境，给人民的生命财产安全、社会稳定和国家安全带来了极其严重的损害。网络谣言依然是难以根治的顽疾，严重威胁政府公信力；新的信息内容安全问题涌现引发民生问题，严重危害社会公共利益。

第一节　热点事件

一、多家网络直播平台涉淫秽暴力被查

2016 年 4 月，为规范网络表演等互联网文化市场经营秩序，文化部对普遍巡查发现的违规情节严重的网络直播平台进行了集中排查取证，发现斗鱼、虎牙直播、YY、熊猫 TV 等多家网络直播平台涉嫌提供含有宣扬淫秽、暴力、教唆犯罪、危害社会公德内容的互联网文化产品。此次排查共梳理出二十五批违法违规互联网文化活动的查处名单，这些网络直播平台违规事实清楚，证据确实充分，文化部部署相关地区文化市场综合执法机构对涉案企业进行了查处。

二、魏则西因受百度竞价排名的医疗信息误导贻误治疗

西安电子科技大学 21 岁学生魏则西患因滑膜肉瘤，经过多方求诊无望后

在百度首页搜索出武警北京第二医院的生物免疫疗法，随后在该医院治疗致病情耽误。他在知乎网站撰写治疗经过，这则题为"你认为人性最大的恶是什么？"的回答将百度搜索和百度推广推上风口浪尖，4月至5月初在互联网引发网民关注，成为轰动一时的热点事件。百度等信息平台的责任成为讨论焦点，引发竞价排名是否属于广告等一系列问题。2016年5月2日，国家网信办会同国家工商总局、国家卫生计生委成立联合调查组进驻百度公司，对此事件及互联网企业依法经营事项进行调查并依法处理。

三、国际通用报警求助手势"同时竖起食指、中指和小指"谣言

2016年4月，网传"最新国际通用报警求助手势！最新设计出统一报警求救手势，适用于受害遇难者及时向外界发出求救信号，这个手势形状既像中国报警电话号码110，又像美国报警电话911所以适合国际通用"。还有人呼吁"当看见这个手势，请协助暗示的人报警！告诉你的小孩学会这个手势，当有危险时及时使用。接下去……"多地警方对此进行辟谣，提醒民众不要轻信不为大众所知的报警方式，报警求助的肢体语言目前并无官方统一标准手势，只要第三方看得懂即可。

四、百度夜间推广赌博网站事件

2016年7月17日6点26分至7点零7分，公安机关通过百度搜索进入一家名为"澳门威尼斯人"的赌博网站，页面数据显示，投注额从7900万元暴增至一亿元，参与投注的用户数也在一夜之间由47万人增加到62万人。通过持续两个月关注百度搜索发现，夜间10点以后，多家赌博网站盗用正规公司营业资质，被标注"商业推广"字样悄悄上线，次晨9点前全部下线，恢复自然搜索结果。在季度末和周末，赌博网站更是大量涌现。在百度推广系统，参与竞价的客户分为企业和非企业两大类。多名从事非企渠道业务员透露，非企账户主要用来进行灰色或非法业务推广，如赌博、保健品、"定位找人"等，其消费多用来冲业绩。百度非企渠道业务员称，以今年第一季度为例，有百度推广业务代理商为了完成任务，给非企渠道业务员的回扣达到80%；且其所展示的企业资质多为造假，多家赌博网站百度的推广费用一晚

累计超过 30 万元。除少量以个人名义开户，大部分百度非企渠道用户认证信息都是盗用的，被盗用信息公司根本不知情，即使被发现遭到投诉，代理商或非企渠道业务员马上将"举报账户"下线，第二天换家公司注册就可继续推广。此外，根据规定要求百度应"对商业推广信息逐条加注醒目标识"，而百度向垂直类网站收取数亿元导流费用的阿拉丁计划，在搜索中并未见"商业推广"等标识。

五、"政府决定放弃农村保城市"等涉雨情汛情网络谣言

2016 年 7 月份，全国多地遭遇强降雨天气，多地汛情严峻，雨情汛情成为网民关注焦点，一些捏造灾情、混淆视听的网络谣言伺机传播，扰乱社会秩序。如"暴雨后自来水会浊两三天""汤逊湖大堤决堤""政府决定放弃农村保城市""急需抗洪志愿者""抗洪官兵饮食供应不足""北京公主坟地铁站被淹""武汉暴雨致鱼中毒污染""湖北两月内将发生大地震""成都发生洪水灾害，严重程度超过 1998 年"等谣言急速传播，各地网信、公安、水务、防汛等部门分别第一时间展开辟谣。

六、涉 G20 峰会网络谣言

2016 年 8 月中旬，G20 峰会召开前夕，朋友圈、微博等社交平台流传"G20 期间杭州不能寄快递""杭州周边 300 公里内，含有液体、粉末的快递不得进出""G20 峰会期间杭州城区大部分加油站将被关闭""安保警察每人补贴 10 万元""G20 杭州峰会预算 1600 亿元""西湖景区不准明火做饭，一律由公安配送"等围绕 G20 峰会的各类不实信息。浙江省、杭州市相关部门以及浙江省政府新闻办公室官方微信对上述传言逐一辟谣。

七、银行成失联儿童守护点谣言

2016 年 5 月份，网络上流传各种儿童守护点的消息，比如公交车站、某连锁企业门店、书店、药店等，最终都被证实为谣言。9 月，一条"全国银行正式成为中国失联儿童守护点"的信息在不少市民的朋友圈中广泛转发，因消息内容涉及孩子，这条消息受到很多家长的关注。消息称，10 月 1 日起，

全国银行正式成为中国失联儿童安全守护点，银行就是失散儿童守护人。只要孩子进了银行，即便暂时与家长失去联系，孩子也不会被拐卖或出现意外。经证实，全国银行系统并未发布此类通知，银行网点也没有能力提供相关服务。各地警方、公交集团、银监部门、顺丰快递公司等分别对公交车、中国银行营业点、快递门店成为失联儿童守护站的说法进行了辟谣，并提醒广大网民如有儿童走失应第一时间报警，以免影响案件侦办。

八、空军八一飞行表演队女飞行员牺牲事故谣言

2016 年 11 月 12 日，中国空军成立纪念日第二天，空军八一飞行表演队女飞行员、我国首位歼—10 女飞行员余旭和队友在驾驶表演机训练时发生事故，飞机坠落到唐山陈家铺大杨铺村西南地里。余旭因跳伞弹射时撞到僚机副翼，导致跳伞失败，不幸牺牲。消息一出，各种猜测性信息流传，产生了诸如"两架表演机空中相撞""余旭歼—10 只飞 80 个小时"等众多谣言。多家权威媒体辟谣表示，两架表演机空中并未发生相撞，而且余旭牺牲前歼—10 总飞行时间已接近 500 小时，飞行表演超过 300 小时。

九、"微距镜头下的北京雾霾"等有关雾霾的网络谣言

2016 年 12 月，北京、天津、河北、河南、山东等地遭遇大范围雾、霾天气。有关雾霾的网络谣言也在网上大肆传播，如"此次雾霾含有硫酸铵、可以致人死亡""在 4000 流明灯光下用微距镜头拍摄的北京雾霾""北京雾霾中检测出 60 余种耐药菌，抗生素对其无效"。这些谣言伪装成科普文章，以部分事实遮蔽更多真相，危言耸听，严重扰乱人心。国家卫生计生委专家、中国科学院大气物理研究所官方微博等科普机构、专家纷纷对此类谣言进行科普辟谣。

第二节　热点评析

随着网络平台为普通用户提供了越来越便利的信息发布环境，新技术新

业务不断催生出新的信息传播方式，信息在自媒体类平台间的跨平台传播更为快捷，信息传播的即时性、互动性和便捷性使得网络信息内容具有更大的不可控性和更强冲击力，非法有害信息以多种形式和渠道充斥于网络空间，严重污染了网络生态环境，给人民的生命财产安全、社会稳定和国家安全带来了极其严重的损害。2016 年，信息内容安全热点事件主要呈现以下几个方面的特征。

一是非法有害信息种类、形式更为多样化。网络中充斥着各种的不良信息，并且以多样化的形式大肆传播，污染网络生态环境，产生了极其恶劣的社会影响，如非明示的商业推广，在新业态中蔓延的淫秽色情、恐怖暴力等有害信息，以及伪装能力越来越强的网络谣言、网络诈骗。

二是网络直播等新业态成为非法有害信息滋生的新空间。作为一种互联网新业态，网络直播因其实时性、直观性、互动性强和参与成本低等特点，深受广大年轻网民的欢迎，其市场规模和用户数量近两年几乎呈井喷式增长。根据中国互联网络信息中心发布的第 38 次《中国互联网络发展状况统计报告》，截至 2016 年 6 月，网络直播用户规模已达到 3.25 亿，占网民总体的45.8%，高峰时段甚至有三四千个直播"房间"同时在线。在高速发展的网络直播背后，可谓乱象丛生。为了增强关注度，许多空间充斥着色情、暴力、谣言、诈骗等信息，甚至存在色情表演、赌博等违法犯罪活动，突破了道德和法律的底线，严重破坏网络生态。

三是议程设置的恶意引导带来了严重的安全隐患。不同于对社会舆论和大众文化带来潜在的安全问题，带有经济目的的信息发布和传播行为对公民合法权益和社会稳定造成的损害更为持续和直接。魏则西事件、百度夜间推广赌博网站事件以及山东大学生徐玉玉遭遇电信诈骗后死亡都是以获利为目的而发布虚假有害信息，最终造成严重的人身伤害和财产损失。尤其是搜索引擎、社交网络平台、新闻聚合类应用等通过算法影响内容排序和分类的负面效应更为凸显，这种暗箱操作的议程设置以其信息推送力严重误导公众，魏则西事件就是搜索引擎竞价排名机制引发问题的集中反映，这一机制不以信誉度而以价钱高低为主要权重而进行排名，对医疗、药品、保健品等关系民众生命财产安全的信息搜索结果的排序，并且不以明显可见的方式掩饰其广告性质，给公众带来了实质性的误导。

　　四是网络谣言难以根除，政策类谣言开始泛滥。网络谣言这一痼疾依然牢牢地根植在网络空间，事件类谣言、生活常识类谣言依然大行其道，关系民众切身利益的政策类谣言开始泛滥并引发更大的关注度，对政府的舆论应变能力提出了更高的要求。如银行成失联儿童守护点谣言、政府决定放弃农村保城市等涉雨情汛情网络谣言、国际通用报警求助手势谣言、涉 G20 峰会网络谣言等政策性谣言不仅影响政府的公信力，而且与公众的切身利益息息相关。

展 望 篇

第三十二章　2017 年我国网络安全面临形势

2017 年，网络攻击技术的迅速发展将推动针对关键信息基础设施及其控制系统的网络攻击技术快速走向成熟化，以政治利益为导向、关键信息基础设施为目标的国家级网络攻击发生的可能性逐渐增加，国家关键信息基础设施面临的网络安全风险将进一步加大；物联网智能设备的普及应用，将进一步扩大智能设备漏洞的网络威胁范围，由此引发的安全事件将进一步升级；各类以信息泄露和资金窃取为目的的网络攻击将更加泛滥，网络空间固有的隐蔽特性以及网络可信身份管理的缺失更会在客观上助长国际窃密、造谣诽谤、金融诈骗等网络违法犯罪行为，企业和个人的信息安全及金融安全将面临更加严峻的挑战；国内外大型 IT 公司、网络厂商及安全企业将加大网络安全领域的投入力度，以期抢占更大的市场，网络安全市场竞争将更加激烈；各国会进一步加强网络空间部署，网络空间军备竞赛和网络冲突将持续存在并日益走向复杂化、高级化，全球网络空间局势将更加复杂，网络战威胁将显著增加；世界各国围绕互联网域名和根服务器管理权的争夺和网络空间国际规则的角逐将更加激烈。

第一节　关键信息基础设施面临的网络安全风险不断加大

随着信息技术的逐渐发展与普及，国家关键信息基础设施互联互通的发展趋势愈发明显，在实现数据高效交互、信息资源共享的同时，也给针对关键信息基础设施的网络攻击提供了可能。一方面，针对关键信息基础设施及其控制系统的网络攻击技术迅速提升。2016 年 1 月，研究人员发现，低水平黑客能通过单次远程连接工业电机造成设备物理破坏，其中很多设备易通过

互联网进行访问；5月，德国研究人员研发出概念验证型蠕虫病毒 PLC -
Blaster，无须借助 PC 或其他系统，即可实现在 PLC 之间的传播，能对关键信
息基础设施及其控制系统产生灾难性后果。另一方面，以政治利益为导向、
关键信息基础设施为目标的网络攻击更加猖獗。2016 年 1 月 19 日，乌克兰空
中交通管制系统遭受针对性的网络攻击；26 日，以色列电力局遭到重大网络
攻击；28 日，加拿大公安部表示，其航空系统、电网、水利系统等关键信息
基础设施在两个月内遭受了 25 次网络攻击。3 月，Verizon 公司称黑客通过互
联网入侵了一家水务公司的供水控制系统并更改了化学物添加比例，直接影
响了水质和供水能力。5 月，Anonymous 麾下的 BannedOffline、Ghost Squad
Hackers 等黑客小组，发起了针对全球多家银行网站的短期性网络攻击行
动——"Operation OpIcarus"，其实施的 DDoS 攻击造成约旦国家央行、摩纳哥
央行等的网络系统陷入了半小时的瘫痪状态，难以正常工作，黑山国家银行
网络系统甚至被迫关闭，停止服务。8 月，针对工控行业的"食尸鬼"网络
攻击遭曝光，通过伪装阿联酋国家银行电邮发动鱼叉式攻击，攻击者对西班
牙、巴基斯坦、阿联酋、中国等国家实施了定向网络入侵，涉及多国的军事、
石化、航空航天和重型机械等目标。12 月，委内瑞拉遭网络攻击，全国银行
交易出现故障。

2017 年，随着网络攻击技术的迅速发展，技术成熟的工控蠕虫病毒被黑
客掌握的时间并不久远，加之各类针对工业控制系统的网络攻击仍可能发生，
国家关键信息基础设施面临的网络安全风险将进一步增加，值得我国引起高
度重视。

第二节　物联网智能终端引发的网络安全事件进一步升级

2016 年，世界范围内物联网智能终端引发的安全事件日益频繁，美国、
新加坡、德国、利比里亚等国家相继发生物联网智能终端遭攻击引发的全国
性断网事件。如，10 月 21 日，美国域名解析网络服务（DNS）提供商 Dyn
Inc. 公司遭 DDoS 攻击，导致美国东部大规模互联网瘫痪，包括 Twitter、Spo-

tify、Netflix、Airbnb、Github、Reddit 以及纽约时报等主要网站都受到黑客攻击影响，网络摄像机、网络打印机等大量物联网设备是黑客发动此次攻击的主要载体。27 日，新加坡三大电信公司之一星和（StarHub）表示，其域名服务器（DNS）3 天内连续两次遭受国际黑客的网络攻击，造成其部分宽带用户的网络中断，黑客攻击手段与导致美国断网事件的攻击方式极为相似。11 月7 日，强大的分布式拒绝服务（DDoS）攻击（攻击流量达到了 1.1Tbps）破坏了利比里亚的服务提供商的系统，导致利比里亚全国网络瘫痪。11 日，俄罗斯 5 家大型银行遭到来自 30 个国家 2.4 万台计算机以及闭路电视摄像头、家用电器等物联网设备构成的僵尸网络持续不间断发动的长达 2 天的 DDoS 攻击。27 日，德国电信遭遇网络攻击，超 90 万路由器无法联网，并持续数个小时。与物联网智能设备高速普及不相适应的是，物联网的安全防护却非常脆弱，生产厂商在产品安全方面的资金投入和相关研究非常有限，加之物联网设备具有数量极其巨大、设备长期在线、处理器性能强悍、网络带宽设定高等特点，利用物联网智能设备漏洞攻击已经成为黑客网络攻击的新手段。

可以预见，2017 年随着物联网智能设备的进一步普及应用，智能设备漏洞波及的网络威胁范围将更广[①]，引发的安全事件将进一步升级，后果将更加严重。

第三节　以信息泄露和资金盗取为目的的网络攻击将更加泛滥

2016 年，大体量的数据泄露事件频繁曝光，严重威胁企业和个人的信息安全。1 月 8 日，美国最大的有线电视公司时代华纳表示，旗下约有 32 万用户的邮件和密码信息被黑客窃取。3 月，美国 21 世纪肿瘤医院系统发生数据泄露事件，220 万病人和员工的隐私信息遭到曝光。4 月 3 日，土耳其爆发重大数据泄露事件，包括姓名、身份证号、父母名字、住址等敏感信息在内的

[①] 《2017 年网络安全发展呈现十大趋势》，《中国电子报》，见 http://www.ccidnet.com/2017/0106/10231787.shtml。

近5000万土耳其公民个人信息被泄露。同月，济南20万儿童信息被打包出售，包括家庭门牌号等精准的住址信息。5月4日，加拿大金矿公司14.8G的数据遭黑客泄露。19日，领英的1.17亿条用户账户信息遭窃取，相关用户的登录凭证被曝在暗网销售。6月，全球第二大的社交网站MySpace 3.6亿用户账号和4.27亿密码数据遭泄露，或成互联网史上最大规模的密码泄露事件。10月14日，湖南省邵阳市某县农商银行一支行行长贩卖账号，导致257万条公民银行个人信息被泄露。17日，知名数据库及数据存储服务提供商MBS的MongoDB数据库由于缺乏有效的安全保护措施，导致5800万商业用户的重要信息泄露，涉及名称、IP地址、邮件账号、职业、车辆数据、出生日期等。12月10日，京东被曝12G用户数据泄露，涉及数千万用户，部分用户已接到"退单"诈骗电话。13日，电e宝、掌上电力等APP的数据泄露，涉及千万级用户，部分数据可能已经流入黑产，危害持续扩大。

针对互联网金融发动的网络攻击呈现"野蛮式"的增长，给个人、国家甚至全球都造成难以计数的经济损失。1月，飞机零件制造商FACC的财会部门遭黑客攻击，造成约5000万欧元的经济损失；3月，Buhtrap组织成功地对俄罗斯银行发动多次网络攻击，并成功窃取了超过十八亿六千万卢布资金；5月，匿名者发起了#OpIcarus运动，超过十家金融机构遭遇DDoS攻击，涉及希腊、塞浦路斯、荷兰和墨西哥等国家。此外，多家国际银行SWIFT系统遭受攻击，厄瓜多尔银行约1200万美元被转移至境外，而孟加拉国央行则被盗8100万美元，成为有史以来最大规模的网络窃案。

2017年，随着网络黑产链条逐渐孵化成熟并向组织化、集团化发展，各类以信息泄露和资金窃取为目的的网络攻击将更加泛滥，网络空间固有的隐蔽特性以及网络可信身份管理的缺失更在会客观上助长国际窃密、造谣诽谤、金融诈骗等网络违法犯罪行为，企业和个人的信息安全及金融安全将面临更加严峻的挑战。

第四节　网络安全市场竞争将更加激烈

全球网络安全市场增长迅速。据IDC 2016年10月发布的预测报告显示，

2016 年全球安全相关的服务、软件和硬件收入有望达到 736 亿美元。Markets and Markets 的报告指出，到 2019 年，全球网络安全市场预计增长至 1557.4 亿美元。据 Gartner 公司预测，2016 年全球信息安全产品和服务的开支将达到 816 亿美元，较 2015 年增长 7.9%。咨询和 IT 外包是目前信息安全开支最大的细分市场。预计到 2020 年底，安全测试、IT 外包和数据丢失防护（DLP）的市场增幅最大。

涉及网络安全公司的融资并购、国际合作活动增多。国内外大型 IT 公司、网络厂商及安全企业纷纷通过融资并购、国际合作等方式做大做强，以期抢占更大的市场。2016 年，上亿美元的融资并购高达 10 余起。2 月，IBM 收购事件响应解决方案提供商 Resilient Systems，以强化其在安全运营和事件响应方面的能力，扩大行业影响力，加强行业布局。同月，诺基亚收购加拿大网络安全软件公司 Nakina Systems（"Nakina"），以强化诺基亚的网络安全领域地位，帮助客户提升防御水平，强化隐私保护。3 月，美国哈曼国际工业集团收购密歇根汽车网络安全公司 TowerSec，以加强针对汽车产品的网络安全实时检测与防护，防止黑客及病毒入侵，进一步提高其汽车产品的安全性。6 月，赛门铁克斥资 46.5 亿美元并购 Web 安全提供商 Blue Coat。同月，思科以 2.93 亿美元收购 Cloudlock，进一步增强思科的安全产品组合，为企业提供从云到网络再到终端的全面保护。8 月，南洋股份以 57 亿元的价格完成了对北京天融信科技股份有限公司 100% 的股权收购，快速切入了具备广阔市场前景和较高技术壁垒的信息安全行业。11 月，赛门铁克斥资 23 亿美元收购 Lifelock，以强化网络防御技术，为市场提供更好的总体安全和威胁检测。在国际合作方面，浪潮与思科合资公司获批，合资公司投资总额 2.8 亿美元，注册资本 1 亿美元，从事信息技术和通信领域的技术开发、咨询服务及计算机软硬件的开发、销售，浪潮占有 51% 的股份。中国电科与微软成立神州网科，合资公司注册资本 4000 万美元，为中国政府和关键基础设施领域的国企用户提供符合"安全可控"要求的 Windows 10 操作系统，中国电科占股 51%。2017 年，随着全球网络安全需求的不断增长，国内外大型 IT 公司、网络厂商及安全企业势必加大网络安全领域的投入力度，以期抢占更大的市场，网络安全市场竞争将更加激烈。

第五节　网络战威胁风险显著增加

随着网络空间地位的日益提升，网络空间已成为各国家安全博弈的新战场。世界各国为确立在网络空间中的优势地位，不断加强网络空间攻防能力，国家级网络冲突一触即发。一是美欧将威慑能力发展提升至战略高度。1月，美国白宫提交了《网络威慑战略》，充分剖析了潜在对手的网络攻击手段，提出了"拒止威慑""以强加成本的方式实现威慑""支持网络威慑的活动"等网络威慑战略的组成要素，政府将根据新威胁和地缘政治的发展调整优先事项。11月，英国发布新版网络安全战略，将网络威慑作为发展要点。二是网络空间"军备竞赛"持续升级。3月，丹麦设立了政府黑客学院，以培育网络军队。6月，世界最大军事集团"北约"正式将网络空间确定为战场。8月，美国建立了陆军网络司令部。10月，美军网络任务部队已达5000人，133个网络任务组全部具备初始作战能力。三是国家间的网络监控事件频频曝光。2月，维基解密发布的机密文件显示，美国情报单位曾对德国总理默克尔与联合国秘书长和欧联盟主要领导人的会谈进行了监听；4月，德国情报机构也被曝曾大肆监听盟国和国际组织。四是有政府背景的网络攻击日益猖獗。3月，韩国国家情报院表示，朝鲜黑客攻破了韩方政府官员的智能手机，窃取了大量敏感数据。4月，联邦调查局表示，具有国家背景的APT6黑客组织已连续多年入侵美国政府并窃取海量机密文件。10月，美国政府指责俄罗斯政府曾授权并帮助黑客入侵民主党内部邮件，导致邮件内容遭泄露，干扰美国大选。五是网络战演习不断强化。美国举行了"网络风暴5""网络盾2016""网络卫士"等网络战演习，强调应对针对重要基础设施的潜在威胁；欧洲举行网络战演习，加强对联网基础设施遭入侵、国家断网等网络安全事件的协同应对能力。六是网络攻击成为重要的军事打击力量之一。作为美国针对IS最新一系列军事任务之一，美国国防部网络部门于4月对IS实施了网络攻击，通过在IS网络中植入木马等工具，以研究IS成员行为，阻止IS通过互联网宣传、招募新成员和发布命令，同时帮助美军重新定向IS武装分子，实施物理打击。

2017 年，为强化网络空间攻防能力，有效抵御网络恐怖主义和潜在威胁国家的网络攻击，各国会进一步加强网络空间部署，网络空间军备竞赛和网络冲突将持续存在并日益走向复杂化、高级化，全球网络空间局势将更加复杂，网络战威胁将显著增加，我国网络安全面临的外部形势也将愈发严峻。

第六节　网络空间国际话语权的争夺日趋激烈

互联网治理改革进程加快。9 月，G20 杭州峰会一致认为互联网治理应继续遵循信息社会世界峰会（WSIS）成果，强调政府、私营部门、民间社会、技术团体和国际组织等各方应根据其各自的角色和责任充分、积极参与互联网治理。10 月 1 日，美国商务部下属机构国家电信和信息管理局将互联网管理权移交给非营利性机构"互联网名称与数字地址分配机构"（ICANN），结束了对互联网域名管理权的长期单边垄断，标志着全球互联网治理进入新阶段。然而，美国将根域名服务器管理权移交给"全球互联网多利益攸关社群"，并强力阻挠其他国家政府在新的管理机制中发挥作用，限制中国等发展中国家力量进入 ICANN 决策层，加之新的管理机制仍会受制于美国法律，美国仍隐形控制着 ICANN，使互联网域名的全球共治仍面临诸多挑战。2017年，世界各国围绕互联网域名和根服务器管理权的争夺仍将激烈。

网络空间国际规则制定取得积极成果。联合国信息安全政府专家组（UNGGE）确认，包括国家主权原则在内的《联合国宪章》等国际法准则适用于网络空间。上合组织元首理事会会议通过《塔什干宣言》，支持在联合国框架内制定网络空间负责任国家行为的普遍规范、原则和准则。第五届联合国信息安全政府专家组会议重点研究讨论了网络空间国家行为规范及国际法在信息通信技术领域的适用、信任措施等问题，并取得良好效果。在第四轮中德政府磋商中，中德就在联合国框架下，推动制定各方普遍接受的网络空间负责任国家行为规范等内容达成共识。与此同时，美、英等发达国家陆续出台新版国家网络安全战略，维护其在网络空间中的优势地位；乌克兰、新加坡等中小国家也积极推出网络安全相关战略，加强网络安全能力建设。2017 年，世界各国围绕网络空间国际规则的角逐将更加激烈。

第三十三章　2017 年我国网络安全发展趋势

2017 年，围绕落实《网络安全法》《国家网络空间安全战略》等文件和习近平总书记系列重要讲话精神，国家有关部门将出台国家网络可信身份战略、关键信息基础设施保护制度等多项网络安全政策文件，加强网络安全管理，改善网络安全政策环境；出台关键信息基础设施保护、网络安全审查、个人数据保护的实施细则，完善相关司法解释，推动网络安全法律体系加速形成；持续开展打击整治网络侵犯公民个人信息专项行动，推进关键信息基础设施网络安全检查，落实电子商务安全保障工作，切实保障公民个人隐私安全和关键信息基础设施安全；优化网络安全产业发展环境，促进网络安全产业高速增长；加强网络可信身份体系建设，推动已有的 eID、数字证书、金融卡等网络身份认证体系的互联互通，建立跨平台的网络可信身份体系；加快网络安全学科专业和院系建设，创新网络安全人才培养机制，完善网络安全人才培养配套措施，推动建立灵活的网络安全人才激励机制，为优秀人才脱颖而出创造良好的发展环境；深化以共享全球网络威胁信息、打击网络恐怖主义等为核心的国际网络安全合作，推动国际社会在相互尊重、相互信任的基础上，加强对话合作，推动互联网全球治理体系变革，共同构建和平、安全、开放、合作的网络空间，建立多边、民主、透明的全球互联网治理体系。

第一节　政策环境将不断改善

2016 年，我国相继发布了《国家网络空间安全战略》《国家信息化发展战略纲要》《关于加强国家网络安全标准化工作的若干意见》《"十三五"国家信息化规划》等网络安全相关政策文件，习近平总书记"4·19""10·9"

系列重要讲话更是为新时期我国网络安全工作指明了方向。2017 年，围绕落实《网络安全法》《国家网络空间安全战略》等文件和习近平总书记系列重要讲话精神，国家有关部门将出台多项网络安全政策文件，加强网络安全管理。如，出台国家网络可信身份战略，大力推进网络身份体系建设；建立实施关键信息基础设施保护制度，加大管理、技术、人才、标准、资金等方面的投入力度，切实加强关键信息基础设施安全防护；建立大数据安全管理制度，支持、规范大数据等新一代信息技术创新和应用。

第二节　法律体系将加速形成

目前，我国在计算机信息系统保护、打击网络犯罪、商用密码管理等领域出台了一些法律法规，但网络安全法律体系尚未形成。2016 年 11 月 7 日，我国《网络安全法》正式审议通过。作为我国网络安全领域的基本法，整个国家安全立法体系的重要组成部分，《网络安全法》对于完善我国网络安全立法、维护国家根本利益、抵御网络安全风险具有重大的意义。《网络安全法》的出台开启了我国信息网络立法的进程，一方面使网络安全法律法规建设有了统领性的法律，另一方面该法规定的诸多制度，如关键信息基础设施保护、网络安全审查等都需要进一步落实，制定实施条例和细则。预计 2017 年，国家有关部门将围绕落实《网络安全法》，出台一系列配套法律法规。如围绕落实关键信息基础设施保护、网络安全审查、个人数据保护、数据跨境流动等方面的各项规定，制定实施条例和细则，完善相关司法解释，推动网络安全法律体系加速形成。

第三节　基础工作将持续加强

2016 年，我国开展打击整治网络侵犯公民个人信息犯罪等多项个人信息保护专项行动，取得显著效果；中央网信办、公安部、工信部等行业主管部门相继开展了针对关键信息基础设施的网络安全检查，有力推动了关键信息基础设施的安全保障工作；我国政府积极推动了《电子商务"十三五"发展规划》《关于全面加强电子商务领域诚信建设的指导意见》等政策文件制定，实施了网络市场监管专项行动、"剑网2016"专项行动等专项治理行动，稳步推进电子商务安全保障工作。2017年，我国会以落实《网络安全法》为契机，继续深化网络安全基础工作。一是持续开展打击整治网络侵犯公民个人信息专项行动，继续对窃取、贩卖、非法利用公民个人信息犯罪活动保持严打高压态势，进一步加强对公民个人信息的保护，切实保护公民合法权益不受侵犯。二是加强关键信息基础设施网络安全保障工作，进一步开展针对电力、通信、铁路、航空、航天、交通、石油、石化化工、钢铁、有色、装备制造等重要领域关键信息基础设施的网络安全检查，创新网络安全检查方式，在有条件的领域和企业开展网络安全攻防演练，逐步健全自查与重点抽查相结合、以查促改的网络安全检查评估机制；加强网络安全风险信息的监测预警，强化信息的通报和共享，形成长效机制，进一步增强我国关键信息基础设施的安全性。三是进一步落实电子商务安全保障工作。以出台电子商务相关政策为契机，通过开展各类专项治理行动、深化政企合作治理模式等，加强网络诚信建设，确保电子商务安全。此外，我国研究制定的信息技术产品安全可控评价指标、工业控制系统信息安全标准等一系列网络安全相关标准有望于2017年出台，对于完善我国网络安全标准体系、促进网络安全产业持续健康发展起到积极作用。

第四节　网络安全产业规模将得到爆发式增长

2016年4月19日、10月9日，中共中央总书记、国家主席习近平就网络安全问题发表重要讲话，提出要尽快突破网络安全核心技术。由全国信息安全标准化技术委员会推动的《信息安全技术 信息技术产品安全可控评价指标》系列标准也有望近期出台。2017年，随着《网络安全法》《国家网络空间安全战略》等一系列网络安全相关政策文件的实施，我国网络安全环境将得到显著改善，在政策环境与市场需求的共同作用下，网络安全产业将迎来高速增长机遇，网络安全产业将得到爆发式增长，产业规模有望达到1355.4

亿元，增幅突破 27.1%。

表 33 - 1　2017—2019 年我国网络安全产业规模及增长率

年度	2017 年	2018 年	2019 年
产业规模（亿元）	1355.4	1732.2	2225.9
增长率	27.1%	27.8%	28.5%

资料来源：赛迪智库整理，2017 年 2 月。

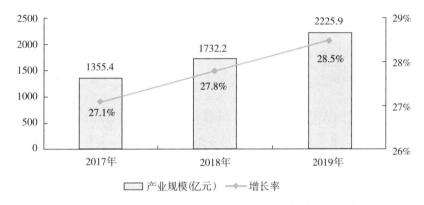

图 33 - 1　2017—2019 年我国网络安全产业规模及增长率

数据来源：赛迪智库整理，2017 年 2 月。

<h2 align="center">第五节　网络可信身份的互联互通将加速实现</h2>

　　《网络安全法》明确提出，国家实施网络可信身份战略，支持研究开发安全、方便的电子身份认证技术，推动不同电子身份认证之间的互认。中央网信办积极开展可信身份研究与实践工作，筹备出台网络可信身份战略；工信部和公安部在互联网和电信实名制、电子认证服务机构监管、身份证或 eID 的用户身份管理等方面进行实践，并制定相关规定；商务部、人社部、海关总署、中国人民银行、税务总局、工商总局、质检总局等部门在电子招投标、社保、口岸管理、金融、组织机构代码等应用中积极推进网络可信身份应用。目前，国内多种身份认证体系并存，包括基于 PKI 的电子认证、公安部一所推出的基于身份证副本的在线验证、联想等推动的 FIDO 身份认证、阿里牵头的 IFAA 身份认证、腾讯正在筹划的 TUSI 身份认证等。2017 年，为深入贯彻

落实《网络安全法》，积极应对网络诈骗、网络犯罪等网络安全事件，我国会进一步加强网络可信身份体系建设，重点完善并优化整合 eID、数字证书、金融卡绑定、生物特征识别、互信认证以及可信网站验证等已有的网络可信身份基础设施和相关资源，建立基础数据开放服务平台，实现不同类型信任凭证的传递，积极推动已有的网络身份认证体系的互联互通，建立跨平台的网络可信身份体系。

第六节　优秀人才培养环境将逐步改善

2016 年，我国先后出台《国有科技型企业股权和分红激励暂行办法》《关于加强网络安全学科建设和人才培养的意见》等政策文件，提出建立灵活的网络安全人才激励机制，如技术入股、股权期权激励、分红奖励等。我国还加强了对网络安全优秀人才的奖励支持。2 月，我国设立了首个网络安全专项基金，启动资产达 3 个亿，并在国家网络安全宣传周上，对网络安全杰出人才、优秀人才、优秀教师进行了表彰。我国的四川大学、北京邮电大学等高校还设立了网络安全人才培养基地，安恒信息联合北京邮电大学、上海交通大学、浙江大学、中国科学技术大学等国内 9 所网络信息安全顶级高校，成立国内首个网络安全人才培养实训基地，加强网络安全优秀人才的培养。2017 年，我国将进一步加快网络安全学科专业和院系建设，发挥学科引领和带动作用，加大经费投入，开展高水平科学研究，加强实验室等建设，完善本专科、研究生教育和在职培训网络安全人才培养体系①；创新网络安全人才培养机制，鼓励高等院校、科研机构根据需求和自身特色，拓展网络安全专业方向，支持网络安全人才培养基地建设，探索网络安全人才培养模式；进一步构建产学研合作的人才培养机制，拓宽网络安全人才的脱出渠道和输送通道，广泛举办网络安全竞赛、网络安全模拟演练等多种竞技活动，从中选拔优秀人才到网络安全岗位从事高复杂度、高对抗性和高价值目标的安全防

---

① 《关于加强网络安全学科建设和人才培养的意见》，见 http：//www.mohrss.gov.cn/zyjsrygls/ZYJSRYGLSzhengcewenjian/201607/t20160715_243605.html。

御工作[1][2]；完善网络安全人才培养配套措施，创新网络安全人才评价机制，加大对网络安全学科专业建设和人才培养的支持。建立灵活的网络安全人才激励机制，利用社会资金奖励网络安全优秀人才、优秀教师、优秀标准等，积极落实技术入股、股权期权激励、分红奖励，为优秀人才脱颖而出创造良好的发展环境。

第七节　国际合作将进一步深化

2016 年，围绕打击网络犯罪、网络恐怖主义，我国先后与英国、德国、美国达成重要共识。围绕构建互联网治理体系，6 月，我国与俄罗斯签署了《关于协作推进信息网络空间发展的联合声明》，提出各国均有权平等参与互联网治理，倡议建立多边、民主、透明的互联网治理体系，支持联合国在建立互联网国际治理机制方面发挥重要作用。上合组织发表《塔什干宣言》，支持在联合国框架内制定网络空间的普遍规范、原则和准则。9 月，G20 杭州峰会通过了《数字经济发展与合作倡议》，强调互联网治理应遵循信息社会世界峰会（WSIS）成果。11 月，世界互联网大会提出全球互联网治理的 4 大目标。2017 年，我国将继续深化以共享全球网络威胁信息、打击网络恐怖主义等为核心的国际网络安全合作，更积极地参与国际网络空间治理，在双边、多边以及国际层面大力向世界阐述中国的治理理念，以"尊重网络主权、维护和平安全、促进开放合作、构建良好秩序"为原则，以"平等尊重、创新发展、开放共享、安全有序"为目标，推动国际社会在相互尊重、相互信任的基础上，加强对话合作，推动互联网全球治理体系变革，共同构建和平、安全、开放、合作的网络空间，建立多边、民主、透明的全球互联网治理体系。

---

① 樊会文主编：《2015—2016 年中国网络安全发展蓝皮书》，人民出版社 2016 年版。
② 樊会文主编：《2014—2015 年中国网络安全发展蓝皮书》，人民出版社 2015 年版。

第三十四章　2017 年加强我国网络安全能力建设的对策建议

2017 年，我国要着力加强网络安全能力建设。重点推进《网络安全法》配套政策法规建设，建立实施网络安全审查制度，健全大数据安全相关政策法规，推动完善个人信息保护立法，出台关键信息基础设施网络安全保护条例，完善信息内容安全等方面的法律法规；开展信息技术产品安全可控、工业控制系统安全、网络空间可信身份、个人信息保护等急需重点领域的标准研究和制定工作，进一步完善我国的网络安全标准体系；围绕国家安全需要，实现集成电路、核心电子元器件、基础软件等核心关键技术突破，积极推动关键信息技术产品的国产化替代；研究新一代密码算法、密码应用技术等网络信息安全基础软硬件技术，强化网络可信身份管理技术、APT 检测与追踪技术等网络信息安全杀手锏技术，针对拟态安全防御技术、量子通信技术等网络信息安全颠覆性技术开展前瞻性研究，以提高网络安全保障能力；完善网络身份体系顶层设计，发展多种网络可信身份技术和服务，推动建设网络可信身份体系，创建可信网络空间；完善以普通高等教育为主，职业高等教育、社会培训、用人单位培养为辅的网络安全人才培养体系，健全网络安全人才激励机制，推进网络安全领军人才建设，强化网络安全软实力；全面推进网络外交，深化网络空间国际合作，推动建立"多边、民主、透明"的国际互联网治理体系，进一步提升网络空间国际话语权。

第一节　加快网络安全配套政策法规建设，推动落实网络安全法

《网络安全法》是我国网络安全领域的基本法，是国家安全立法体系的

重要组成部分。为贯彻落实《网络安全法》，进一步优化我国网络安全政策法律环境，我国应加快网络安全配套政策法规建设。一是尽快建立实施网络安全审查制度，对党政机关、重点行业采购使用的重要信息技术产品、服务及其提供者实施网络安全审查，重点审查信息技术产品和服务的安全性、可控性①，包括：产品和服务被非法控制、干扰和中断运行的风险；产品及关键部件研发、交付、技术支持过程中的风险；产品和服务提供者利用提供产品和服务的便利条件非法收集、存储、处理、利用用户相关信息的风险；产品和服务提供者利用用户对产品和服务的依赖，实施不正当竞争或损害用户利益的风险等，确保我国重要领域的信息技术产品的安全可控。二是健全大数据相关政策法规制度。加强数据统筹管理及行业自律，强化大数据知识产权保护。研究制定数据流通交易规则，探索建立信息披露制度。推动建立数据跨境流动的法律体系和管理机制，强化对重要敏感数据跨境流动的管理。加快大数据立法进程，支持研究制定地方性大数据相关法规，鼓励地方先行先试。三是推动完善个人信息保护立法②，建立个人信息泄露报告制度，健全网络数据和用户信息的防泄露、防篡改和数据备份等安全防护措施及相关的管理机制，加强对数据滥用、侵犯个人隐私等行为的管理和惩戒力度。此外，还应加快出台关键信息基础设施网络安全保护条例等法律法规，尽快完善信息内容安全等方面的法律法规，做好法律法规与政策、标准规范的协调衔接，通过法律的具体规则来落实政策的原则性要求，并在实践中逐步将稳定性政策上升为国家法律，通过标准规范将法律的要求细化，通过操作性措施落实法律要求。

第二节　推进网络安全相关标准研制工作，完善网络安全标准体系

　　网络安全标准是网络安全保障体系的重要组成部分，在构建安全的网络

---

① 国家互联网信息办公室关于《网络产品和服务安全审查办法（征求意见稿）》公开征求意见的通知，见 http：//www. cac. gov. cn/2017 - 02/04/c_ 1120407082. htm。
② 《大数据产业发展规划（2016—2020 年）》。

空间、推动网络治理体系变革方面发挥着基础性、规范性、引领性作用①。我国应围绕国家网络安全战略需求，在网络安全审查、关键信息技术产品、工业控制系统安全、网络空间可信身份、个人信息保护等急需重点领域，尽快开展标准研究和制定工作，进一步完善我国的网络安全标准体系。例如，应尽快制定出台信息技术产品安全可控评价指标，明确将产品应用方的设备控制权、数据支配权、服务选择权作为安全可控的内涵；将信息技术产品的自主知识产权明确无争议，作为该技术产品是否安全可控的基础；将信息技术产品的透明性、实现验证、技术研发能力、持续供应能力、供应链保障能力、服务保障能力等作为指标的核心评价内容，为开展网络产品和服务安全审查提供依据。应尽快制定出台个人信息安全规范，明晰个人信息安全的基本原则，明确个人信息安全的通用要求以及个人信息收集、存储、使用、转让、披露的安全要求，为规范企业对个人信息的搜集处理和应用、开展个人信息安全评估、加强个人信息安全保护提供依据。应尽快制定出台网络产品和服务通用安全要求，规范网络产品和服务及其提供者的安全基线要求，如提供者不得设置恶意程序，应为其产品、服务持续提供安全维护，收集用户数据需取得用户明示同意等，并为开展网络关键设备和网络安全专用产品的安全认证和检测提供依据。

第三节　掌控核心技术，形成自主可控的网络安全产业生态体系

　　信息领域是国家对抗领域，有利益冲突、技术封锁，利用引进的技术自主创新，难以掌握核心技术，终将因缺失创新能力而全盘依赖引进，国内优势的领域都不是靠引进发展起来的。因此，必须坚定不移地选择自主可控的发展道路。一是发挥举国体制优势，实现核心技术突破。围绕国家安全需要，大力发展"两弹一星"和载人航天精神，坚定不移地加大自主创新力度，追

---

① 《关于加强国家网络安全标准化工作的若干意见》，见 http://www.cac.gov.cn/2016－08/22/c_1119430337.htm。

踪和把握新一代信息技术重点方向，在现有自主产品和优秀开源项目基础上，集中国家优势力量和资源协同攻关集成电路、核心电子元器件、基础软件等核心关键技术，实现突破①。二是积极推动关键信息技术产品的国产化替代。尽快启动核心信息技术产品的网络安全检查和强制性认证工作，依照应用领域的安全等级设定不同的检查要求，比如对关键领域应用的产品进行源代码级检测，将网络安全产品的强制市场准入制度引入到核心信息技术产品领域。建立信息技术产品和设备的检测评估机制，开展功能、性能检测，评估相关产品的国产化替代能力，在关系国家安全的重点领域，有序开展国产产品和设备的替代工作。三是整合自主网络安全产业链力量。在核心技术产品研发基础上，依托行业联盟和产业上下游企业，组建自主技术产品联合工作组，推进产品整合，逐步构建自主可控的网络安全产业生态体系。通过网络安全行业的有序竞争，培育一批在国际上具有较强竞争力和话语权的网络安全龙头企业，逐步掌控核心技术发展方向，争夺产业发展主动权。

第四节　强化网络安全关键技术产品研发，提高网络安全保障能力

突破网络信息安全基础软硬件技术。研究新一代密码算法，探索新的密码基础理论与技术创新机制，开展密码理论、密码设计、密码应用等方面的创新，重点研究基于格、多变量、编码等复杂数学问题的密码体制，夯实密码理论基础。研究面向新应用的密码应用技术，重点研究全同态加密、完整性证明、可检索加密、属性加密和代理重加密、密码同步启用等关键技术，以及针对物联网、工业互联网的轻量级密码算法和协议。研发国产安全芯片，重点研究基于可重组逻辑、标识认证、可追踪定位等技术的国产自主可控安全芯片，用于电子政务、电子商务、移动支付、移动办公等安全应用中的安全加密、大规模认证与管理，实现重要部门和行业的安全芯片的国产化替代。

---

① 刘权：《我国自主可控信息产业发展对策》，《信息安全与通信保密》2014 年第 9 期，第 42—42 页。

强化网络信息安全杀手锏技术。研究网络可信身份管理技术，重点研究适应多种环境的异构实体身份标识技术，基于大数据和行为分析的多级可信、多因子身份鉴别系统与技术，具备隐私保护特性的网络实体真实身份证明与鉴别技术，研制身份联合与管理认证服务系统，形成多身份联合统一认证能力，为开展网络空间治理提供技术支撑。研究工业控制系统安全防护技术，重点研究工控系统网络入侵与攻击模型、工控系统静态和动态安全漏洞分析与挖掘技术、安全漏洞深度利用技术，强化针对工业控制系统网络攻击的威胁监测、全局感知、预警防护、应急处置等能力。研究 APT 检测与追踪技术、云计算安全检测与防护技术、移动互联网安全防护技术，形成网络空间主动防御能力。

布局网络信息安全颠覆性技术。研究网络空间安全态势感知技术，构建全球网络态势感知系统，实现全球态势的实时感知、风险评估和威胁预警。研究拟态安全防御技术，突破拟态安全防御的关键技术，研究拟态安全防御系统的模拟、仿真、测试和评估理论、方法和技术，研制核心设备。研究量子通信技术，突破量子密钥分配、量子隐形传态、量子安全直接通信、远距离量子通信、量子机密共享等核心技术，并推动成果转化。

第五节　建设网络可信身份体系，创建可信网络空间

一是完善网络身份体系顶层设计。尽快制定国家网络可信身份战略，明确国家网络身份体系框架、各参与方在其中的角色和职责，并制定详细的网络身份体系构建路线图，建立实施机制，明确组织、资金等各方面保障，大力推进网络身份体系建设。二是按照包容并蓄原则，支持发展多种网络可信身份技术和服务。加强政府引导，充分发挥企业的积极性，开展电子认证互联互通等技术产品研发；支持电子认证服务模式和产品形态创新，提升电子认证行业整体服务能力；支持互联网企业在保护隐私的前提下，开展基于用户行为的分析，确定行为主体网络身份真实性，并根据行为对某些关键操作进行限制。三是组织开展网络可信身份法律法规、标准规范制定和应用示范等工作。根据网络身份体系建设需要，修订现有法律法规或制定新法，明确

网络身份凭证的法律效力，完善相关配套规定；研究确定网络身份体系标准框架，加快制定和完善相关标准；投入资金，按计划开展网络可信身份相关试点示范，评估示范成效，并逐步大规模推广应用。

第六节　优化网络安全人才培养环境，强化网络安全软实力

一方面，健全网络安全人才培养体系。完善以普通高等教育为主，职业高等教育、社会培训、用人单位培养为辅的网络安全人才培养体系[①]。加快网络安全学科专业和院系建设，支持高校设置网络安全相关课程，在现有教材基础上，抓紧建立完善网络安全教材体系，强化对网络安全专业人才和复合型人才培养力度；积极引导高等职业教育发展方向，以职业为导向培养企业实际需要的人才；鼓励用人单位与高校联合建设网络安全人才培养基地，探索网络安全人才培养模式，并通过举办网络安全竞赛、网络安全模拟演练等多种竞技活动，提升网络安全技能；规范网络安全人才资质认证，加强对培训机构的指导，提高社会培训的作用。另一方面，强化网络安全人才激励措施。一是健全网络安全人才激励机制，拓宽高层次人才选拔途径，健全网络安全人才评价机制，建立网络安全人才留用机制。利用社会资金奖励网络安全优秀人才，积极落实技术入股、股权期权激励、分红奖励等人才激励政策。二是推进网络安全领军人才建设，通过建设国家级网络安全实验室平台，加强基金委、科技部等重大研究计划对领军人才的支持。

---

① 刘金芳、冯伟、刘权：《我国信息安全人才培养现况观察》，《信息安全与通信保密》2014年第5期。

第七节　深化网络空间国际合作，逐步提升
网络空间国际话语权

　　一是全面推进网络外交，强化与国际社会的网络安全合作。在数据跨境流动、个人信息保护、打击网络犯罪、打击网络恐怖主义、网络安全威胁信息共享等方面，进一步深化与国际社会的交流合作，加强网络安全事件与威胁信息共享，联手打击网络犯罪行为和网络恐怖行为。利用互联网治理论坛、国际电信联盟、亚太经合组织、上海合作组织、中国—东盟合作框架等双边、多边机制，加强网络安全协商对话，凝聚合作共识，逐步扩大我国网络空间的国际影响力和话语权①。二是推动建立"多边、民主、透明"的国际互联网治理体系。在互联网域名等关键资源管理、网络空间国际规则制定等方面，加强与国际社会的合作，以"尊重网络主权，维护网络安全，促进开放合作，构建良好秩序"为原则，以互联网管理权移交为契机，进一步完善网络空间对话协商机制，研究制定全球互联网治理规则，在充分尊重国家网络主权的基础上，构建政府、企业、技术社群、国际组织、公民个人等多方参与的治理格局，推动国际互联网治理由单边控制走向共享共治，使全球互联网治理体系更加公正合理，更加平衡地反映大多数国家意愿和利益，形成"和平、安全、开放、合作"的网络空间。三是引导和支持企业、研究机构参与国际网络安全交流等活动。鼓励我国企业全方位参与国际活动。鼓励中国国内学术机构，围绕全球网络空间新秩序开展跨国研究，从理论上丰富和完善全球网络空间新秩序的内涵，并加强与国外学术机构的沟通交流。

---

　　① 《2016年中国网络安全发展形势展望》，http：//www. sxxc. gov. cn/content/2016 - 02/04/content_ 13557492_ 7. htm。

附　　录

附录 I：2016 年国内网络安全大事记

1 月

4 日，移动、联通和电信三大运营商被发现流量计费检测系统存在漏洞，允许客户使用远远超出其套餐的流量。

5 日，江苏省成立反通信网络诈骗中心。

6 日，工业和信息化部信息中心成立了企业网络安全促进委员会，加快推进网络信息安全建设。

6 日，"云安全服务联盟"成立，首批成员包括腾讯云、深信服、IBM、赛门铁克等知名安全厂商与云计算厂商。

6 日，中国银联发布了 2015 年移动互联网支付安全调查报告，报告显示约有 1/8 的受访者在过去一年中遭遇过网络诈骗。

7 日，腾讯研究院发布《中国网络生态安全报告（2015）》，报告显示 P2P 平台的网络犯罪成为 2015 年互联网新技术催生的新型网络犯罪。

8 日，中国可信开放与网络安全高峰论坛在北京举行。

12 日，由中国互联网协会建设的我国首家第三方公信点评权威网站上线，为全体公民提供客观、公正的社会公信信息查询、用户点评、公信预警引导等服务。

14 日，北京高精尖产业发展基金发布会发布了高精尖产业发展基金首批 11 家拟合作机构和首批 10 家战略合作银行，重点聚焦于新一代移动互联网、自主可控信息系统等领域。

14日，全国信息安全标准化技术委员会换届大会在京举行，委员人数扩充近一倍。信安标委2016年将重点推进网络可信身份等领域的标准化研究。

15日，山石网科发布新版操作系统StoneOS 5.5R2，提升了智能防护平台攻击全过程的威胁防护。

15日，全国首部大数据地方法规《贵州省大数据发展应用促进条例》经人大表决通过。

17日，清华大学教学门户网页疑遭IS黑客攻击。

19日，浪潮集团与美国迪堡公司成立全新合资公司——浪潮金融技术服务有限公司，联手拓展国内ATM信息安全市场，致力于提供全系列的金融自助服务终端及解决方案。

19日，湖北联通与湖北银行、人民银行武汉分行、湖北省通信管理局、湖北省公安厅联合开展网络安全演练。

20日，"2016年互联网金融信息安全高峰论坛"在杭州举行，众多来自政府、互联网金融行业和网络安全领域的专家共同探讨网络安全对策。

22日，中国互联网络信息中心（CNNIC）发布第37次《中国互联网络发展状况统计报告》。

24日，以"信息安全服务走向'互联网＋'时代"为主题的"2016中国信息安全服务年会"在北京召开。

28日，国家超级计算天津中心宣布，计划研制新一代百亿亿次超级计算机，突出全自主，包括自主芯片、自主操作系统、自主运行计算环境。

29日，保监会发函通报信诚人寿存在内控缺陷，及严重信息安全漏洞，要求其进行整改。

2月

1日，证监会联合电力、电信部门进行证券期货市场信息安全联合应急演练。

1日，由中国航天科工二院706所研发的军工工业控制信息安全防护体系成功试运行。

2 日，中国首个网络安全专项基金成立，3 亿元支持人才培养。

2 日，工信部决定在浙江阿里云计算有限公司开展云计算业务信息安全管理工作试点。

4 日，淘宝回应千万账户信息被盗：多数已被拦截。

19 日，名为"Locky"的勒索软件变种在中国肆虐，数十家国内大型机构在几天内陆续受到侵害。

22 日，各大火车站、机场的免费手机充电站被指窃取隐私。

22 日，国家计算机病毒应急处理中心截获"重要文件"恶意木马病毒。

24 日，紫光股份发布公告，宣布与西部数据签署的股权交易协议终止。

24 日，支付宝被曝隐私门。

24 日，百度代码被指收集泄露用户数据，影响数千款应用。

29 日，国际安全研究和评测机构 NSS labs 发公布了 2015 年度下一代防火墙的测试评结果，山石网科获得"推荐级"，其安全性优于思科、飞塔等国际主流厂商。

3 月

1 日，华为公司与西班牙国家网络安全研究院签订合作协议，共同推动西班牙网络安全工作。

1 日，云同步应用导致 PC 间恶意软件感染数增加。

2 日，OpenSSL 出现新漏洞，超过 1100 万 https 站点受影响，威胁我国十余万家网站。

2 日，猎豹移动安全实验室发现全球首个 Golem（傀儡）病毒，感染数万手机。

4 日，绿盟科技 850 万元参股阿波罗云，与阿波罗云在抗 DDoS 攻击、恶意流量清洗等技术领域展开深度合作。

8 日，美国商务部在网站贴出公示，以违反美国出口管制法规为由将中兴通讯公司等中国企业列入"实体清单"，对中兴公司采取限制出口措施。

8 日，360 安全团队披露称，一个名为"洋葱狗"（OnionDog）的黑客组织长期对亚洲国家的能源、交通等基础行业进行网络渗透和情报窃取。

8 日，360 发布了《2015 年中国互联网安全报告》，报告显示恶意软件程序仍是网民上网安全的头等威胁。

9 日，中国互联网络信息中心（CNNIC）与亚太互联网信息中心（APNIC）签署战略合作协议，就互联网基础资源和设施有关的培训、项目、研究、数据分享、网络安全建设、社群建设等开展合作交流。

17 日，在世界黑客大赛 Pwn2Own 上，360 Vulcan Team 用时 11 秒攻破了本届赛事难度最大的谷歌 Chrome 浏览器，并成功获得系统最高权限。

17 日，绿盟科技与重庆邮电大学签订战略合作协议，将联合建设攻防实训平台，研发网络安全关键技术，共同培养网络安全人才，进一步推进校企协同合作，加速成果转化。

17 日，呼和浩特市公安局成立反电信网络信息诈骗中心。

18 日，中国互联网协会、国家互联网应急中心联合发布《中国互联网站发展状况及其安全报告（2016）》，报告显示，2015 年被植入后门的中国网站数量为 75028 个，较 2014 年增长 86.7%。

18 日，联想宣布组织架构重大调整，几乎波及所有业务集团。

18 日，两优步司机注册 5000 个虚假账户刷单骗补贴被刑拘。

23 日，国家信息安全漏洞库（CNNVD）发布《信息安全漏洞态势报告（2015 年度）》。

25 日，中国网络空间安全协会（Cyber Security Association of China, CSAC）在京成立，中国工程院院士方滨兴担任中国网络空间安全协会理事长。

31 日，奇虎 360 私有化方案获通过。

4 月

1 日，北京市网信办向一点资讯、搜狗、大燕网、hao123、当当网、米聊、中关村在线、爱卡汽车网、互动百科等 27 家网站授牌，成立新一批网站举报中心。

1 日，中科同向、奇虎 360 就共建"云灾备"生态体系达成战略合作。

5 日，瑞星信息在新三板挂牌上市。

5 日，绿盟科技 600 万投资逸得大数据。

8 日，20 万儿童信息被打包出售。

11 日，匡恩网络发布《2015 年工控网络安全态势报告》。

13 日，中国电科（成都）网络信息安全产业园在成都奠基，该产业园涉及网络信息安全、时频通导、电磁空间安全，是中国目前首个网络信息安全产业园。

19 日，习近平总书记在网络安全和信息化工作座谈会上发表重要讲话。

20 日，绿盟科技宣布与阿里云盾展开战略合作，在流量清洗领域优势互补，打造成最强的抗 DDoS 王牌。

29 日，匡恩网络推出首款便携式工控安全威胁评估平台。

29 日，北京举办第三届"4.29 首都网络安全日"系列宣传活动，以"网络安全同担，网络生活共享"为主题，深入推进网络安全的"启明星""孵化器""护城河""防火墙"四大工程。

5 月

9 日，河北破获首例恶意锁定苹果设备诈骗案。

13 日，中美首开高级别网络安全会议，规范网上国家行为。

13 日，国务院颁布《国务院关于深化制造业与互联网融合发展的指导意见》。

15 日，武汉深度科技推出了深度桌面操作系统 V15 金山办公版和深度服务器操作系统 V15 版软件产品。

15 日，深度科技与金山软件签署战略合作，双方将就打造国产应用软件生态方面展开全方位合作与交流。

23 日，2016 年第一季度国内 DDoS 攻击峰值达 615Gbps。

24 日，国家互联网应急中心（CNCERT/CC）在四川省成都市举办了2016 年中国网络安全技术对抗赛。

25 日，以"聚网络英才，筑安全生态"为主题的 2016 年中国网络安全年会（第 13 届）在四川省成都市召开。

26 日，快递员工出售 5 万余条客户信息赚 7 万。

27 日，工信部网络安全管理局要求各基础电信企业确保在 2017 年 6 月 30 日前落实电话实名制，无实名必须停机。

27 日，西门子与中华人民共和国教育部签订新一轮《教育合作备忘录》，以期在中德合作框架下，面向"中国制造 2025"国家战略培养创新型人才。

27 日，国家互联网应急中心发布《2015 年中国互联网网络安全报告》。

30 日，绿盟科技发布了全新绿盟工控入侵检测系统 IDS – ICS，并获全国首个工控入侵检测产品资质。

6 月

1 日，我国发布 5G 网络技术研究最新成果——《5G 网络架构设计》白皮书。

5 日，第六次中美战略安全对话在京举行。

7 日，三菱欧蓝德混合动力 SUV 据称容易受到黑客攻击。

7 日，新型网络勒索软件每 15 秒生成新变种。

12 日，启明星辰与腾讯安全达成云端安全战略的合作，布局高级威胁检测与防护。

13 日，全国信息安全标准化技术委员会 2016 年第一次工作组"会议周"在京开幕。

15 日，第二次中美打击网络犯罪及相关事项高级别联合对话取得七项成果。

20 日，国际超算大会发布了超级计算机 TOP500 榜单，由国家并行计算机工程技术研究中心研制的中国"神威·太湖之光"计算机系统一举夺冠。

21 日，普华永道与上海交通大学信息安全工程学院达成信息安全领域战略合作，合作内容包括创新创业培育、科技研究、人才培养、人才交流和技术交流。

22 日，云南省举办首届工业控制系统安全攻防竞赛，旨在探索工业控制系统信息安全人才培养和服务方式。

23 日，安全联盟与 12321 举报中心达成战略合作，共同打击信息诈骗。

23 日，第四届中国网络安全大会（NSC 2016）在北京召开。

24 日，赛门铁克宣布，将携手合作伙伴亚洲诚信（TrustAsia），在中国推出"加密无处不在"网站安全解决方案。

24 日，广东省公安厅曝光了 10 款安全问题突出的 APP，涉及窃取用户信息、破坏用户数据、影响移动终端运行、恶意推送广告等突出安全问题。

25 日，习近平主席和俄罗斯总统普京发布《中华人民共和国主席和俄罗斯联邦总统关于协作推进信息网络空间发展的联合声明》。

27 日，黑客可访问 Uber 司机和乘客信息。

7 月

1 日，第二届 MOSEC 移动安全技术峰会在上海举行。

4 日，国家网信办印发《关于进一步加强管理制止虚假新闻的通知》，进一步打击和防范网络虚假新闻。

4 日，中科曙光启动百亿亿次 E 级超算原型系统研制项目。

4 日，西门子电力监控系统存在两大信息泄露安全漏洞。

6 日，山石网科与腾讯达成战略合作，布局企业级安全服务市场。

6 日，中央网信办举办第二届网络诚信宣传日活动。

6 日，联想电脑被曝存在安全漏洞，黑客可以绕过 Windows 的基本安全协议对联想电脑进行攻击。

7 日，湖北警方严打网络谣言，维护抢险救灾舆论环境。

8 日，启明星辰与北信源宣布成立合资公司——北京辰信领创信息技术有限公司，旨在打造企业级防病毒第一品牌。

8 日，中央网信办发布《关于加强网络安全学科建设和人才培养的意见》。

8 日，中央网信办启动首次全国范围的关键信息基础设施网络安全检查工作。

8 日，公安部联合国家互联网信息办公室启动网络诈骗举报联动处置工作机制。

11 日，我国与联合国共同举办网络问题国际研讨会。

12 日，小米 MIUI 系统包含有远程代码执行漏洞，能让攻击者获取手机的全权控制。

13 日，全球超过 17 万台互联网 ICS 主机存在漏洞。

15 日，360 宣布私有化完成，退市估值 93 亿美元。

18 日，国家网信办部署调查"百度夜间推广赌博网站事件"。

18 日，声称来自中国的黑客组织攻击了两家菲律宾政府网站。

19 日，新华三集团与亚信安全联合宣布，双方将在产品创新、技术服务、渠道营销等领域展开全面的战略联盟合作。

19 日，中德法治国家对话聚焦互联网消费者权益保护。

22 日，香港卫生署信息系统遭黑客入侵，10 万人或受影响。

27 日，中共中央办公厅、国务院办公厅印发《国家信息化发展战略纲要》，作为规范和指导未来 10 年国家信息化发展的纲领性文件。

8 月

1 日，中国鹰派黑客组织 1937CN TEAM 攻击 21 座越南机场。

3 日，南洋股份宣布将以 57 亿元收购天融信。

3 日，中国互联网络信息中心（CNNIC）公布了第 38 次全国互联网发展统计报告，我国网民规模破 7 亿，手机网民超 6.5 亿。

4 日，36000 个 SAP 系统暴露于互联网，每个漏洞将影响 90% 的世界 2000 强企业。

5 日，腾讯发布"麒麟"伪基站实时检测系统，强化反诈骗打击力量。

10 日，FireEye 发布报告称：至今仍有 33% 的工业控制系统漏洞未修复。

15 日，成都市人民政府与亚信安全联合建设的"亚信（成都）网络安全产业技术研究院"宣告成立。

16 日，我国成功发射世界首颗量子科学实验卫星"墨子号"，主要科学目标是借助卫星平台，进行星地高速量子密钥分发实验，并在此基础上进行广域量子密钥网络实验。

16 日，以"协同联动，共建安全命运共同体"为主题的第四届中国互联网安全大会（ISC 2016）在北京召开。

17 日，罗克韦尔 PLC 被曝漏洞，攻击者可远程更改设置或修改设备固件。

18 日，"食尸鬼行动"曝光，包括中国在内的 30 多个国家的超过 130 家企业遭攻击。

21 日，徐玉玉因被诈骗电话骗走上大学的费用 9900 元，伤心欲绝，郁结于心，导致心脏骤停，不幸离世。

22 日，中央网信办发布《关于加强国家网络安全标准化工作的若干意见》。

22 日，北信源与匡恩网络宣布合资成立新公司——北京信源匡恩工控安全科技有限公司。

29 日，山石网科发布山石云·影产品，对最新的恶意软件和未知威胁提供更全面深入的分析和检测。

9 月

12 日，中加举行首次高级别国家安全与法治对话。

12 日，魅族 Flyme 系统遭黑客攻击，大批手机被恶意锁定。

14 日，上海警方侦破网络诈骗案，涉案金额逾 5000 万元。

19 日，Unitedstack 有云与山石网科宣布达成战略合作关系，将在 Open-Satck 开源云计算领域展开深入合作。

19 日，以"网络安全为人民，网络安全靠人民"为主题的 2016 年国家网络安全宣传周在武汉举行。

20 日，匡恩网络发布面向工业控制系统网络安全和物联网安全的威胁态势感知平台和漏洞挖掘云服务平台。

21 日，微软在北京设立技术透明中心，允许政府查看源代码。

21 日，中国黑客入侵 Model S 系统，特斯拉发更新修复漏洞。

21 日，安恒信息联合北京邮电大学、上海交通大学、浙江大学、中国科学技术大学、武汉大学、华中科技大学、四川大学、电子科技大学、中国人民大学国内 9 所网络信息安全顶级高校，成立国内首个网络安全人才培养实训基地。

22 日，联想与微软达成协议，特定笔记本不可安装其他操作系统。

24 日，浪潮集团与美国思科公司合资设立的浪潮思科网络科技有限公司获批，浪潮将在合资公司中占股 51%，思科占股 49%。

26 日，中央网信办公布了首批通过网络安全审查的党政部门云计算服务名单，分别为浪潮软件集团有限公司所建济南政务云平台、曙光云计算技术有限公司所建成都电子政务云平台（二期）和阿里云计算有限公司所建阿里云电子政务平台。

28 日，赛门铁克发现中国 Android 勒索软件正在使用伪随机密码和双锁屏攻击。

29 日，亚洲诚信与腾讯云达成战略合作，将联合推出"云 SSL 证书申请与管理"的一站式自动化服务。

29 日，我国完成 5G 无线和网络关键技术的主要性能测试。

10 月

9 日，中共中央总书记习近平在主持中共中央政治局第三十六次集体学习时强调，加快推进网络信息技术自主创新，加快增强网络空间安全防御能力，加快用网络信息技术推进社会治理，加快提升我国对网络空间的国际话语权和规则制定权，朝着建设网络强国目标不懈努力。

10 日，第五届全国信息安全等级保护技术大会于云南昆明成功举办。

11 日，中国互联网络信息中心（CNNIC）发布《2015 年中国手机网民网络安全状况报告》，显示 96% 手机网民曾遭遇信息安全事件。

14 日，银行行长卖账号，导致 257 万条公民银行个人信息被泄露。

17 日，工业和信息化部印发《工业控制系统信息安全防护指南》，指导工业企业开展工控安全防护工作。

19 日，乌云漏洞平台披露，网易用户数据库疑似泄露，事件影响到网易 163、126 邮箱过亿数据。

11 月

1 日，NSA 曾入侵 49 个国家，中国高校与企业成主要攻击目标。

3 日，北京匡恩网络科技有限责任公司联合北京工业大学、北信源、立思辰等 27 家单位建立可信工控网络安全专委会，共同推动可信计算在工控领域的推广和发展。

4 日，国内最大盗号软件被查，缴获 703 万张手机黑卡。

4 日，第十一届政府/行业信息化安全年会在京召开，聚焦大数据安全。

7 日，第十二届全国人大常委会第二十四次会议通过《中华人民共和国网络安全法》。

9 日，以"智慧安全，连接赋能"为主题的第二届中国互联网安全领袖峰会（CSS）在北京国家会议中心召开。

14 日，"网络空间拟态防御理论及核心方法"近期通过验证，标志着我国在网络防御领域取得重大理论和方法创新，将打破网络空间"易攻难守"的战略格局，改变网络安全游戏规则。

14 日，中国首次实现超 400 公里的抗黑客攻击量子密钥分发。

16 日，第 3 届世界互联网大会在乌镇召开。

16 日，安恒信息工业控制系统威胁感知平台等新产品重磅发布。

17 日，我国"千万核可扩展全球大气动力学全隐式模拟"首次获得国际高性能计算应用领域最高奖——戈登贝尔奖。

21 日，中国青年政治学院互联网法治研究中心与封面智库联合发布《中国个人信息安全和隐私保护报告》。

25 日，中国网络空间安全协会分支机构建设正式启动。

28 日，工业和信息化部办公厅发布《关于开展防范打击通讯信息诈骗工作专项督导检查的通知》。

12 月

3 日，中科曙光承担的"亿级并发云服务器系统研制"课题通过技术验收。

3 日，中国网络空间安全协会网络治理与国际合作工作委员会成立。

10 日，京东被曝 12G 用户数据泄露，涉及数千万用户。

12 日，中国科学院大学成立网络空间安全学院。

12 日，700 元就能买他人开房、存款等个人隐私信息。

13 日，国家电网 APP 海量用户数据外流。

15 日，上海市通信管理局印发《上海市互联网网络安全信息通报实施办法》。

26 日，工业和信息化部印发《移动智能终端应用软件预置和分发管理暂行规定》。

26 日，上海交通大学网络空间安全实践工作站启动。

27 日，国务院印发《"十三五"国家信息化规划》。

27 日，国家网信办发布《国家网络空间安全战略》。

30 日，商务部、中央网信办、发展改革委联合发布《电子商务"十三五"发展规划》。

后　记

赛迪智库网络空间研究所在对政策环境、基础工作、技术产业等长期研究积累的基础上，经过深入研究、广泛调研、详细论证，历时半载完成了《2016—2017 年中国网络安全发展蓝皮书》。

本书由樊会文担任主编，刘权担任副主编，张猛负责统稿。全书共计约 30 万字，主要分为综合篇、专题篇、政策法规篇、产业篇、企业篇、热点篇和展望篇七个部分，共三十四章，各章节撰写人员如下：综合篇第一、二、四章（王超），第三章（闫晓丽）；专题篇第五章（李建武）、第六章（刘金芳）、第七、八章（张猛）、第九章（蒋国瑞）、第十章（王超）；政策法规篇第十一章（张莉）、第十二章（闫晓丽）、第十三章（刘金芳）；产业篇第十四、十六章（张猛）、第十五、十九章（王闯）、第十七章（刘金芳）、第十八章（许亚倩）；企业篇第二十、二十一、二十三章（许亚倩、闫晓丽）、第二十二、二十四、二十五章（李建武）、第二十六章（刘权）、第二十七章（王超）；热点篇第二十八至三十一章（魏书音）；展望篇第三十二至三十四章（王超）。吕尧、刘玉琢、李东格、赤东阳等承担了相关资料的收集、校对工作。在研究和编写过程中得到了相关部门领导及行业专家的大力支持和耐心指导，在此一并表示诚挚的感谢。

由于能力和水平所限，我们的研究内容和观点可能还存在有待商榷之处，敬请广大读者和专家批评指正。